W0258367

WISSENSCHAFTLICHE ABHANDLUNGEN
DER DEUTSCHEN MATERIALPRÜFUNGSANSTALTEN

FRÜHER: SONDERHEFTE DER MITTEILUNGEN DER DEUTSCHEN MATERIALPRÜFUNGSANSTALTEN

I. FOLGE **HEFT 6**

BEITRÄGE ZUR VERBESSERUNG DER GEBRAUCHSTÜCHTIGKEIT DER LIEFERUNGSTUCHE

VON

PROF. DR.-ING. **H. SOMMER**

DR. **H. MENDRZYK**   DR.-ING. **R. VIERTEL**

HAUPTABTEILUNG FASERSTOFFE
DES STAATLICHEN MATERIALPRÜFUNGSAMTS
BERLIN-DAHLEM

MIT 87 BILDERN IM TEXT

AUSGEGEBEN AM 5. NOVEMBER 1940

SPRINGER-VERLAG BERLIN HEIDELBERG GMBH

1940

Alle Rechte vorbehalten

ISBN 978-3-662-24467-8   ISBN 978-3-662-26611-3 (eBook)
DOI 10.1007/978-3-662-26611-3

VORWORT

Die Erzielung eines Höchstmaßes an Tragfähigkeit ist für die Uniformtuch beschaffenden Behörden von jeher ein Gebot der wirtschaftlichsten Verwendung öffentlicher Mittel gewesen und gewinnt besonders in Zeiten an Bedeutung, in denen mit den vorhandenen Rohstoffen auf das sparsamste umgegangen werden muß. Wenn auch die jahrzehntelangen Erfahrungen der Tuchindustrie zu einer beachtlichen Güte der Tuche geführt haben, so treten doch immer wieder alte ungeklärte Fragen und neue Probleme auf, die sich aus der Entwicklung neuer Textilhilfsmittel ergeben. Im Laufe der letzten 10 Jahre sind in der Abteilung Textilien der Hauptabteilung Faserstoffe des Staatlichen Materialprüfungsamts Berlin-Dahlem eine Reihe von eingehenden Untersuchungen solcher Fragen durchgeführt worden. Im Bestreben, die Ergebnisse dieser Untersuchungen der gesamten deutschen Tuchindustrie nutzbar zu machen, ist ein Teil dieser Arbeiten in diesem Heft zusammengestellt worden.

Bei der Durchführung der Arbeiten ist dem Amt eine wirksame Unterstützung vor allem seitens des O b e r k o m m a n d o s d e r W e h r m a c h t und der V e r t r a u e n s stelle für Lieferungstuch-, Offizierstuch- und Feintuchmacher, Vertriebsgesellschaft m. b. H., ferner durch die Farbenfabriken I. G. F a r b e n i n d u s t r i e A G. und I. R. G e i g y sowie andere Textilhilfsmittelhersteller wie die Böhme-Fettchemie G. m. b. H., die Hansa-Werke Lürmann, Schütte & Co. und die Chemische Fabrik Grünau zuteil geworden, denen auch an dieser Stelle besonderer Dank gesagt sei.

H. Sommer

INHALT

UNTERSUCHUNGEN ÜBER DEN EINFLUSS DES FÄRBEVERFAHRENS AUF DIE TRAGFÄHIGKEIT VON UNIFORMTUCHEN[1]

Von **H. Sommer**, unter Mitarbeit von **O. Viertel**

Von den möglichen Einflüssen der Fabrikation auf die Tragfähigkeit hat besonders die Frage des zweckmäßigsten Färbeverfahrens, das bei größtmöglicher Schonung des Wollmaterials die beste Farbechtheit und Tragfähigkeit ergibt, jahrzehntelang die zuständigen Fachkreise bewegt, ohne daß Praxis und Wissenschaft zu einer eindeutigen Entscheidung gekommen wären.

In einem ausgedehnten Meinungsstreit haben s. Zt. Kertesz und v. Kapff die Frage der besseren Eignung der Küpen- oder der Chromfärbung für Wolle behandelt. Kertesz[2] hatte während des Krieges die Beobachtung gemacht, daß die im Felde getragenen Uniformen auch an Stellen, die nicht einer mechanischen Beanspruchung durch Scheuern ausgesetzt waren, ein abgeschabtes Aussehen aufwiesen. Er konnte durch Versuche nachweisen, daß die gleiche Erscheinung des „Wollschwundes" (Verlust der Rauhhaare) bei allen Wollstoffen eintritt, die längere Zeit der Einwirkung von Licht und Wetter ausgesetzt werden. Der dabei eintretende photochemische Abbau der Wollsubstanz, der durch das Auftreten einer sauren Reaktion und durch die Biuretreaktion nachweisbar ist, macht sich u. a. auch in einem Rückgang der Zug- und Scheuerfestigkeit bemerkbar. Kertesz fand nun, daß Farbstoffe und gewisse Metallsalze, in besonderem Maße Chromsalze, eine vorbeugende Wirkung ausüben, und schrieb daher der Chromfärbung die bessere Tragfähigkeit zu. Eine ähnliche Beobachtung war bereits 1913 von der Firma A. Rechberg in Hersfeld gemacht worden und hat zu einem Vorchromierungsverfahren für küpengefärbte Wolle geführt (DRP. 286 340).

v. Kapff[3] vertrat dagegen die Ansicht, daß der Verschleiß durch mechanische Abnutzung eher einträte als durch Lichtwirkung. Auch Waentig[4] konnte bei seinen Untersuchungen mit ultravioletten Strahlen keinen Anhalt für das Vorliegen einer rein photochemischen Reaktion finden. v. Kapff war im übrigen der Meinung, daß die Küpenfärbung für Wolle geeigneter wäre, weil sie gegenüber der Chromfärbung einen leuchtenderen Farbton, eine bessere Lichtechtheit und eine bessere Verspinnbarkeit habe, die sich aus der größeren Schonung der Wolle durch die niedrigere Färbetemperatur ergebe.

Spätere Arbeiten, wie die von v. Bergen[5] und die im Staatl. Materialprüfungsamt Berlin-Dahlem[6-12] ausgeführten, haben den z. T. erheblichen photochemischen Abbau der Wollsubstanz durch Lichtwirkung bestätigt. So haben Heermann und Sommer[6] gefunden, daß Wollhaare durch ultraviolette Strahlen beträchtlich in der Festigkeit leiden und insbesondere merklich spröde werden, und daß das Chromieren gegen Sprödewerden und Festigkeitsrückgang durch UV-Bestrahlung einen gewissen Schutz gewährt. Auch konnten die Kerteszschen Beobachtungen über den „Wollschwund" gelegentlich vergleichender Untersuchungen über die Einwirkung des Sonnenlichtes und der ultravioletten Strahlen auf Farbstoffsysteme[7,8] bestätigt werden; deutlich sichtbar wurde dabei der „Wollschwund" erst nach einer Waschbehandlung, und zwar besonders stark bei küpengefärbten Wollstoffen. Eine weitere Bestätigung des „Wollschwundes" durch Lichtwirkung ergab sich bei einer auf Antrag von Kertesz[9] im Amt[10] vorgenommenen Überprüfung seiner Beobachtungen.

Schließlich hat Sommer[11] durch eingehende Bewetterungsversuche an Uniformtuchen sowie an rohweißen und verschieden gefärbten und behandelten Wollstoffen festgestellt, daß die schon nach verhältnismäßig kurzer Bewetterungsdauer eintretende Sprödigkeit der Wollhaare eine der mittelbaren Ursachen für den „Wollschwund" ist und im praktischen Gebrauch den mechanischen Verschleiß begünstigen dürfte. Nach längerem Bewettern führt der photochemische Abbau der Wollsubstanz in Verbindung mit der reaktionsbeschleunigenden Feuchtigkeit zur Bildung eines leimartigen Überzüges auf der der Lichtwirkung ausgesetzten Stoffoberfläche, der sich durch Scheuerung oder durch leichtes Waschen entfernen läßt, so daß die Bindung klar sichtbar wird und damit der von Kertesz beobachtete „Wollschwund" eintritt. Die photochemische Schädigung der Wolle und der dadurch hervorgerufene Gewichts- und Festigkeitsverlust stehen dabei in einer gesetzmäßigen Abhängigkeit von der Belichtungsdauer. Vorbehandlung der Wolle mit Säure verzögert, alkalische Vorbehandlung fördert die photochemische Schädigung. Färbungen gewähren je nach Art des Farbstoffes einen mehr oder weniger merklichen Lichtschutz, welcher der Farbtiefe[12] proportional ist. Einen besonders wirksamen Lichtschutz übt das Chromieren aus, insbesondere bei ungefärbter Wolle.

Nach den Untersuchungen des ungarischen Beschaffungsamts, über die Hardy[13] berichtet hat, sollen sich bei Bewetterungsversuchen küpengefärbte Tuche, nach ihrem Verhalten gegenüber Scheuerung beurteilt, um 30% halt-

---

[1] Ausgeführt in den Jahren 1931—1934.

[2] Kertesz, A.: Z. angew. Chem. 1919, S. 168; Textile Forschg. 1919, S. 63.

[3] v. Kapff, S.: Färber-Ztg. 1919, S. 273; Melliand Textilber. 1923, S. 183.

[4] Waentig, P.: Textile Forschg. 1921, S. 15; Z. angew. Chem. 1923, S. 357.

[5] v. Bergen, W.: Melliand Textilber. 1923, S. 23, 77, 123; 1925, S. 745; 1926, S. 451.

[6] Heermann, P. und H. Sommer: Leipzig. Mschr. Textil-Ind. 1925, S. 161, 207.

[7] Heermann, P. Leipzig. Mschr. Textil-Ind. 1924, S. 313.

[8] Heermann, P. und H. Sommer: Leipzig. Mschr. Textil-Ind. 1925, S. 95.

[9] Kertesz, A.: Melliand Textilber. 1923, S. 291.

[10] Kertesz, A.: Chem.-Ztg. 1926, S. 661; Melliand Textilber. 1926, S. 928.

[11] Sommer, H.: Leipzig. Mschr. Textil-Ind. 1927, S. 35, 96, 158, 206; Mitt. dtsch. Mat.-Prüf.-Anst., Sonderheft VI, 1929, S. 30.

[12] Sommer, H.: Leipzig. Mschr. Textil-Ind. 1931, S. 25, 64, 99, 134, 177, 215, 250, 287; Z. angew. Chem. 1931, S. 61; Mitt. dtsch. Mat.-Prüf.-Anst., Sonderheft XXIV, 1934, S. 11.

[13] Hardy, A.: Leipzig. Mschr. Textil-Ind. 1933, S. 17, 36, 57, 82, 108, 131.

barer erwiesen haben als chromgefärbte. Da bei diesen Untersuchungen jedoch nicht, wie dies bei den Dahlemer Versuchen auf Grund vorangegangener Erfahrungen geschehen war, gewisse Voraussetzungen der Vergleichbarkeit, wie z. B. einheitliches Wollmaterial, Berücksichtigung der durch Bewettern eingetretenen Flächenschrumpfung, Entfernung der abgebauten Wollsubstanz vor der Prüfung usw., erfüllt waren, dürften die aus den Ergebnissen gezogenen Schlußfolgerungen unsicher sein.

Ein 1933 bekanntgewordener holländischer Bericht über die Tragfähigkeit von Tuchen weist darauf hin, daß die für Friedensuniformen in erster Linie erforderliche Gleichheit im Farbton, die nach allgemeiner Anschauung bei küpengefärbten Tuchen besser sein soll, auch bei Küpenfärbung nicht immer zu erreichen ist, da sich Farbumschläge bei der Dekatur ergeben können. Außer der Farbänderung bei der Dekatur wird für die Küpenfärbung das Vorkommen fehlerhafter Nuancen und die Möglichkeit der Alkalischädigung als nachteilig angeführt. Für weiße Wolle wird Vorbeizen, aber möglichst keine Küpenfärbung zum Anperlen empfohlen. Die Vor- und Nachteile der Küpen- und Chromfärbung werden wie folgt angegeben (+ = Vorteil, − = Nachteil):

	Chrom- färbung	Küpen- färbung
Griff	−	+
Festigkeit	−	+
Elastizität	−	+
Lichtechtheit :	−	+
Dekaturechtheit	+	−
Nuance (Musterfarben) . .	+	−

Überblickt man die Reihe der vorliegenden Veröffentlichungen, so gewinnt man den Eindruck, daß die Frage der besseren Tragfähigkeit der küpen- oder der chromgefärbten Tuche durch wissenschaftliche Untersuchungen z. T. deswegen nicht eindeutig geklärt werden konnte, weil es an einer einheitlichen Systematik der Versuchsdurchführung und an einheitlichen Prüfverfahren gefehlt hat, so daß letzten Endes die Ergebnisse der einzelnen Arbeiten gar nicht miteinander vergleichbar sind. Auch Trageversuche, die erfahrungsgemäß stark subjektiven Einflüssen ausgesetzt und daher mit großen Streuungen behaftet sind, führten infolge subjektiver und uneinheitlicher Bewertung zu widersprechenden Ergebnissen. Wohl war man sich darüber klar, daß mit dem Chromieren stets eine unvermeidliche Schädigung der Wolle verbunden ist, die aber im allgemeinen bei vorsichtiger Handhabung nicht mehr als 10% an Festigkeitseinbuße beträgt. Aber auch das Färben in der Küpe ist nicht ohne weiteres als unschädlich anzusehen, da die sehr alkaliempfindliche Wolle bei Überschreiten der zulässigen Färbetemperatur, besonders bei zu hohen Alkalimengen, leicht Schädigungen erleidet und die dabei entstehenden geringen Mengen abgebauter Wollsubstanz bei leicht alkalischer Reaktion einen guten Nährboden für Bakterien abgeben, die zusätzlich schädigend wirken. Damit im Zusammenhang steht auch die geringere Reibechtheit und das stärkere Weißscheuern der küpengefärbten Tuche. Ungeklärt war aber noch immer die Frage, bei welcher Färbeweise die bei jedem Färben eintretende Wollschädigung im Gebrauch durch zusätzliche Einflüsse der Witterung und mechanischen Beanspruchung stärker weiterentwickelt wird und damit zum rascheren Verschleiß der Tuche führt.

Dieser Aufgabe hat sich 1931 dankenswerterweise die Vertrauensstelle für Lieferungstuch- und Feintuchmacher e. V. angenommen, um in Zusammenarbeit von Tuchindustrie, Farbenindustrie, Behörden und Forschung die Frage des zweckmäßigsten Färbeverfahrens für Uniformtuche durch eingehende Untersuchungen im Staatlichen Materialprüfungsamt Berlin-Dahlem überprüfen zu lassen. Über die Ergebnisse dieser Untersuchungen, die bereits in einem Vorbericht[14] behandelt worden sind, wird im folgenden eingehender berichtet.

---

[14] Sommer, H.: Vortrag in der Mitglieder-Versammlung der Vertrauensstelle für Lieferungstuch- und Feintuchmacher e. V. am 28. 5. 1935; vgl. auch Melliand Textilber. 1936, S. 338.

A. Arbeitsplan

Die Untersuchung sollte so umfassend wie möglich durchgeführt werden, um vor allem zufällige fabrikationsbedingte Streuungen auszuschalten und zu wirklichen Durchschnittsergebnissen zu kommen. Andererseits stand aber von vornherein fest, daß eine erschöpfende Behandlung des gesamten Fragenkomplexes wegen des damit verbundenen Arbeitsumfanges, insbesondere auch wegen der hierfür notwendigen sehr großen Zahl von Versuchstuchen nicht durchführbar war. Die in das Problem mit hineinspielenden und an sich interessanten Einflüsse der Wollbeschaffenheit und Wollfeinheit, der mehr oder minder großen Vorschädigung in der Wollwäsche, der Farbtiefe, der Bindung, der praktisch vorkommenden Abweichungen bei der Herstellung und Ausrüstung der Tuche in verschiedenen Betrieben usw. konnten daher im einzelnen nicht berücksichtigt werden. Eine Vorklärung dieser Fragen hätte zwar zur Festlegung von Normalbedingungen geführt, unter denen schließlich die eigentlichen Versuchstuche herzustellen waren, doch wäre der an und für sich schon große Umfang der Arbeit um ein Mehrfaches vergrößert worden. Dem Vergleich der in Frage kommenden, heute üblichen Färbeverfahren mußten daher solche Versuchstuche zugrundegelegt werden, die bei sorgfältiger Ausführung unter erfahrungsgemäß normalen Bedingungen aus dem gleichen Wollmaterial und in genügend großer Zahl von Parallelreihen herzustellen waren, um technisch unvermeidliche Streuungen auszugleichen und brauchbare Durchschnittswerte zu erhalten.

Da es in erster Linie darauf ankam, die Tragfähigkeit der Tuche festzustellen, mußte auch die Prüfungsmethodik, die in der bis dahin üblichen Art zu einer eindeutigen Bewertung nicht ausreichte, unter Berücksichtigung der im praktischen Gebrauch auftretenden Einflüsse erweitert werden. Neben der Festigkeit, der Farbechtheit, dem Grad der Wollschädigung u. a. war vor allem die mechanische Abnutzung durch Scheuerung in ihrer Auswirkung auf Oberflächenbeschaffenheit, Farbe, Festigkeit und die Abhängigkeit dieser Eigenschaften von den durch Witterungseinflüsse bedingten Veränderungen der Tuche als Kriterium der Tragfähigkeit heranzuziehen.

Dementsprechend wurden für die Herstellung der Versuchstuche und die Prüfungsdurchführung folgende allgemeine Richtlinien festgelegt.

I. Grundsätzliche Erfordernisse für die Herstellung der Versuchstuche

Um den Einfluß der Farbtiefe nnd zugleich zwei praktisch interessierende Fälle zu erfassen, sollte ein marineblaues und ein feldgraues Rocktuch (dieses mit 30% weißer Melierwolle) angefertigt werden. Die Herstellung sollte zur Kontrolle in Parallelreihen in zwei Betrieben nach einheitlicher Arbeitsvorschrift erfolgen. Durch einen Austausch der Garne zwischen den beiden Betrieben zur Verarbeitung in weiteren Parallelreihen sollten die Einflüsse unterschiedlicher Ausrüstung nach Möglichkeit ausgeschaltet werden, um dadurch gute Durchschnittswerte für die Beurteilung der Färbeverfahren zu erhalten. Im einzelnen waren folgende Herstellungsbedingungen vorzusehen:

1. Wollmaterial:

Einheitliche und einwandfreie (ungeschädigte) Beschaffenheit der gesamten Wollmenge von der für Rocktuche vorgeschriebenen A/B-Wollfeinheit.

2. Wollwäsche:

Möglichst schonende Seife-Soda-Wäsche, Trocknung bei Temperaturen nicht über 50°. Um die bei Vornahme der Wäsche in verschiedenen Betrieben möglichen Einflüsse auszuschalten, sollte die gesamte Wollmenge in einem Betriebe gewaschen werden.

3. Färben der gewaschenen Wollen:

In beiden Betrieben mit den gleichen Farbstoffen und nach den gleichen Färbevorschriften. Zu vergleichende

Färbeverfahren:

a) reine Küpenfärbung,
b) reine Nachchromierungsfärbung,
c) kombinierte Färbung mit Vorküpe und Nachchromierung,

und zwar für marineblau und feldgrau.

4. Spinnerei:

Kett- und Schußgarne für alle Versuchstuche jeweils in gleicher Garnnummer und mit gleicher Drehung, in beiden Betrieben auf denselben Maschinen bzw. Spindeln gesponnen.

Ungefähre metrische Garnnummer:

	Kette	Schuß
marineblau	$9^1/_4$	8
feldgrau	$10^1/_4$	9

5. Weben

sämtlicher Stücke in beiden Betrieben auf denselben Stühlen, und zwar

	Blattbreite cm	Kettfadenzahl	Schußzahl auf 10 cm
marineblau	225	2600	140
feldgrau	225	2700	150

Von jeder Farbe und jedem Färbeverfahren in jedem Betrieb jeweils 2 Stücke aus Garnen des eigenen und 2 Stücke aus Garnen des anderen Betriebes. Stücklänge etwa 30 m.

6. Ausrüstung

in beiden Betrieben für alle Stücke gleichartig und wie üblich, jedoch ohne Strich. Gewicht des laufenden Meters bei 140 cm Stoffbreite:

marineblau	720 g,
feldgrau	670 g.

II. Richtlinien für die Prüfungsdurchführung

1. Kontrolle der Einhaltung der Herstellungsbedingungen der Versuchstuche:

Überwachung der Wollwäsche und des Färbens der Wolle durch einen Amtsangehörigen. p_H-Messungen an den Wasch- und Färbeflotten.

Bestimmung der Wollschädigung (Vorschädigung) in der Fabrikation.

2. Prüfung der Versuchstuche auf Tragfähigkeit:

a) im Anlieferungszustand,
b) nach einer Bewetterung von $^1/_4$- und $^1/_2$ jähriger Dauer, unter Berücksichtigung der eintretenden Gewichts- und Maßänderung,

auf

Zugfestigkeit,
Berstfestigkeit,
Widerstandsfähigkeit gegen Scheuerbeanspruchung,
gekennzeichnet durch
   Gewichtsverlust,
   Veränderung der Stoffoberfläche,
   Farbänderung (Weißscheuern),
   Festigkeitsänderung (in Verbindung mit dem Berstversuch),
Elastizität (Widerstand gegen Ausbeulen),
Farbechtheit gegen Wasser, Reiben, Schweiß, Alkali (Straßenschmutz),
Lichtechtheit,
Wollschädigung durch Witterungseinflüsse.

B. Herstellung der Versuchstuche

Die Herstellung der Versuchstuche erfolgte im April 1931 nach den angegebenen Richtlinien in zwei anerkannten Großbetrieben (weiterhin mit Betrieb A und Betrieb B bezeichnet). Die für den Ausfall der Versuche besonders wichtige Wollwäsche und das Färben der Wollen wurden unter Aufsicht eines Amtsangehörigen und unter Mitwirkung von Färbereitechnikern der I. G. Farbenindustrie A.-G. ausgeführt, die zuvor die geeignetsten Färbevorschriften für diesen Zweck erprobt und angegeben hat.

I. Wollwäsche

Das Waschen der Gesamtmenge von etwa 2300 kg Rohwolle, die bei der Beschaffung im Amt auf ihre Eignung geprüft und als einwandfrei befunden worden war, wurde im Betrieb B vorgenommen. Diese Wollmenge, die sich aus

	Rendement etwa
770 kg Kapwolle	51 %
1050 kg deutsche Wolle	37 %
500 kg Montevideo-Wolle (als Melierwolle verwendet)	55 %

zusammensetzte, wurde in der angegebenen Reihenfolge in 7 Std. mit insgesamt

	Verbrauch:
40 kg Soda in 200 l Wasser	fast alles,
28 kg Schnitzelseife in 200 l Wasser .	$^4/_5$
4 l Lanadin W conc.	alles,
12 l Ammoniak 25 proz.	alles

auf einem 5 Bottich-System gewaschen. Der Einweichbottich, zwei Waschbottiche und der erste Spülbottich wurden mit permutiertem Wasser (0,7° dH, p_H 7,8) beschickt, während der letzte Spülbottich mit Brunnenwasser (etwa 16° dH, p_H 7,2) gespeist wurde. Während des Waschens wurde die Temperatur und die Alkalität der Bäder (mit dem Folienkolorimeter nach Wulff) kontrolliert; sie erwiesen sich während der Versuchsdauer in den einzelnen Bottichen als ziemlich konstant.

Die Besetzung der Bäder zeigt nebenstehende Tabelle an.

Die Wolle kam in gut gereinigtem Zustand und ziemlich alkalifrei (p_H 7,6) aus dem Spülbottich. Das Trocknen der gewaschenen Wolle erfolgte anschließend im Trockenschrank mit Luftumwälzung bei einer durchschnittlichen Temperatur von 45—50°, die Trocknungsdauer betrug etwa ½ Stunde.

Bottich	Inhalt m³	Beschickt mit	1.Ansatz Liter	Nachsätze stündlich Liter	Messungen Temperatur °	PH
I	5	Sodalösung	50	8—10	46—47	10,0—10,8
II	3	Seifenlösung	50	5		
		Ammoniak Lanadin W	4 ⅓ }	etwas	45—46	10,0—10,4
III	3	Seifenlösung	22	5		
		Ammoniak Lanadin W	4 ⅓ }	etwas	45—47	9,9—10,2
V	5	permut. Wasser	—	—	34—36	9,5—9,9
IV	5	Brunnenwasser	—	—	10—11	7,5—7,7

Färbevorschriften

1. Marineblau

Färbeverfahren	Färbevorschrift	Messungen Temperatur ° im Betrieb		p_H-Wert im Betrieb	
		A	B	A	B
A (a) Reine Küpenfärbung (Reinindigo)	1. Z u g , auf altem Bade, Zusatz: 7,5% Indigo MLB Küpe 60% 10 % Indigo R 20% (nur bei Betrieb A) 1 % Hydrosulfit konz. plv. 1 % Ammoniak 25% 2. Z u g , Zusatz: 4 % Indigo MLB Küpe 60% 2,5% Indigo R 20% (nur bei Betrieb A) 1 % Hydrosulfit konz. plv. 1 % Ammoniak 25% Färbedauer: je ½ Stunde bei 55°.	52 52	55 52—55	9,5 9,4	9,4 9,4
B (b) Reine Nachchromierungsfärbung	6,5% Echtbeizenblau B 0,75% Salicinbordo R 0,4% Anthrachinonviolett 5 % Essigsäure 10 % Glaubersalz Bei 50° eingehen, in ½ Stunde zum Kochen treiben, ¾ Stunde kochen. Nach Zusatz von 2 % Ameisensäure ¾ Stunde (bei Betrieb A 20 min) kochen, auf 60° abschrecken, 2,5% Chromkali zusetzen, 1 Stunde kochen und kalt spülen.	— 3,8—4,4 4,0	— 4,5 —
C (c) Küpengrund mit NachchromierungsAufsatz	I n d i g o g r u n d : 1. Z u g , auf altem Bade, Zusatz: 4 % Indigo LMB Küpe 60% 1 % Hydrosulfit konz plv. 1 % Ammoniak 25 % 2. Z u g , Zusatz: 1,5% Indigo LMB Küpe 60% 1 % Hydrosulfit konz plv. 1 % Ameisensäure Färbedauer: je ½ Stunde bei 55°. Ü b e r s e t z u n g mit 2 % Echtbeizenblau B 0,15% Anthrachinonviolett (nur bei Betrieb A) 5 % Essigsäure 10 % Gläubersalz Bei 50° eingehen, in ½ Stunde zum Kochen treiben, ¾ Stunde kochen. Nach Zusatz von 1 % Ameisensäure ¾ Stunde kochen, auf 60° abschrecken, 1 % Chromkali zusetzen, ¾ Stunde kochen und kalt spülen.	50—52 51—52 — 4,3 —	52—56 52—55 — 4,4 4,7	9,3—9,5 9,4	9,2—9,5 9,4

2. Feldgrau

Färbeverfahren	Färbevorschrift	Messungen			
		Temperatur ° im Betrieb		p_H-Wert im Betrieb	
		A	B	A	B
D (d) Reine Küpen- färbung	1. Z u g , auf altem Bade, Zusatz: 0,8 % Indigo MLB Küpe 60% 1,4 % Helindonbraun CV fest 0,85% Helindongelb CG fest 0,65% Hydrosulfit konz plv. 0,9 % Ammoniak 25% Färbedauer: ½ Stunde bei 55°. Nachbehandlung mit 2 % Ameisensäure 10 min bei 70—80°.	52—54 70	52—57 80	9,5 3,7	9,3 —
E (e) Reine Nach- chromie- rungs- färbung	1,6 % Alizarinlichtgrau BBLW 1,25% Säurechromgelb 3 GL 0,39% Säureanthracenbraun KE 5 % Essigsäure 10 % Glaubersalz Bei 50° eingehen, in ½ Stunde zum Kochen treiben, ¾ Stunde kochen. Nach Zusatz von 2 % Ameisensäure (bei Betrieb B 1%) 20 min (bei Betrieb B ¾ Stunde) kochen, auf 60° abschrecken, 1,25% Chromkali zusetzen, ¾ Stunde kochen und kalt spülen.			— 4,3 4,3	— 4,8
F (f) Küpengrund mit Nach- chromie- rungs- Aufsatz	I n d i g o g r u n d : 1. Z u g , auf altem Bade, Zusatz: 1 % Indigo MLB Küpe 60% 1,3 % Hydrosulfit konz plv. 2 % Ammoniak 25% Färbedauer: ½ Stunde bei 55°. Ü b e r s e t z u n g mit 0,25% Alizarinlichtgrau BBLW 0,85% Säurechromgelb 3 gL 0,45% Säureanthracenbraun KE 5 % Essigsäure 10 % Glaubersalz Bei 50° eingehen, in ½ Stunde zum Kochen treiben, ¾ Stunde kochen. Nach Zusatz von 2 % Ameisensäure (bei Betrieb B 1%) ¾ Stunde kochen, auf 60° abschrecken, 1 % Chromkali zusetzen, ¾ Stunde kochen und kalt spülen.	51—52	55—56	9,1—9,3 — 4,1	9,1—9,4 — 4,8—5,00

II. Färben der Wolle

Das Färben der Wollen wurde in beiden Betrieben nach den S. 4 und 5 angegebenen, von der I. G. Farbenindustrie A.-G. ausgearbeiteten Vorschriften vorgenommen. In der Küpe wurden Kap- und deutsche Wolle getrennt behandelt, beim Färben im Zirkulationsapparat mit Nachchromierungsfarbstoffen dagegen gemeinsam. Es wurde versucht, den Zustand der Farbbäder durch Temperatur- und p_H-Messungen zu kontrollieren, doch erwies sich die p_H-Bestimmung mit Folienkolorimeter als unsicher. Der Ausfall der Färbungen zeigte, obwohl ein Nuancieren zur Vermeidung unkontrollierbarer Einflüsse nicht vorgenommen wurde, eine zufriedenstellende Übereinstimmung mit den von der I. G. Farbenindustrie gefertigten Vorlagen; beim Betrieb A fielen die marineblauen, beim Betrieb B die feldgrauen Färbungen der verschiedenen Versuchsreihen etwas einheitlicher aus.

III. Versuchsmaterial

Für die Untersuchung wurden Muster der Rohwolle, der gewaschenen und gefärbten Wollen, der daraus gesponnenen Garne und Abschnitte der Versuchstuche entnommen.

Die Fertigtuche trugen folgende Bezeichnungen

Farbe	Hergestellt		Bezeichnung der Stücke in		
	in Betrieb	aus Garn der Firma	reiner Küpen-färbung	reiner Nachchro-mierungs-färbung	Küpengrund-mit Nach-chromierung
Marineblau	A	B	A 01	B 03	C 05
		B	A 02	B 04	C 06
		A	A 07	B 09	C 11
		A	A 08	B 10	C 12
	B	B	a 01	b 03	c 05
		B	a 02	b 04	c 06
		A	a 14	b 15	c 18
Feldgrau	A	B	D 51	E 53	F 55
		B	D 52	E 54	F 56
		A	D 57	E 59	F 61
		A	D 58	E 60	F 62
	B	B	d 07	e 09	f 11
		B	d 08	e 10	f 12
		A	d 19	e 21	f 23

Außer den Fertigtuchen standen aus dem Fabrikationsgang entnommene Abschnitte folgender Tuche zur Verfügung.

Insgesamt wurden 30 rohe, gewaschene und gefärbt Wollproben, 12 Garne, 96 Tuchabschnitte, die den Fabri kationsgang veranschaulichen, und 42 eigentliche Vei suchstuche der Prüfung unterzogen.

| Hergestellt in Betrieb | Bezeichnung der Stücke | | | | | | Fabrikationsstufen |
| | marineblau | | | feldgrau | | | |
	reine Küpen-färbung	reine Nachchro-mierungs-färbung	Küpengrund mit Nach-chromierung	reine Küpen-färbung	reine Nachchro-mierungs-färbung	Küpengrund mit Nach-chromierung	
A	A 01 A 07	B 03 B 09	C 05 C 11	D 51 D 57	E 53 E 59	F 55 F 61	1. Loden, entgerbert 2. gewalkt und gewaschen 3. karbonisiert und entsäuert 4. gerauht und geschoren 5. Fertigware
B	a 01 a 14 (bzw. 13) [1]	b 03 b 15	c 05 c 18 (bzw. 17) [1]	d 07 d 19	e 09 e 21	f 11 f 23	1. Loden (Stuhlware) 2. gewalkt und gewaschen 3. Fertigware

[1] Parallelstück, dessen Fertigware im übrigen nicht zur Untersuchung kam.

C. Prüfung der Wollen, Garne und Tuche

Die Untersuchungen erstreckten sich auf

I. die aus dem Fabrikationsgang entnommenen Proben,

II. die Fertigtuche (eigentliche Versuchstuche), und zwar wurden die Fertigtuche sowohl im Anlieferungszustand als auch nach $^1/_4$- und $^1/_2$ jähriger Bewetterung geprüft.

Die Bewetterungsversuche wurden in folgender Weise ausgeführt. Von jedem Versuchstuch wurden für jede Bewetterungsstufe zwei Abschnitte von 60×35 cm Größe spannungsfrei auf Gestellen befestigt, die auf dem schattenfreien Dach des Amtes so aufgestellt waren, daß die Stofffläche genau nach Süden gerichtet um $45°$ gegen die Waagerechte geneigt und damit der ungehinderten Einwirkung der Witterung bei einem Höchstmaß an wirksamer Lichtenergie ausgesetzt war. Die für den photochemischen Effekt maßgebende wirksame Lichtmenge wurde für die beiden Bewetterungsstufen in Normalbleichstunden gemessen; die Maßeinheit der Normalbleichstunde (nh) stellt die Wirkung einer Stunde Juni-Mittagssonne bei völlig klarem, wolkenlosem Himmel und senkrechtem Strahleneinfall in Berlin-Dahlem dar[15]. Die Belichtungsverhältnisse für die beiden Bewetterungsstufen waren folgende:

| Bewetterungsstufe | Bewetterungsdauer | Durchschnittliche | | Wirksame Licht-menge nh |
		Temperatur	rel. Luft-feuchtig-keit	
I = ¼ Jahr	14. 4. bis 11. 7. 32	18,7°	52%	408
II = ½ ,,	14. 4. bis 16. 10. 32	20,0°	53%	792

Berücksichtigt man, daß die durchschnittliche wirksame Lichtmenge eines Jahres etwa 1000 nh beträgt, so kann die bei den Bewetterungsversuchen gewählte photochemische Beanspruchung als verhältnismäßig kräftig und etwa dem entsprechend bezeichnet werden, was während der Tragedauer eines Militärtuches praktisch an Lichteinwirkung in Frage kommen dürfte.

Nach dem Bewettern wurden die Proben einer vorsichtigen Reinigung durch 10 Min. langes Behandeln mit

Zahlentafel 1

Äußere Beschaffenheit und Fettgehalt der Wollen

Prüfung auf	Deutsche Wolle	Kap-Wolle	Montevideo-Wolle
Äußere Beschaffenheit			
a) Rohwolle (gereinigt)	schön weiß, offen, aber mit gelben Spitzen, etwas klettig	weiß, offen, klettig	schön weiß, offen, merkliche Spitzen, klettenfrei
b) gewaschene Wolle	leicht graugelblicher Schein, stark gelbe Spitzen	ziemlich weiß, gelbe Spitzen, klettenhaltig	leicht gelblicher Schein, gelbe Spitzen
Wollfeinheit	$20\text{—}28\ \mu$	$20\text{—}22\ \mu$	$20\text{—}25\ \mu$
Fettgehalt			
a) Rohwolle	9,2%	19,0%	19,6%
b) gewaschene Wolle	2,6%	1,1%	4,0%

$35°$ warmer, 0,4%iger Seifenlösung unterzogen, um die bei der Prüfung störenden photochemisch gebildeten Wollabbauprodukte zu entfernen. Die Proben wurden gut gespült, spannungsfrei an der Luft getrocknet und bis zur Erreichung eines gleichbleibenden Gewichts bei 65% rel. Luftfeuchtigkeit ausgelegt. Nach Bestimmung der durch Bewettern eingetretenen Maß- und Gewichtsänderung wurde die Prüfung vorgenommen.

I. Untersuchungen an den aus dem Fabrikationsgang entnommenen Proben

Der Zweck dieser Untersuchungen war, die im Verlaufe der Herstellung eingetretene chemische Vorschädigung der Wolle und die Veränderung der physikalischen Eigenschaften durch die Einflüsse der Fabrikation vom Loden bis zum Fertigtuch zu bestimmen.

1. Wollen

Die zur Herstellung der Versuchstuche verwendeten Wollen — deutsche, Kap- und Montevideo-Wolle — wurden im rohen, gewaschenen und gefärbten Zustand auf äußere Beschaffenheit, Fettgehalt, Reaktion und Wollschädigung untersucht.

---

[15] Vgl. Fußnote 12.

Der Fettgehalt wurde durch Extraktion mit Äther und Alkohol ermittelt, die Reaktion als p_H-Wert durch potentiometrische Messung mit der Chinhydronelektrode am wäßrigen Auszug von jeweils 3 g Wolle, die 1 Stunde bei 60° in 100 cm³ dest. Wasser ausgezogen wurde. Die Wollschädigung wurde durch mikroskopische Prüfung und durch chemische Nachweisverfahren bestimmt; die Rohwolle wurde hierfür zweimal mit dest. Wasser bei 40° je 10 Min. lang eingeweicht, mit Äther in einer Stöpselflasche ausgeschüttelt und an der Luft getrocknet.

Zahlentafel 2
Reaktion der Wolle
p_H-Wert in Abhängigkeit von Fabrikationsgang und Witterungseinflüssen

Zustand der Wolle	p_H-Wert					
Gewaschene Wolle: Deutsche Wolle Kapwolle Montevideo-Wolle	7,57 7,17 Mittel: 7,39 7,44					
	Reine Küpenfärbung		Reine Nachchromierungsfärbung		Indigogrund mit Nachchromierung	
	marineblau	feldgrau	marineblau	feldgrau	marineblau	feldgrau
Gefärbte Wolle: Firma A	8,02	5,44	5,80	5,27	5,01	4,41
,, B	7,22	5,73	6,41	5,36	5,81	5,15
Garne	6,09	5,44	4,57	5,55	4,97	4,65
Fertigware: Anlieferungszustand	6,50	5,74	7,14	6,29	6,50	6,20
Nach dem Bewettern: ¼ Jahr bewettert	4,38	4,02	4,41	4,08	4,14	4,08
½ ,, ,,	3,93	3,88	3,96	3,87	3,81	3,89

(Spalte links: Fabrikationsgang)

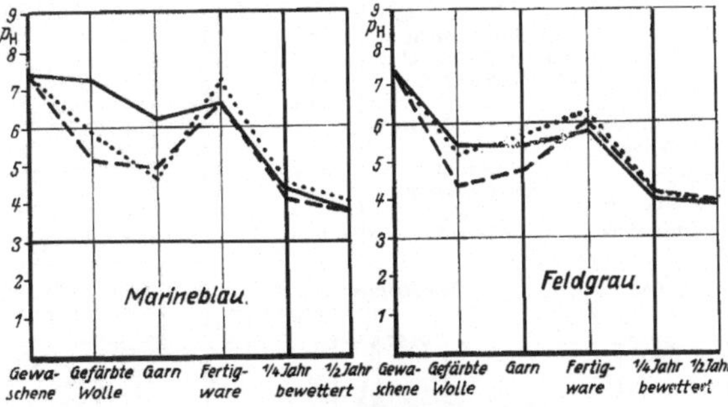

Bild 1. Reaktion der Wolle (p_H-Wert) in Abhängigkeit von Fabrikationsgang und Witterungseinflüssen
——— Küpenfärbung
········ Chromfärbung
— — Vorküpe mit Nachchromierung

Nach der äußeren Beschaffenheit beurteilt, waren die verwendeten Rohwollen als gut und für Versuchszwecke durchaus geeignet anzusprechen. Die Wollwäsche ist, wie der verhältnismäßig hohe Fettgehalt (Zahlentafel 1) und die praktisch neutrale Reaktion (Zahlentafel 2, Bild 1) erkennen läßt, sehr sorgfältig ausgeführt worden. Die nach dem Nachchromierungs- und Kombinationsverfahren gefärbten Wollen und Garne weisen eine deutlich saure Reaktion auf, ebenso auch die feldgrau geküpte Wolle, die im Gegensatz zu der neutral bis schwach alkalisch rea-

gierenden indigogeküpten marineblauen Wolle nach dem Färben abgesäuert worden ist. Die merkliche Verstärkung der sauren Reaktion bei den Garnen ist auf das lange Lagern vor der Prüfung zurückzuführen, wodurch sich aus der Schmälze Oxyfettsäuren gebildet haben, die — neben einem durch den günstigen Nährboden wahrscheinlichen Bakterienangriff — besonders auf die geküpten Wollen stark eingewirkt haben. Es handelt sich also hier um einen Vorgang, der bei der Herstellung der Versuchstuche selbst nicht aufgetreten ist. Unter dem Einfluß der Walke nähert sich der p_H-Wert in der Fertigware wieder dem Neutralpunkt, während im Gebrauch infolge des Wollabbaues durch Witterungseinflüsse eine mit der Bewetterungsdauer zunehmende saure Reaktion auftritt, bedingt durch die Schwefelsäure, die bei der photochemischen Oxydation des im Wollmolekül enthaltenen Cystins entsteht.

Im Zusammenhang mit der Tragfähigkeit kommt der während der Fabrikation eingetretenen Wollschädigung eine größere Bedeutung zu. Jede Behandlung der Wolle ist unvermeidlich mit einer Schädigung verbunden, und es kommt nur darauf an, diese Schädigung so klein wie möglich zu halten. Denn jede ein gewisses Maß überschreitende Vorschädigung, die an sich vielleicht noch ohne Auswirkung auf die Eigenschaften des Tuches im Anlieferungszustand ist, kann zur Ursache für herabgesetzte Widerstandsfähigkeit gegen zusätzlich schädigende Einflüsse im Gebrauch werden.

Zur Bestimmung der in der Fabrikation eingetretenen Vorschädigung waren neben der mikroskopischen Prüfung der Wollen, die erst verhältnismäßig grobe Schädigungen zu erkennen gestattet, die Heranziehung empfindlicher chemischer Nachweisverfahren erforderlich, die eine Differenzierung nur geringer Wollschädigungen möglich machen. Bei den Rohwollen und den gewaschenen Wollen kamen als Nachweisverfahren zur Anwendung:

Die Anfärbung mit Methylenblau, die Diazoreaktion nach Pauly-Binz[16],[17] und die Zinnsalzreaktion nach Becke[18]. Nach dem Befund der mikroskopischen Prüfung und der vorgenannten Reaktionen waren alle drei Rohwollen als gute und einwandfreie Schurwollen zu bezeichnen; nur die Spitzen wiesen eine mehr oder weniger merkliche Schädigung auf. Bei den gewaschenen Wollen zeigten die Anfärbereaktionen eine leichte Vorschädigung an.

Die mikroskopische Prüfung der gefärbten Wollen ergab, ebenso wie bei den gefärbten und den weißen Melierwollen im Innern der Fertigtuche, einwandfreie Beschaffenheit, während die Wollhaare an der Oberfläche der Stoffe

---

[16] Pauly, H. u. A. Binz: Z. Farben- u. Textilind. 1904, S. 373.
[17] v. Brunswik, H.: Die chemischen Eigenschaften und die Mikrochemie der Wolle (H. Mark: Beiträge zur Kenntnis der Wolle. Berlin: Verlag Borntraeger 1925).
[18] Becke, M.: Lehnes Färber-Zeitung 1912, S. 45, 66.

Zahlentafel 3

Wollschädigung in der Fabrikation

Fabrikationsstufe	Bichromatzahl [1]					
Gewaschene Wolle	1,8					
	marineblau			feldgrau		
	Küpen-färbung	Nachchro-mierungs-färbung	Kombi-nations-färbung	Küpen-färbung	Nachchro-mierungs-färbung	Kombi-nations-färbung
Gefärbte Wolle (Firma A)	3,2	2,9	2,5	3,2	3,0	2,7
Garne (Firma A)	4,6	4,0	3,8	5,2	3,3	2,2
Fertigware:						
Firma A	2,8	3,0	3,0	2,7	2,8	2,9
„ B	3,2	2,7	2,6	3,1	2,5	3,0

[1] Die Bichromatzahl gibt an, wieviel cm³ n/10 Bichromatlösung von der abgebauten Wollsubstanz reduziert wird, die bei 2stündg. Behandlung mit 100 cm³ 0,5%iger Sodalösung von Zimmertemperatur aus 1 g Wolle in Lösung geht.

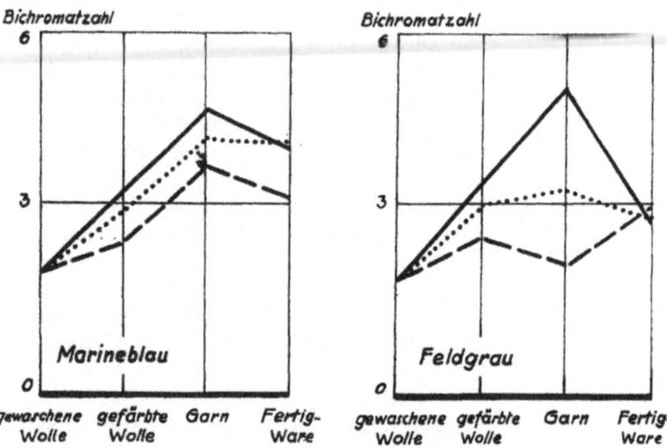

Bild 2. Wollschädigung in der Fabrikation
——— Küpenfärbung
..... Chromfärbung
— — Vorküpe mit Nachchromierung

durch den Ausrüstungsprozeß eine dünnere Schuppenschicht, leichte Streifung und vereinzelte Aufsplitterungen aufwiesen. Für den chemischen Nachweis der eingetretenen Schädigung waren die Anfärbereaktionen bei den gefärbten Wollen nicht anwendbar. Im Vorversuch erwiesen sich auch die sonst gebräuchlichen chemischen Nachweisverfahren[11,17,19], wie z. B. die Allwördensche Reaktion[19,20], die Quellungsreaktion mit ammoniakalischer Kalilauge nach Krais-Markert-Viertel[19], die Bestimmung des Schwefelgehalts oder des löslichen Stickstoffs nach Sauer[21], die Biuretreaktion[18] und die Phosphorwolframsäurefällung[17], nur als bedingt geeignet. Die brauchbarsten Ergebnisse lieferte die Bestimmung der Bichromatzahl nach Krahn[17], die zur Beurteilung der Wollschädigung im Verlauf der Fabrikation herangezogen wurde.

[19] Vgl. Viertel, O.: Melliand Textilber. 1936 S. 868 sowie P. Krais, H. Markert u. O. Viertel: Forschungsheft 15 des Dt. Forschungsinst. f. Textilind. Dresden 1933.
[20] von Allwörden, K.: Z. angew. Chem. 1916, S. 77.
[21] Sauer, O.: Z. angew. Chem. 1916, S. 424.

Aus der Zusammenstellung in Zahlentafel 3 und der entsprechenden graphischen Darstellung (Bild 2) geht hervor, daß bereits durch das Färben eine geringe Wollschädigung gegenüber der gewaschenen Wolle eingetreten ist, die bei der Küpenfärbung etwas stärker und bei der Kombinationsfärbung etwas geringer in Erscheinung tritt als bei der reinen Nachchromierungsfärbung. Die bei den Garnen ermittelte merklich größere Schädigung ist, wie schon erwähnt, auf die Wirkung der beim Lagern der geschmälzten Garne vor der Prüfung gebildeten Oxyfettsäuren zurückzuführen und trifft für den Fabrikationsprozeß selbst nicht zu; interessant ist aber immerhin, daß durch die Oxyfettsäuren die Vorschädigung der Küpenfärbung in besonderem Maße weiterentwickelt worden ist. Bei den Fertigtuchen ist im Vergleich zu den gefärbten Wollen keine nennenswerte Änderung im Schädigungsgrad festzustellen; die drei Färbeverfahren erscheinen in bezug auf Vorschädigung beim Fertigtuch als praktisch gleichwertig und der Schädigungsgrad so gering, daß die Versuchstuche als besonders sorgfältig und mit dem praktisch erreichbaren Geringstmaß an Schädigung hergestellt gelten können.

2. Vom Loden zum Fertigtuch

In Zahlentafel 4 a, b sind die Einzelwerte für Stoffgewicht, Fadendichte und Festigkeitseigenschaften der Versuchstuche vom Loden bis zur Fertigware, getrennt nach Herstellungsfirma, Farbe und Färbeverfahren, wiedergegeben. Sie lassen erkennen, daß auch bei sorgfältiger Einhaltung der Herstellungsbedingungen Abweichungen in diesen Eigenschaften bei den im gleichen Betrieb gefertigten Parallelstücken technisch unvermeidlich sind. Diese Abweichungen betragen im Durchschnitt für alle Fabrikationsstufen

	Durchschnittliche Abweichungen %		Vereinzelt vorkommende Höchstabweichungen %	
	Betrieb A	Betrieb B	Betrieb A	Betrieb B
im Stoffgewicht	2,7	3,6	7—8	8—10
in der Fadendichte:				
Kette	1,1	1,8	2—3	4
Schuß	4,6	4,0	8—10	11—12
in der Bruchlast:				
Kette	8,0	8,7	18—23	15—20
Schuß	18,0	15,9	25—33	25—31
in der Reißlänge:				
Kette	8,0	11,6	15—17	17—20
Schuß	17,0	19,6	23—30	25—31

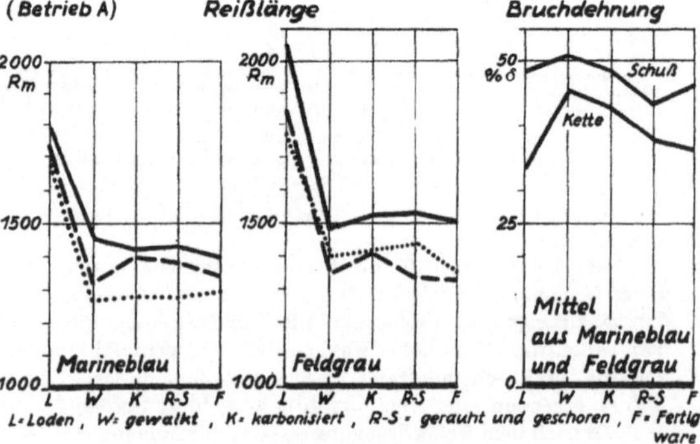

Bild 3. Zugfestigkeitseigenschaften der Tuche in Abhängigkeit vom Fabrikationsgang
——— Küpenfärbung
..... Chromfärbung
— — Vorküpe mit Nachchromierung

Zahlentafel 4 a. Fabrikationsgang
Stoffgewicht, Fadendichte und Zugfestigkeit vom Loden bis zur Fertigware (Einzelwerte der Tuche)
1. Marineblau

Färbeverfahren	Firma	Fabrikationsstufe	Stück-Nr.	Quadratmetergewicht g	Anzahl der Fäden auf 10 cm[1]		Bruchlast kg		Festigkeitseigenschaften Bruchdehnung %		Reißlänge[2] m	
					Kette	Schuß	Kette	Schuß	Kette	Schuß	Kette	Schuß
Reine Küpenfärbung	A	Loden,	A 01	346	144	139	32,1	29,6	32,1	50,7	1855	1710
		entgerbert	A 07	352	145	152	29,3	34,6	29,4	54,6	1665	1965
		gewalkt und	A 01	538	180	196	37,4	40,2	45,8	53,9	1390	1490
		gewaschen	A 07	523	180	174	38,2	38,9	47,4	52,5	1460	1490
		karbonisiert	A 01	532	180	196	36,3	39,0	44,0	51,9	1360	1470
		u. entsäuert	A 07	505	182	174	36,1	36,2	43,9	48,7	1430	1430
		gerauht und	A 01	483	180	196	33,2	35,6	38,2	47,5	1370	1470
		geschoren	A 07	466	182	180	34,7	32,8	38,8	44,7	1490	1410
		Fertigware	A 01	488	180	196	33,5	36,6	38,6	53,0	1370	1500
			A 07	474	182	174	33,8	31,0	39,5	43,7	1430	1310
	B	Loden,	a 01	342	134	140	33,2	32,1	30,7	40,8	1940	1875
		Stuhlware	a 13	382	140	146	37,2	42,7	29,9	42,7	1950	2235
		gewalkt und	a 01	568	180	202	34,7	39,6	52,6	49,9	1220	1395
		gewaschen	a 14	520	184	179	36,5	41,3	44,0	56,1	1400	1590
		Fertigware	a 01	524	186	196	35,0	38,0	39,4	48,9	1340	1450
			a 14	482	182	176	38,1	40,4	40,3	44,5	1580	1680
Reine Nachchromierungsfärbung	A	Loden,	B 03	347	139	148	26,3	27,1	27,7	45,8	1515	1560
		entgerbert	B 09	324	140	140	28,8	31,0	34,8	46,8	1780	1915
		gewalkt und	B 03	530	180	170	35,5	27,1	40,7	47,0	1340	1020
		gewaschen	B 09	540	182	180	38,9	34,9	49,7	48,7	1440	1290
		karbonisiert	B 03	506	180	170	33,5	26,7	39,3	45,9	1320	1060
		u. entsäuert	B 09	530	182	178	37,3	35,7	48,3	43,3	1405	1345
		gerauht und	B 03	456	180	170	29,2	24,5	32,8	42,3	1280	1070
		geschoren	B 09	466	182	178	32,9	34,6	39,1	36,4	1410	1480
		Fertigware	B 03	460	180	170	30,0	24,5	33,4	44,5	1300	1070
			B 09	461	182	180	32,8	32,3	34,9	46,4	1420	1400
	B	Loden,	b 03	359	134	134	31,9	29,4	25,6	34,9	1775	1640
		Stuhlware	b 15	339	136	131	33,4	34,0	29,6	37,9	1970	2005
		gewalkt und	b 03	553	180	182	30,6	32,5	45,2	49,9	1105	1175
		gewaschen	b 15	518	180	176	35,1	37,7	54,0	45,4	1350	1450
		Fertigware	b 03	505	178	180	28,8	31,7	35,3	45,4	1140	1260
			b 15	503	180	176	34,4	37,8	41,3	40,4	1370	1500
Indigogrund mit Nachchromierung	A	Loden,	C 05	378	140	153	28,5	30,7	34,0	50,5	1510	1625
		entgerbert	C 11	348	142	147	30,8	35,7	36,7	43,4	1770	2050
		gewalkt und	C 05	525	180	168	35,5	30,1	41,5	51,8	1350	1150
		gewaschen	C 11	524	194	172	39,5	33,9	47,1	46,8	1510	1290
		karbonisiert	C 05	513	180	168	36,8	30,9	38,8	50,6	1430	1200
		u. entsäuert	C 11	504	184	172	40,0	34,8	42,0	44,9	1590	1380
		gerauht und	C 05	468	180	168	32,6	27,9	32,3	43,5	1390	1190
		geschoren	C 11	462	184	172	35,7	31,9	37,2	38,1	1550	1380
		Fertigware	C 05	471	180	168	31,8	27,9	33,6	47,3	1350	1180
			C 11	468	184	172	33,8	32,6	36,9	45,4	1440	1390
	B	Loden,	c 05	358	134	134	30,9	29,4	28,7	37,5	1725	1640
		Stuhlware	c 17	343	136	126	32,8	32,1	27,6	37,9	1915	1870
		gewalkt und	c 05	545	178	182	31,3	33,9	46,6	50,2	1150	1245
		gewaschen	c 17	532	180	176	36,2	39,6	53,5	47,1	1360	1490
		Fertigware	c 05	511	182	172	32,6	32,7	38,5	48,0	1280	1280
			c 18	489	180	176	35,3	39,8	38,9	40,8	1440	1630

Versuchsbedingungen: 65% rel. Luftfeuchtigkeit, 18—22° Zimmerwärme.
[1] Mittel aus je 4 Bestimmungen von 5 cm.
[2] Mittel aus je 5 Einzelwerten. Freie Einspannlänge 200 mm, Streifenbreite 50 mm. Mittlere Zerreißdauer etwa 45 sec.
[3] Berechnet aus Bruchlast und Stoffgewicht.

Die z. T. beträchtlichen Abweichungen weisen mit aller Deutlichkeit darauf hin, daß aus den Ergebnissen einzelner Tuchuntersuchungen keine sicheren Schlüsse gezogen werden können, sondern nur die Mittelwertbildung aus einer größeren Anzahl gleichartiger Versuchstuche eine einwandfreie Auswertung gewährleistet. Auch die in Zahlentafel 5 zusammengestellten Mittelwerte von jeweils zwei Parallel-Versuchstuchen sind noch mit einer entsprechenden Streuung behaftet und lassen daher einen eindeutigen Einfluß des Färbeverfahrens auf die Veränderungen der Eigenschaften im Fabrikationsgang nicht erkennen, abgesehen von der Festigkeit, die vom Loden bis zum Fertigtuch bei den küpengefärbten Tuchen etwas höhere Werte aufweist als bei den in der Festigkeit praktisch gleichen Tuchen mit Chrom- und Kombinationsfärbung (Bild 3).

Um zu einer Beurteilung der durchschnittlichen Veränderung der Tucheigenschaften im Verlauf der Herstellung zu kommen, sind unter Außerachtlassung der Färbeverfahren und der Farbe aus sämtlichen Versuchstuchen (von jedem Betrieb 12) Mittelwerte für die Maß-, Gewichts- und

Zahlentafel 4 b. Fabrikationsgang:
Stoffgewicht, Fadendichte und Zugfestigkeit vom Loden bis zur Fertigware (Einzelwerte der Tuche)
2. Feldgrau

Färbeverfahren	Firma	Fabrikationsstufe	Stück-Nr.	Quadratmetergewicht g	Anzahl der Fäden auf 10 cm [1]		Festigkeitseigenschaften [2] Bruchlast kg		Bruchdehnung %		Reißlänge [3] m	
					Kette	Schuß	Kette	Schuß	Kette	Schuß	Kette	Schuß
Reine Küpenfärbung	A	Loden,	D 51	352	150	156	34,9	35,8	34,7	56,4	1985	2035
		entgerbert	D 57	350	154	158	34,1	39,4	32,6	53,0	1950	2250
		gewalkt und	D 51	554	188	194	41,9	38,2	48,3	56,9	1510	1380
		gewaschen	D 57	549	186	192	38,9	44,0	46,5	57,3	1420	1600
		karbonisiert	D 51	519	188	194	40,6	37,5	46,6	52,5	1560	1450
		u. entsäuert	D 57	510	186	190	40,3	38,0	43,0	53,0	1580	1490
		gerauht und	D 51	476	188	192	37,8	31,5	39,1	46,7	1590	1320
		geschoren	D 57	478	186	190	37,7	38,1	39,3	45,4	1575	1595
		Fertigware	D 51	482	188	194	36,7	33,0	35,1	49,5	1520	1370
			D 57	480	186	190	37,3	38,3	36,0	49,6	1550	1600
	B	Loden,	d 07	366	144	146	38,1	37,2	33,0	48,0	2080	2035
		Stuhlware	d 19	358	144	146	37,2	39,7	30,8	43,5	2080	2220
		gewalkt und	d 07	542	192	202	37,5	39,4	52,7	50,9	1385	1455
		gewaschen	d 19	504	188	192	39,3	44,8	47,9	57,3	1560	1780
		Fertigware	d 07	500	190	202	37,3	38,6	39,2	54,5	1490	1540
			d 19	495	198	192	37,5	43,7	39,2	48,1	1520	1770
Reine Nachchromierungsfärbung	A	Loden,	E 53	331	146	154	26,5	26,6	33,5	42,8	1600	1605
		entgerbert	E 59	342	150	146	31,9	34,6	35,9	48,6	1865	2025
		gewalkt und	E 53	485	186	194	33,2	28,1	46,8	45,3	1370	1160
		gewaschen	E 59	496	186	184	39,7	37,0	43,5	44,9	1600	1490
		karbonisiert	E 53	474	186	194	32,5	29,2	42,0	48,0	1370	1230
		u. entsäuert	E 59	499	186	182	40,5	36,1	43,6	47,6	1620	1450
		gerauht und	E 53	426	188	194	30,1	26,0	33,6	40,2	1410	1220
		geschoren	E 59	460	186	184	36,8	34,1	40,5	41,1	1600	1480
		Fertigware	E 53	436	188	194	29,0	24,6	33,4	41,9	1330	1130
			E 59	464	186	184	36,7	31,6	39,4	44,8	1580	1360
	B	Loden,	e 09	337	144	146	30,0	29,2	27,2	38,8	1780	1735
		Stuhlware	e 21	343	144	144	36,6	38,6	30,1	43,0	2135	2250
		gewalkt und	e 09	510	194	200	32,2	33,3	47,5	49,2	1265	1305
		gewaschen	e 21	506	186	192	35,0	40,2	50,4	47,8	1380	1590
		Fertigware	e 09	472	194	202	30,1	31,2	36,7	49,9	1280	1320
			e 21	473	186	192	35,3	39,9	40,1	46,4	1490	1690
Indigogrund mit Nachchromierung	A	Loden,	F 55	336	146	166	28,1	31,3	36,2	47,2	1675	1865
		entgerbert	F 61	321	144	150	26,7	34,6	32,9	45,2	1665	2155
		gewalkt und	F 55	498	186	182	33,9	28,1	45,8	51,8	1360	1130
		gewaschen	F 61	496	188	178	35,9	36,2	45,3	53,8	1450	1460
		karbonisiert	F 55	484	186	182	34,2	27,9	40,2	48,7	1410	1150
		u. entsäuert	F 61	475	188	178	36,4	36,1	42,0	51,0	1530	1520
		gerauht und	F 55	441	186	182	31,2	23,9	35,8	43,4	1415	1085
		geschoren	F 61	440	188	176	31,4	31,5	39,8	41,9	1430	1430
		Fertigware	F 55	445	186	182	31,4	24,3	36,3	40,9	1410	1090
			F 61	441	188	176	31,8	32,4	36,4	46,4	1440	1470
	B	Loden,	f 11	348	144	152	32,6	32,0	26,8	42,9	1875	1840
		Stuhlware	f 23	334	144	146	32,8	36,8	28,2	41,0	1965	2205
		gewalkt und	f 11	516	186	202	33,2	33,2	47,7	48,6	1285	1285
		gewaschen	f 23	505	188	198	35,2	44,3	50,6	49,5	1390	1750
		Fertigware	f 11	477	194	198	30,9	30,5	38,6	47,7	1300	1280
			f 23	482	188	198	34,3	41,7	39,1	51,1	1420	1730

Versuchsbedingungen: 65% rel. Luftfeuchtigkeit, 18—22° Zimmerwärme.
[1] Mittel aus je 4 Bestimmungen von 5 cm.
[2] Mittel aus je 5 Einzelwerten. Freie Einspannlänge 200 mm, Streifenbreite 50 mm. Mittlere Zerreißdauer etwa 45 sec.
[3] Berechnet aus Bruchlast und Stoffgewicht.

Festigkeitsänderungen gebildet worden (Zahlentafel 6, Bild 4), die folgendes erkennen lassen.

Die Maßänderung in der Länge und Breite, aus der Veränderung der Fadendichte gegenüber dem Loden bestimmt und in % der Maße der Stuhlware berechnet, ist beim Loden nach dem Entgerbern nur gering und führt beim Walken zu einer beträchtlichen, in Kett- und Schußrichtung praktisch gleichen Schrumpfung, die sich bei den weiteren Fabrikationsstufen bis zur Fertigware nicht mehr ändert. Diese Maßänderung ist, ebenso wie die sich daraus ergebende Flächenschrumpfung, bei den in Betrieb B hergestellten Tuchen merklich größer als bei den Tuchen des Betriebes A. Hier haben sich offenbar die Einflüsse unterschiedlicher Bedingungen des Walkens ausgewirkt, wie z. B. die in Betrieb B bedeutend kürzere Walkdauer und das hier um etwa 5 % höhere Stoffgewicht. Dieser Einfluß zeigt sich auch in den bei beiden Betrieben verschieden großen Gewichts- und Festigkeitsänderungen.

Das Stoffgewicht nimmt beim Walken um 50%, bezogen auf das Quadratmetergewicht der Stuhlware, zu

Zahlentafel 5. Fabrikationsgang: Stoffgewicht, Maß- und Gewichtsänderung, Zugfestigkeit und Festigkeitsänderung vom Loden bis zur Fertigware (Mittelwerte der Färbungen)

1. Marineblau

Färbeverfahren	Firma	Fabrikationsstufe	Quadratmetergewicht g	Schrumpfung[1] % Länge	Breite	Fläche	Gewichtsverlust[2] %	Bruchlast kg Kette	Schuß	Bruchdehnung % Kette	Schuß	Reißlänge m Kette	Schuß	Festigkeitsverhältniszahl
Reine Küpenfärbung	A	Loden, entgerbert	349	—	—	—	—	30,7	32,0	30,8	52,7	1760	1840	100
	A	gewalkt und gewaschen	531	19,5	23,8	38,7	6,9	37,8	39,5	46,6	53,2	1425	1490	81
	A	karbonisiert und entsäuert	519	19,9	23,8	39,0	9,2	36,2	37,6	44,0	50,3	1395	1450	79
	A	gerauht und geschoren	475	19,9	25,0	40,0	18,3	34,5	34,2	38,5	46,1	1430	1440	80
	A	Fertigware	481	19,9	23,8	39,0	16,0	33,7	33,8	39,1	48,4	1400	1405	78
	B	Loden, Stuhlware	362	—	—	—	—	35,2	37,4	30,3	41,8	1945	2055	100
	B	gewalkt und gewaschen	544	24,7	25,1	43,6	15,3	35,6	40,9	48,3	53,0	1310	1495	70
	B	Fertigware	503	25,5	23,9	43,4	20,4	36,6	39,2	39,9	46,7	1460	1565	71
Reine Nachchromierungsfärbung	A	Loden, entgerbert	336	—	—	—	—	27,6	29,1	31,3	46,3	1650	1740	100
	A	gewalkt und gewaschen	535	22,6	17,7	36,3	0	37,2	31,0	45,2	47,9	1390	1155	75
	A	karbonisiert und entsäuert	518	22,6	17,2	36,0	5,7	35,4	31,2	43,8	44,6	1360	1200	75,5
	A	gerauht und geschoren	461	22,6	17,2	36,0	12,2	31,1	29,6	36,0	39,4	1345	1225	76
	A	Fertigware	461	22,6	17,7	36,3	12,5	31,4	28,4	34,2	45,5	1360	1235	77
	B	Loden, Stuhlware	349	—	—	—	—	32,7	31,7	27,6	36,4	1870	1820	100
	B	gewalkt und gewaschen	536	25,0	25,7	44,3	14,6	32,9	35,1	49,6	47,2	1230	1320	69
	B	Fertigware	504	24,6	23,5	42,3	17,2	31,6	34,3	38,3	43,0	1255	1380	71,5
Indigogrund mit Nachchromierung	A	Loden, entgerbert	363	—	—	—	—	29,7	33,2	35,4	47,0	1640	1840	100
	A	gewalkt und gewaschen	525	24,6	11,8	33,5	3,9	37,5	32,0	44,3	49,3	1430	1220	76
	A	karbonisiert und entsäuert	508	22,5	11,8	31,7	4,4	38,4	32,8	40,4	47,8	1510	1290	80,5
	A	gerauht und geschoren	465	22,5	11,8	31,7	12,7	34,2	29,9	34,8	40,8	1470	1285	79,5
	A	Fertigware	470	22,5	11,8	31,7	11,6	32,8	30,2	35,3	46,4	1395	1285	77
	B	Loden, Stuhlware	351	—	—	—	—	31,9	31,4	28,2	37,7	1820	1755	100
	B	gewalkt und gewaschen	539	24,6	27,4	45,3	15,9	33,8	36,8	50,1	48,7	1255	1365	73,5
	B	Fertigware	500	25,4	25,2	44,2	20,5	34,0	36,3	38,7	44,4	1360	1455	79

2. Feldgrau

Färbeverfahren	Firma	Fabrikationsstufe	Quadratmetergewicht g	Schrumpfung[1] % Länge	Breite	Fläche	Gewichtsverlust[2] %	Bruchlast kg Kette	Schuß	Bruchdehnung % Kette	Schuß	Reißlänge m Kette	Schuß	Festigkeitsverhältniszahl
Reine Küpenfärbung	A	Loden, entgerbert	351	—	—	—	—	34,5	37,6	33,7	54,7	1970	2145	100
	A	gewalkt und gewaschen	552	18,7	18,6	33,8	0	40,9	41,1	47,3	57,1	1465	1490	72
	A	karbonisiert und entsäuert	515	18,7	18,2	33,5	2,6	40,5	37,8	44,8	52,8	1570	1470	74
	A	gerauht und geschoren	477	18,7	17,8	33,2	9,4	37,8	34,8	39,2	46,1	1585	1460	74
	A	Fertigware	481	18,7	18,2	33,5	8,3	37,0	35,7	35,6	49,6	1535	1485	73,5
	B	Loden, Stuhlware	362	—	—	—	—	37,7	38,5	31,9	45,8	2080	2125	100
	B	gewalkt und gewaschen	523	27,9	27,4	47,7	24,3	38,3	42,1	50,3	54,1	1470	1620	73,5
	B	Fertigware	498	29,4	26,7	48,3	29,1	37,4	39,4	38,9	50,7	1500	1585	73,5
Reine Nachchromierungsfärbung	A	Loden, entgerbert	337	—	—	—	—	29,2	30,6	34,7	45,7	1735	1815	100
	A	gewalkt und gewaschen	491	20,4	20,6	36,9	0,8	36,5	32,6	45,2	45,1	1485	1325	79
	A	karbonisiert und entsäuert	487	20,4	20,2	36,5	1,0	36,5	32,7	42,8	47,8	1495	1340	80
	A	gerauht und geschoren	443	20,8	20,6	37,2	17,5	33,5	30,0	37,0	40,7	1505	1350	80,5
	A	Fertigware	445	20,9	20,6	37,2	17,2	32,9	28,1	36,4	43,4	1455	1245	76
	B	Loden, Stuhlware	340	—	—	—	—	33,3	33,9	28,7	40,9	1960	1990	100
	B	gewalkt und gewaschen	508	28,9	32,1	51,8	29,8	36,1	36,8	49,0	48,5	1335	1450	71,5
	B	Fertigware	473	30,0	32,1	52,5	35,8	33,2	35,8	38,4	48,2	1385	1505	73,5
Indigogrund mit Nachchromierung	A	Loden, entgerbert	329	—	—	—	—	27,4	33,0	34,6	46,2	1670	2010	100
	A	gewalkt und gewaschen	497	22,4	12,2	31,9	0	34,9	32,2	45,6	52,8	1405	1295	73,5
	A	karbonisiert und entsäuert	480	22,4	12,2	31,8	0	35,3	32,0	41,1	49,9	1470	1335	76
	A	gerauht und geschoren	441	22,4	11,7	31,5	8,2	31,3	27,7	37,8	42,7	1425	1260	73
	A	Fertigware	443	22,4	11,7	31,5	7,9	31,6	28,4	36,4	43,7	1425	1230	72,5
	B	Loden, Stuhlware	342	—	—	—	—	32,7	34,4	27,5	42,0	1920	2020	100
	B	gewalkt und gewaschen	511	27,8	35,0	53,1	31,6	34,2	38,8	48,8	49,1	1335	1520	72,5
	B	Fertigware	480	30,0	33,6	53,6	35,3	32,6	36,1	38,9	49,4	1360	1505	72,5

Versuchsbedingungen: 65% rel. Luftfeuchtigkeit, 18—22° Zimmerwärme.
Mittel aus den Einzelmessungen an je 2 Stoffen (vgl. Zahlentafel 4 a, b).
[1] Berechnet aus der Veränderung der Fadendichte gegenüber dem Loden.
[2] Berechnet aus dem Quadratmetergewicht unter Berücksichtigung der Flächenschrumpfung gegenüber dem Loden.
[3] Bezogen auf 50 mm Streifenbreite, 200 mm freie Einspannlänge und 45 sec. mittlere Zerreißdauer.

und sinkt dann wieder unter dem Einfluß der weiteren Ausrüstung, insbesondere des Rauhens und Scherens, um 10 bis 15%. Der aus dem Quadratmetergewicht unter Berücksichtigung der Flächenschrumpfung berechnete und in % des Stuhlwarengewichts ausgedrückte wahre Gewichtsverlust ist bei den Tuchen des Betriebs A nach dem

Zahlentafel 6. Maß-, Gewichts- und Festigkeitsänderung der Tuche
im Fabrikationsgang (Gesamtmittel sämtlicher Tuche und Färbungen)

Firma	Fabrikationsstufe	Maßänderung [1] (Schrumpfung)			Gewichtsänderung		Festigkeitsänderung		
		Länge %	Breite %	Fläche %	Zunahme des Stoffgewichts %	wahrer Gewichtsverlust [3] %	Bruchlaständerung [4] %	Verhältniszahl der Reißlänge [5]	Wahrer Festigkeitsverlust %
A	Loden, entgerbert	3,0	6,5	9,4	—	7,5	—	100	—
	gewalkt und gewaschen .	23,8	22,9	41,2	51,8	9,2	+15,6	76,5	3,1
	karbonisiert und entsäuert	23,5	22,5	40,9	46,8	11,0	—	77,5	3,3
	gerauht und geschoren . .	23,5	22,7	41,0	33,7	19,7	— 9,0	77,5	12,1
	Fertigware	23,6	22,8	41,1	34,8	19,4	—	76	13,4
B	Loden, Stuhlware	—	—	—	—	—	—	100	—
	gewalkt und geschoren . .	26,5	28,8	47,6	50,1	22,0	+ 8,1	72	14,1
	Fertigware	27,5	27,5	47,3	40,5	26,4	—	73,5	17,7

[1] Bezogen auf die Maße der Stuhlware.
[2] „ „ das Quadratmetergewicht der Stuhlware.
[3] „ „ das Gewicht der Stuhlware unter Berücksichtigung der Flächenänderung.
[4] Bruchlastzunahme bzw. -abnahme bei gleichbleibender Streifenbreite, hervorgerufen durch die jeweilige Behandlung in der Fabrikation und bezogen auf die vorhergehende Fabrikationsstufe.
[5] Bezogen auf die mittlere Kett- und Schußreißlänge der Loden = 100.
[6] Bezogen auf die Reißlänge des Lodens unter Berücksichtigung der Schrumpfung und des wahren Gewichtsverlustes.

der Versuchstuche maßgebenden Gebrauchseigenschaften der Fertigtuche untersucht worden: die Zugfestigkeit, die Widerstandsfähigkeit gegen Scheuerbeanspruchung und Formänderung, die Farbechtheit, sowie ihre Veränderung nach längerer Einwirkung der Witterung, wie dies praktisch bei Uniformtuchen der Fall ist.

Im folgenden sind unter Angabe der Versuchsbedingungen zunächst die Prüfergebnisse für die einzelnen Versuchstuche zusammengestellt, deren Gesamtauswertung im Abschnitt D erfolgt.

Walken merklich geringer als bei denen des Betriebs B, die dafür den kleineren Gewichtsverlust beim Rauhen und Scheren aufweisen. Auch der wahre Festigkeitsverlust, aus der mittleren Reißlänge in Kett- und Schußrichtung unter Berücksichtigung der Schrumpfung und des wahren Gewichtsverlustes berechnet und in % der Loden-Reißlänge ausgedrückt, ist bei den Tuchen des Betriebs B beim Walken am größten und im weiteren Verlauf der Fabrikation nur geringfügig, während er bei den Tuchen des Betriebes A beim Walken unbedeutend ist, dafür aber in merklichem Maße beim Rauhen und Scheren eintritt.

1. Photochemischer Abbau der Wollsubstanz durch Bewettern.

Bei den unter Normalbedingungen (vgl. S. 6) vorgenommenen, bis zu ½ Jahr ausgedehnten Bewetterungsversuchen war der photochemische Abbau der Wollsubstanz bei sämtlichen Versuchstuchen in einer mit der Bewetterungsdauer zunehmenden sauren Reaktion, Wollschädigung und Gewichtsabnahme zu erkennen. Außerdem trat durch die Einflüsse der Feuchtigkeit eine merkliche Flächenschrumpfung ein.

a) Reaktion

Die im Anlieferungszustand praktisch neutral reagierenden Fertigtuche sind nach einer Bewetterungsdauer von ¼ Jahr infolge der photochemischen Oxydation des im Wollmolekül enthaltenen Schwefels zu Schwefelsäure deutlich sauer geworden (Zahlentafel 3, Bild 1). Der p_H-Wert der blaugefärbten Stoffe liegt dabei um etwa 4,4, während die feldgrau gefärbten Tuche infolge des durch die geringere Farbtiefe und insbesondere die ungefärbte Melierwolle bedingten weiter fortgeschrittenen Abbaus etwas stärker sauer sind und einen p_H-Wert von etwa 4,1 aufweisen. Nach ½ jähriger Bewetterung ist bei allen Tuchen eine weitere Verschiebung in den sauren p_H-Bereich erfolgt; der p_H-Wert ist in diesem Zustand bei allen Stoffen fast gleich, etwa 3,9. Ein Einfluß des Färbeverfahrens auf den zeitlichen Verlauf des photochemischen Wollabbaus ist somit aus den p_H-Messungen nicht feststellbar.

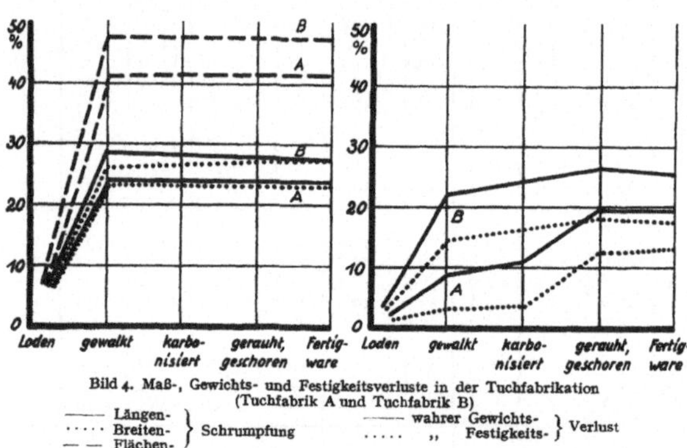

Bild 4. Maß-, Gewichts- und Festigkeitsverluste in der Tuchfabrikation
(Tuchfabrik A und Tuchfabrik B)
——— Längen- ⎫
· · · · · Breiten- ⎬ Schrumpfung　——— wahrer Gewichts- ⎫ Verlust
— — Flächen- ⎭　　　　　　　　· · · · · „ Festigkeits- ⎭

Im Zusammenhang mit den nachfolgenden Untersuchungen hat die weitere Auswertung ergeben, daß die Unterschiede im Fabrikationsgang der beiden Betriebe auf das stärkere Walken des Betriebes B zurückzuführen sind, wodurch gewisse Nachteile seiner Garne aufgehoben wurden. Die Garnherstellung war dagegen beim Betrieb A etwas günstiger, so daß trotz weniger starken Walkens Tuche von ungefähr gleicher Festigkeit erhalten wurden. Aus diesem Beispiel ist ersichtlich, wie verschieden die einzelnen Vorgänge in der Ausrüstung gehandhabt werden und doch zum praktisch gleichen Ergebnis führen können.

II. Prüfung der Fertigtuche auf Tragfähigkeit

Als wesentlichste Grundlage der Bewertung des Einflusses der Färbeverfahren sind die für die Tragfähigkeit

b) Wollschädigung

Die Oberfläche der Tuche weist nach ¼ jähriger Bewetterung, noch stärker nach ½ jähriger Bewetterungsdauer eine mehr oder weniger glänzende leimartige Decke auf, die sich mechanisch oder durch leichtes Waschen entfernen läßt und aus den wasserlöslichen Abbaustoffen der Wolle besteht, die durch Lichtwirkung entstanden sind.

Die mikroskopische Prüfung der ¼ Jahr bewetterten Tuche ergab, daß bei den gefärbten Wollen und der weißen Melierwolle im Innern der Tuche im Vergleich zum Anlieferungszustand keine merkliche Veränderung eingetreten ist. An der dem Licht ausgesetzt gewesenen Tuchoberfläche

Zahlentafel 7. Wollschädigung der Tuche durch Bewettern

Firma	Bewetterungsstufe	Bichromatzahl [1]					
		marineblau			feldgrau		
		Küpen-färbung	Nach-chromie-rungs-färbung	Kombi-nations-färbung	Küpen-färbung	Nach-chromie-rungs-färbung	Kombi-nations-färbung
A	Anlieferung	2,8	3,0	3,0	2,7	2,8	2,9
	¼ Jahr bewettert . .	7,5	8,1	6,9	11,8	12,0	10,9
	½ ,, ,, . . .	8,9	9,6	7,8	13,7	14,0	12,1
B	Anlieferung	3,2	2,7	2,6	3,1	2,5	3,0
	¼ Jahr bewettert. . .	5,9	6,4	5,3	10,2	10,4	9,3
	½ ,, ,, . . .	8,1	8,8	7,2	12,2	12,4	11,8
	Mittelwerte von A u. B:						
	Anlieferung	3,0	2,9	2,8	2,9	2,7	3,0
	¼ Jahr bewettert. . .	6,7	7,3	6,1	11,0	11,2	10,1
	½ ,, ,, . . .	8,5	9,2	7,5	13,0	13,2	12,0

[1] Vgl. Fußnote bei Zahlentafel 3.

ist dagegen die Wolle spröde geworden, die Schuppenschicht der Wollhaare ist fast vollkommen zerstört und an ihre Stelle ein dünner Film aus Wollabbaustoffen getreten, der sich leicht ablösen läßt. Der Abbauvorgang ist bei der weißen Melierwolle etwas weiter fortgeschritten als bei der gefärbten Wolle. Während bei den küpengefärbten Tuchen die zerstörten Wollhaare meist noch tief angefärbt sind, ist der Farbstoff der chromgefärbten Wollhaare deutlich verblaßt, wodurch bei den bewetterten chromgefärbten Tuchen der etwas speckigere Glanz gegenüber den küpengefärbten Tuchen bedingt wird. Ein merklicher Unterschied im mikroskopisch feststellbaren Zustand der Wollhaare, der auf den Einfluß des Färbeverfahrens zurückgeführt werden könnte, ist bei den feldgrauen Tuchen nicht vorhanden; bei den blauen Stoffen ist eine etwas stärkere Wollschädigung bei der Chromfärbung im Vergleich zur Küpenfärbung zu beobachten.

Nach ½ jähriger Bewetterungsdauer ist eine verstärkte Schädigung vorhanden; z. T. ist jetzt auch eine leichte Schädigung der Wollhaare im Innern der Stoffe zu beobachten.

Der chemische Nachweis der beim Bewettern eingetretenen Wollschädigung durch die Bichromatzahl erfaßt die Gesamtschädigung zwar nicht vollständig, da ein Teil der wasserlöslichen Wollabbauprodukte bereits durch den Regen ausgewaschen worden ist, läßt aber immerhin eine zahlenmäßige Beurteilung des Schädigungsgrades zu. Die Zusammenstellung in Zahlentafel 7 läßt erkennen, daß der photochemische Abbau bei den Tuchen des Betriebes A etwas stärker als bei denen des Betriebes B eingetreten ist.

Der mit der Bewetterungsdauer zunehmende Wollabbau ist bei den feldgrauen Tuchen bedeutend größer als bei den marineblauen. Hierin bestätigt sich wiederum, daß vom Farbstoff ein seiner Menge entsprechender Anteil der wirksamen Lichtenergie aufgenommen und damit ein von der Farbtiefe abhängiger Lichtschutz der Faser gewährt wird. Dabei wirkt sich der Anteil der besonders leicht photochemisch angreifbaren weißen Melierwolle bei den feldgrauen Tuchen so ausgleichend aus, daß sich ein unterschiedlicher Einfluß der Färbeverfahren

Zahlentafel 8. Maß- und Gewichtsänderung der Tuche durch Bewettern[1]

Farbe	Art der Färbung	Schrumpfung % nach einer Bewetterungsdauer von						Gewichtsverlust [2] % nach einer Bewetterungsdauer von	
		¼ Jahr		Fläche	½ Jahr		Fläche	¼ Jahr	½ Jahr
		Kett-richtung	Schuß-richtung		Kett-richtung	Schuß-richtung			
marineblau	Reine Küpenfärbung . .	3,5	2,1	1,9	3,8	2,3	6,3	1,6	2,9
	Reine Nachchromierungs-färbung	3,2	1,4	5,7	3,4	1,7	5,7	2,6	4,2
	Indigogrund und Nachchromierung.	3,5	1,8	6,4	3,8	2,1	5,9	2,3	2,4
feldgrau	Reine Küpenfärbung . .	4,5	2,2	7,2	4,7	2,2	7,3	3,6	8,7
	Reine Nachchromierungs-färbung	3,9	1,9	6,1	4,5	2,0	6,7	2,7	7,6
	Indigogrund und Nachchromierung.	4,0	2,0	6,1	4,2	2,5	7,1	2,3	7,2

[1] Mittelwerte von je 7 Tuchen. Die Messungen an den bewetterten Tuchen wurden nach leichtem Reinigen vorgenommen.

[2] Bestimmt aus den Gewichten nach längerem Ausliegen bei 65% Luftfeuchtigkeit.

auf die Größe der Schädigung nicht feststellen läßt, während bei den marineblauen Tuchen der Schädigungsgrad in der Reihenfolge Kombinationsfärbung, Küpenfärbung, Nachchromierungsfärbung etwas ansteigt.

c) Maß- und Gewichtsänderung der Tuche durch Bewettern

Durch die Einflüsse der Feuchtigkeit beim Bewettern sind Maßänderungen eingetreten, die sich aus der Rückbildung der bei der Tuchausrüstung unvermeidlichen, durch Trocknung fixierten Spannungszustände erklären, die sich erst beim spannungsfreien Quellen infolge Verringerung der inneren Reibung durch die elastischen Kräfte des Wollhaares wieder ausgleichen können. Entsprechend den bei der Tuchherstellung stärkeren Zugbeanspruchungen in der Längsrichtung des Stückes ist die beim Bewettern eingetretene Schrumpfung in der Kettrichtung merklich größer als in der Schußrichtung (Zahlentafel 8, Bild 5). Bei den feldgrauen Tuchen ist die Schrumpfung in der Kettrichtung etwas größer als bei den marineblauen Tuchen, während in der Schußrichtung keine Unterschiede vorhanden sind. Auch die

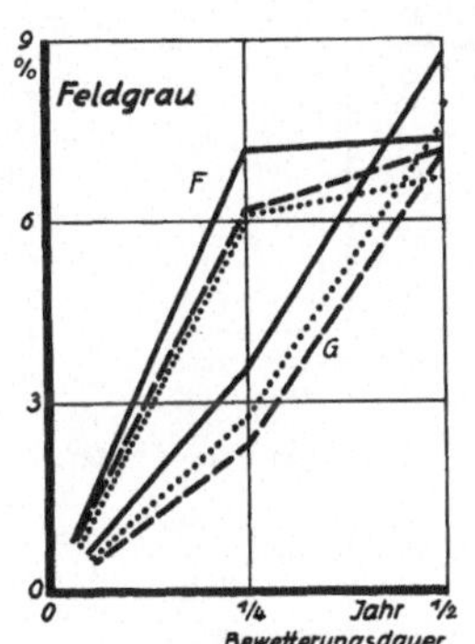

Bild 5. Gewichts- und Flächenänderung durch Witterungseinflusse
—— Küpenfärbung   F = Flächenschrumpfung
. . . . . Chromfärbung   G = Gewichtsverlust
— · — Vorküpe mit Nachchromierung

Flächenschrumpfung, von der etwa $^2/_3$ auf die Kette und $^1/_3$ auf den Schuß entfällt, ist entsprechend bei den feldgrauen Tuchen etwas größer als bei den marineblauen. Nach $^1/_4$ jähriger Bewetterung ist praktisch die Schrumpfung schon vollständig, die weitere Bewetterung bis zur Dauer von ½ Jahr ändert die Maße nicht mehr merklich. Infolge der gerbenden Wirkung des Chroms ist die Schrumpfung bei den chromgefärbten Tuchen am geringsten, bei den küpengefärbten am größten, dazwischen liegen die Maßänderungswerte der Kombinationsfärbung.

In Übereinstimmung mit den übrigen, den Grad des photochemischen Abbaues der Wolle kennzeichnenden Prüfungsergebnissen ist auch der beim Bewettern eingetretene Gewichtsverlust bei den durch die viel hellere Färbung und die weiße Melierwolle weniger lichtgeschützten feldgrauen Tuchen erheblich größer als bei den marineblauen Tuchen. Der Gewichtsverlust, der auf die Entfernung der wasserlöslichen Anteile der Wollabbaustoffe durch Regen und durch die nach dem Bewettern vorgenommene leichte Wäsche zurückzuführen ist, steigt mit zunehmender Bewetterungsdauer. Der Einfluß des Färbeverfahrens ist bei den marineblauen und feldgrauen Tuchen nicht einheitlich; bei den marineblauen Tuchen weist die Chromfärbung, bei den feldgrauen die Küpenfärbung den größeren Gewichtsverlust auf, während jeweils die beiden anderen Färbeverfahren geringere und praktisch gleiche Werte ergeben haben.

2, Zugfestigkeitseigenschaften

Die Festigkeitsprüfung wurde, abweichend von den sonst üblichen Streifenabmessungen, an 50 mm breiten Probestreifen und mit einer freien Einspannlänge von 200 mm vorgenommen. Diese Abweichung in der Prüfungsausführung ist, da es sich um Vergleichsversuche innerhalb einer in sich geschlossenen Versuchsreihe handelt, praktisch bedeutungslos, zumal Kontrollversuche mit 90 mm breiten und bei 300 mm Einspannlänge geschlaucht geprüften Streifen ergeben haben, daß die auf gleiche Einspannlänge umgerechneten Werte in beiden Fällen übereinstimmten. Außerdem wurde zur Beurteilung nicht die Bruchlast, sondern zum Ausgleich der bei den Tuchen der beiden Betriebe z. T. merklichen Abweichungen im Stoffgewicht die Reißlänge als Gütemaß herangezogen.

Bei der Prüfung der bewetterten Tuchabschnitte ist, um die Vergleichbarkeit mit dem Anlieferungszustand sicherzustellen, die Reißlänge mit dem auf den unbewetterten Zustand reduzierten Quadratmetergewicht berechnet worden, d. h. mit dem um den Schrumpfungsbetrag erhöhten Stoffgewicht des Anlieferungszustandes des betr. Stoffabschnittes. Ebenso ist bei der Bruchdehnung die für die betreffende Geweberichtung ermittelte Schrumpfung in Abzug gebracht worden.

In den Zahlentafeln 9 und 10 sind die ermittelten Werte für die einzelnen Tuche zusammengestellt. Ohne der späteren Gesamtauswertung vorzugreifen, soll an dieser Stelle nur darauf hingewiesen werden, daß bei beiden Betrieben die aus den Garnen des Betriebes A hergestellten Tuche eine etwa 12% bessere Festigkeit (Reißlänge) aufweisen als die aus Garnen des Betriebes B gefertigten Tuche.

Zahlentafel 9. Zugfestigkeitseigenschaften der Tuche im Anlieferungszustand

1. Marineblau

Färbe-verfahren	Firma	Stück-Nr.	Hergestellt aus Garn der Firma	Quadrat-metergewicht g	Zugfestigkeitseigenschaften					
					Bruchlast kg		Bruchdehnung %		Reißlänge m	
					Kette	Schuß	Kette	Schuß	Kette	Schuß
Reine Küpenfärbung	A	A 01	B	488	35,5	36,6	38,6	53,0	1370	1500
		A 02	B	468	29,4	29,3	33,3	46,7	1260	1250
		A 07	A	474	33,8	31,0	39,5	43,7	1430	1310
		A 08	A	456	31,5	28,6	35,1	40,4	1380	1750
	B	a 01	B	524	35,0	38,0	39,4	48,9	1340	1450
		a 02	B	520	34,4	36,9	37,9	51,5	1320	1420
		a 14	A	482	38,1	40,4	40,3	44,5	1580	1680
Reine Nachchromierungs-färbung	A	B 03	B	460	30,0	24,5	33,4	44,5	1300	1070
		B 04	B	463	25,5	20,7	32,2	42,2	1100	890
		B 09	A	461	32,8	32,3	34,9	46,4	1420	1400
		B 10	A	462	33,5	28,6	35,7	37,5	1450	1240
	B	b 03	B	505	28,8	31,7	35,3	45,5	1140	1260
		b 04	B	496	31,3	27,9	38,1	44,6	1260	1130
		b 15	A	503	34,4	37,8	41,3	40,4	1370	1500
Indigogrund mit Nachchromierung	A	C 05	B	471	31,8	27,9	33,6	47,3	1350	1180
		C 06	B	480	28,3	23,7	34,9	42,4	1180	990
		C 11	A	468	33,8	32,6	36,9	45,4	1440	1390
		C 12	A	455	34,7	30,8	33,6	40,7	1530	1350
	B	c 05	B	511	32,6	32,7	38,5	48,0	1280	1280
		c 06	B	510	32,4	33,0	36,7	48,1	1270	1290
		c 18	A	489	35,3	39,8	38,9	40,8	1450	1630

2. Feldgrau

Färbe-verfahren	Firma	Stück-Nr.	Hergestellt aus Garn der Firma	Quadrat-metergewicht g	Bruchlast kg		Bruchdehnung %		Reißlänge m	
					Kette	Schuß	Kette	Schuß	Kette	Schuß
Reine Küpenfärbung	A	D 51	B	482	36,7	33,0	35,1	49,5	1520	1370
		D 52	B	426	35,0	26,4	32,6	40,9	1640	1240
		D 57	A	480	37,3	38,3	36,0	49,6	1550	1600
		D 58	A	443	35,4	31,3	33,5	42,5	1600	1410
	B	d 07	B	500	37,3	38,6	39,2	54,5	1490	1540
		d 08	B	500	37,3	36,0	38,4	50,9	1490	1440
		d 19	A	495	37,5	43,7	39,2	48,1	1515	1765
Reine Nachchromierungs-färbung	A	E 53	B	436	29,0	24,6	33,4	41,9	1330	1130
		E 54	B	437	26,2	27,7	29,3	46,3	1200	1270
		E 59	A	464	36,7	31,6	39,4	44,8	1580	1360
		E 60	A	442	33,1	30,5	31,2	41,7	1500	1380
	B	e 09	B	472	30,1	31,2	36,7	49,9	1280	1320
		e 10	B	473	30,9	29,2	36,1	46,3	1310	1235
		e 21	A	473	35,3	39,9	40,1	46,4	1490	1685
Indigogrund mit Nachchromierung	A	F 55	B	445	31,4	24,3	26,3	40,9	1410	1090
		F 56	B	434	27,2	24,8	28,2	44,3	1250	1140
		F 61	A	441	31,8	32,4	36,4	46,4	1440	1470
		F 62	A	465	30,7	38,8	32,7	44,8	1320	1670
	B	f 11	B	477	30,9	30,5	38,6	47,7	1295	1280
		f 12	B	478	30,8	31,0	37,7	45,5	1290	1295
		f 23	A	482	34,3	41,7	39,1	51,1	1420	1730

Versuchsbedingungen: 65% rel. Luftfeuchtigkeit, 18—22° Zimmerwärme. Mittel aus je 5 Einzelwerten.
Freie Einspannlänge 200 mm, Streifenbreite 50 mm.
Mittlere Zerreißdauer 45 Sek.

Zahlentafel 10. Zugfestigkeitseigenschaften der Tuche nach dem Bewettern
1. Marineblau

Färbe-ver-fahren	Firma	Stück-Nr.	Reduziertes Quadratmetergewicht [2] g	Nach ¼jährigem Bewettern [1] Festigkeitseigenschaften [3] Bruchlast kg Kette	Bruchlast kg Schuß	Bruchdehnung % Kette	Bruchdehnung % Schuß	Reißlänge m Kette	Reißlänge m Schuß	Reduziertes Quadratmetergewicht [2] g	Nach ½jährigem Bewettern [1] Festigkeitseigenschaften [3] Bruchlast kg Kette	Bruchlast kg Schuß	Bruchdehnung % Kette	Bruchdehnung % Schuß	Reißlänge m Kette	Reißlänge m Schuß
Reine Küpenfärbung	A	A 01	515	34,1	36,8	34,0	47,6	1325	1430	515	34,3	34,8	32,8	41,4	1330	1350
		A 02	502	30,0	29,3	30,9	40,6	1195	1070	496	29,4	28,2	39,8	37,7	1185	1140
		A 07	502	35,6	32,2	38,5	41,9	1420	1280	500	36,4	31,4	36,7	38,2	1455	1255
		A 08	492	31,8	27,1	33,4	36,3	1290	1100	489	31,7	26,6	31,6	34,4	1295	1090
	B	a 01	548	32,0	36,7	37,4	47,4	1170	1340	558	33,9	35,6	36,8	43,3	1215	1275
		a 02	543	33,0	34,5	38,0	46,6	1215	1270	551	33,6	33,2	36,2	43,0	1220	1205
		a 14	532	36,1	37,7	39,9	43,8	1360	1420	533	35,4	34,7	36,2	37,0	1330	1300
Reine Nachchromierungsfärbung	A	B 03	479	30,1	24,0	31,5	38,1	1260	1000	481	29,0	22,5	26,6	33,3	1210	935
		B 04	487	26,6	20,2	30,6	37,2	1095	830	499	26,4	18,5	25,4	31,4	1060	740
		B 09	490	31,9	28,1	31,6	38,1	1300	1150	486	29,1	24,4	29,4	32,3	1200	1005
		B 10	502	31,8	26,9	32,7	35,6	1270	1070	503	29,4	22,9	29,8	29,5	1170	910
	B	b 03	532	27,4	28,4	34,8	46,6	1030	1070	536	25,3	26,2	30,6	36,6	945	980
		b 04	522	28,3	24,9	36,0	41,4	1085	955	527	27,5	24,3	32,0	35,5	1040	920
		b 15	523	30,7	35,4	38,2	41,5	1175	1360	534	28,9	27,1	33,2	32,3	1080	1015
Indigogrund mit Nachchromierung	A	C 05	497	33,4	28,1	31,0	42,7	1340	1130	497	32,4	28,6	28,7	37,6	1300	1150
		C 06	508	28,8	24,9	31,9	40,3	1130	980	505	30,1	23,8	28,7	35,7	1190	940
		C 11	506	35,6	32,3	34,0	39,5	1405	1275	493	33,1	28,8	32,4	32,2	1345	1170
		C 12	491	35,3	29,9	35,6	35,7	1440	1220	481	32,9	25,9	30,7	32,3	1370	1075
	B	c 05	539	30,9	29,5	37,6	45,3	1150	1095	550	30,3	28,0	32,0	39,7	1100	1020
		c 06	540	30,6	29,3	34,1	47,1	1030	1085	540	30,4	28,7	31,0	40,1	1125	1060
		c 18	534	31,7	36,1	36,8	43,5	1185	1350	526	32,8	33,1	33,8	30,9	1250	1260

2. Feldgrau

Färbe-ver-fahren	Firma	Stück-Nr.	Reduziertes Quadratmetergewicht [2] g	Bruchlast kg Kette	Bruchlast kg Schuß	Bruchdehnung % Kette	Bruchdehnung % Schuß	Reißlänge m Kette	Reißlänge m Schuß	Reduziertes Quadratmetergewicht [2] g	Bruchlast kg Kette	Bruchlast kg Schuß	Bruchdehnung % Kette	Bruchdehnung % Schuß	Reißlänge m Kette	Reißlänge m Schuß
Reine Küpenfärbung	A	D 51	516	36,5	30,6	34,8	40,6	1415	1185	512	30,3	23,0	25,7	30,9	1185	900
		D 52	467	31,9	22,8	26,8	32,5	1370	980	462	23,4	14,9	17,4	22,4	1010	645
		D 57	514	35,4	30,0	34,5	35,6	1380	1170	509	28,2	19,0	20,3	25,5	1110	750
		D 58	484	32,1	24,7	28,2	30,1	1330	1020	477	23,2	15,5	14,4	20,6	970	650
	B	d 07	537	33,5	32,2	37,9	46,5	1250	1200	542	28,8	22,7	27,9	30,7	1060	840
		d 08	537	34,8	31,8	38,2	42,4	1300	1185	544	28,5	23,3	27,4	28,5	1050	860
		d 19	536	34,5	36,3	37,0	41,8	1290	1355	542	29,2	26,8	28,9	28,5	1080	990
Reine Nachchromierungsfärbung	A	E 53	461	28,3	21,9	30,6	33,6	1225	950	460	22,8	15,4	19,9	24,4	990	670
		E 54	464	24,0	22,4	23,5	35,0	1035	965	464	19,5	16,4	16,0	25,7	840	705
		E 59	492	35,2	27,8	34,6	33,4	1430	1130	490	27,1	21,7	21,8	26,0	1110	885
		E 60	476	33,6	26,8	29,1	35,3	1410	1125	471	27,0	19,4	19,0	25,2	1145	825
	B	e 09	498	27,0	26,4	32,4	41,4	1085	1060	502	23,1	20,0	25,1	29,7	920	795
		e 10	494	29,8	25,8	33,5	40,0	1205	1045	508	25,4	20,6	26,7	29,6	1040	810
		e 21	512	32,6	31,1	37,0	38,2	1275	1215	521	27,1	24,1	26,7	28,0	1040	925
Indigogrund mit Nachchromierung	A	F 55	474	27,8	22,3	31,2	34,4	1175	940	476	25,3	19,4	23,3	27,2	1060	815
		F 56	471	27,9	21,9	29,0	37,6	1185	930	469	22,5	14,9	22,3	26,1	960	635
		F 61	468	30,8	26,8	30,9	33,6	1315	1145	470	23,4	18,5	20,4	24,4	1000	790
		F 62	498	29,1	34,9	29,6	39,8	1170	1400	495	25,3	23,2	23,5	30,1	1020	935
	B	f 11	509	28,7	27,0	34,1	39,6	1130	1060	516	25,0	20,3	26,6	29,0	970	790
		f 12	507	27,4	26,1	34,7	38,6	1080	1030	517	24,1	20,2	25,6	27,6	930	780
		f 23	495	29,5	31,8	37,6	40,8	1190	1285	506	25,1	25,7	25,7	31,1	990	1015

[1] Versuchsbedingungen beim Bewettern und beim anschließenden Reinigen vgl. S. 16.
[2] Berechnet aus dem Stoffgewicht im Anlieferungszustand unter Berücksichtigung der beim Bewettern eingetretenen Schrumpfung.
[3] Mittel aus je 5 Einzelwerten. Freie Einspannlänge 200 mm, Streifenbreite 50 mm; mittlere Zerreißdauer 45 sec. Geprüft wurde bei 65% rel. Luftfeuchtigkeit und 18—22° Zimmerwärme. Zur Erzielung mit dem Anlieferungszustand vergleichbarer Werte wurde die abgelesene Bruchdehnung um den Betrag der beim Bewettern eingetretenen Schrumpfung gekürzt und die Reißlänge mit Hilfe des reduzierten Quadratmetergewichts berechnet.

3. Widerstandsfähigkeit gegen Scheuerbeanspruchung

Die Zugfestigkeit ist nur bedingt als Maßstab für die Güte und den Gebrauchswert eines Stoffes anzusehen, da reine Zugbeanspruchungen bis an die Grenze der Festigkeit praktisch nicht vorkommen und die Prüfung an Streifen wegen der auftretenden Querkontraktion und der dadurch hervorgerufenen ungleichmäßigen Spannungsverteilung über die Streifenbreite geringere Bruchlasten und höhere Bruchdehnungen liefert, als sie den tatsächlichen Festigkeitseigenschaften entsprechen. Als zweiachsige Beanspruchung kommt die Berstdruckprüfung den wahren Verhältnissen näher und gestattet auch die bleibende Formänderung, wie sie z. B. durch Ausbeulen an den Ellenbogen oder am Knie auftritt, wirklichkeitstreuer festzustellen als die einachsige Beanspruchung beim Zugversuch am Streifen.

Für den Gebrauchswert ist aber noch ausschlaggebender die Widerstandsfähigkeit gegen Scheuerbeanspruchung. Für diese Prüfung ist vor etwa 10 Jahren im Amt ein Verfahren entwickelt worden, das als Maß der

Scheuern bei den aus Garnen des Betriebes B hergestellten Tuchen gegenüber den aus Garnen des Betriebes A gefertigten um durchschnittlich 11 % größer, wobei dieser Unterschied bei den Tuchen der Firma A größer (17 %) und denen der Firma B kleiner (3,5 %) ist. Wie schon bei der Besprechung der durch den Fabrikationsgang hervorgerufenen Veränderungen (S. 12) erwähnt, ist somit die Garnherstellung bei Betrieb A zur Erzeugung festerer und tragfähigerer Tuche besonders günstig ge-

Zahlentafel 11. Gewichtsverlust beim Scheuerversuch

Farbe	Tuch hergestellt von Firma	Hergestellt aus Garnen der Firma	Reine Küpenfärbung				Reine Nachchromierungsfärbung				Indigogrund und Nachchromierung			
			Stück-Nr.	Gewichtsverlust beim Scheuern [1] mg/100 cm			Stück-Nr.	Gewichtsverlust beim Scheuern [1] mg/100 cm			Stück-Nr.	Gewichtsverlust beim Scheuern [1] mg/100 cm		
				im Anlieferungszustand	nach einer Bewetterungsdauer von			im Anlieferungszustand	nach einer Bewetterungsdauer von			im Anlieferungszustand	nach einer Bewetterungsdauer von	
					¼ Jahr	½ Jahr			¼ Jahr	½ Jahr			¼ Jahr	½ Jahr
marineblau	A	B	A 01	365	417	566	B 03	267	466	594	C 05	300	411	555
		B	A 02	400	455	585	B 04	301	482	616	C 06	373	472	549
		A	A 07	283	362	509	B 09	188	522	571	C 11	304	465	473
		A	A 08	355	427	561	B 10	257	556	590	C 12	280	506	559
	B	B	a 01	300	575	579	b 03	171	650	691	c 05	241	490	633
		B	a 02	271	527	658	b 04	210	635	639	c 06	229	495	639
		A	a 14	230	442	599	b 15	209	580	660	c 18	199	559	587
feldgrau	A	B	D 51	308	612	582	E 53	265	627	616	F 55	241	618	588
		B	D 52	380	651	693	E 54	291	618	588	F 56	281	630	587
		A	D 57	317	625	611	E 59	242	629	624	F 61	228	556	583
		A	D 58	332	659	628	E 60	293	558	650	F 62	294	618	607
	B	B	d 07	285	678	579	e 09	204	772	719	f 11	189	721	733
		B	d 08	270	730	637	e 10	201	782	751	f 12	210	750	719
		A	d 19	258	688	661	e 21	237	597	709	f 23	213	655	685

[1] Mittel aus jeweils 5 Einzelwerten.

Tragfähigkeit von Tuchen den Gütezustand der Wolle durch die nach einer bestimmten Scheuerbeanspruchung eintretende Veränderung

    a) des Gewichts,
    b) der Stoffoberfläche,
    c) der Farbe,
    d) der Festigkeit (in Verbindung mit der Berstdruckprüfung)

erfaßt. Diese Eigenschaftsänderungen treten im Gebrauch in Verbindung mit Witterungseinflüssen auf und müssen daher im Zusammenhang mit diesen bewertet werden.

a) Gewichtsverlust beim Scheuern

Die Prüfung erfolgte mit dem Schopperschen Abreibeprüfer neuer Bauart bei 65 % rel. Luftfeuchtigkeit. Die Stoffscheiben wurden unter gleicher Vorspannung (= 6 mm Wölbhöhe) mit einer freien Prüffläche von rd. 50 cm² unter 1 kg Belastung gegen genormtes Schmirgelpapier Nr. 1 während 500 Umdrehungen gescheuert. Der beim Scheuern entstehende Wollstaub wurde durch Abblasen entfernt. Nach je 100 Scheuerumdrehungen wurden die Proben abgebürstet und die Scheuerrichtung geändert. Aus dem Gewichtsunterschied der längere Zeit bei 65 % rel. Luftfeuchtigkeit ausgelegten Stoffscheiben vor dem Versuch und nach dem Scheuern, Abbürsten und kräftigem Ausklopfen wurde der Gewichtsverlust auf 100 cm² Stofffläche berechnet.

Wie die in Zahlentafel 11 wiedergegebenen Werte für die einzelnen Versuchstuche erkennen lassen, ist der Gewichtsverlust beim

leitet, doch wird dafür der Unterschied durch die zweckmäßigere Walke des Betriebes B ausgeglichen, dessen Tuche auch im Gesamtdurchschnitt eine etwas bessere Tragfähigkeit besitzen.

b) Veränderung der Stoffoberfläche durch Bewettern und Scheuern

Um zu einer zahlenmäßigen Bewertung der durch Bewettern und Scheuern eingetretenen Veränderung der Stoffoberfläche zu kommen, wurde eine Skala der möglichen Veränderungen aufgestellt und an Hand der ihr entsprechenden Standardmuster das gesamte Probematerial durch Vergleich nach dem Augenschein beurteilt. In Zahlentafel 12 bedeuten die Zahlenwerte für verschiedene Zustände der einzelnen Versuchstuche:

Bild 6. MPA-Farb- und Glanzmesser

1 = Bindung klar sichtbar, vollständig kahl,
2 = „ ganz sichtbar,
3 = „ fast ganz sichtbar,
4 = „ zum größten Teil sichtbar,
5 = „ zum Teil sichtbar,
6 = „ etwas sichtbar,
7 = „ kaum sichtbar,
8 = keine merkliche Veränderung.

c) Farbänderung beim Scheuern

Die Farbänderung (Weißscheuern, Schabechtheit) wurde an den nach der Beschreibung auf S. 16 gescheuerten Proben durch Helligkeitsmessung mit Hilfe eines im Amt entwickelten, mit Photozelle arbeitenden und daher von subjektiven Einflüssen bei der Messung freien Farbmeßgeräts (Bild 6) bestimmt. Das Gerät arbeitet unter gleichen Versuchsbedingungen wie das Pulfrich-Photometer. Die Beleuchtung der Probe, auf die das Gerät (1) aufgesetzt wird, erfolgt unter einem Lichteinfallswinkel von 45°. Für die Farbmessung wird eine diffuses Licht liefernde Beleuchtungsvorrichtung (2) verwendet, deren Projektionslampe zur Vermeidung der Stromschwankungen aus dem Netz über einen Eisenwasserstoff-Widerstand (3) gespeist wird. Sie kann gegen eine Beleuchtungsvorrichtung für paralleles Licht (4) ausgewechselt werden, die von einer Akkumulatorenbatterie gespeist und für Glanzmessungen bestimmt ist. Das von der Probe reflektierte Licht wird bei der Farbmessung von einer senkrecht über ihr angebrachten Selen-Sperrschichtzelle (5) aufgenommen; der Lichteinfalls- und der Beobachtungswinkel können für Glanzmessungen stufenweise bis zu 45° in der Pfeilrichtung (6) verändert werden. Mit Hilfe von zwischengeschalteten Ostwald-Filtern (7) können nach dem Prinzip der Ostwald-Filtermeßmethode Weißgehalt und Bezugshelligkeit ermittelt werden; der der reflektierten Lichtintensität proportionale Photostrom wird mit einem empfindlichen Galvanometer (8) gemessen und in % der unter gleichen Bedingungen bestimmten Helligkeit von Barytweiß angegeben.

Da auch die mehr oder weniger große Bildung von Scheuerstaub als kennzeichnende Größe für die Scheuerempfindlichkeit der Tuche in Abhängigkeit vom Schädigungsgrad erkannt wurde, sind die Messungen sowohl vor als auch nach einem kräftigen Abbürsten und Ausklopfen der gescheuerten Stoffscheiben vorgenommen worden. Die Größe der Farbänderung gegenüber dem ungescheuerten Zustand wurde in „Empfindungsstufen" ausgedrückt (Maßeinheit des in 20 dem Auge gleichabständig erscheinende Teile geteilten Bereichs zwischen einem vollkommenen Schwarz und dem Normalweiß), die als 10 facher Betrag der Differenz der Logarithmen der physikalischen Meßwerte für die Bezugshelligkeit der Probe vor und nach dem Scheuern berechnet wurden.

Die an den einzelnen Versuchstuchen gewonnenen Ergebnisse sind in Zahlentafel 13 zusammengestellt.

d) Festigkeitsverlust beim Scheuern

Die Bestimmung des Festigkeitsverlustes beim Scheuern wurde durch Berstdruckprüfung der Tuche im Anlieferungszustand und nach dem Bewettern, und zwar vor und nach dem Scheuerversuch vorgenommen. Die Prüfung erfolgte mit dem Schopperschen Berstdruckprüfer für Gewebe bei 65 % rel. Luftfeuchtigkeit, mit 50 cm²

Zahlentafel 12 Veränderung der Stoffoberfläche (Decke) durch Bewettern und Scheuern

Färbeverfahren	Farbe	Stoffbezeichnung		hergestellt aus Garnen der Firma	Veränderung der Stoffoberfläche [1]		durch Scheuern		
		Firma	Stück-Nr.		nach einer Bewetterungsdauer von		im Anlieferungszustand	nach einer Bewetterungsdauer von	
					¼ Jahr	½ Jahr		¼ Jahr	½ Jahr
Reine Küpenfärbung	marineblau	A	A 01	B	8	5	3	2	1
			A 02	B	6	4	2	2	1
			A 07	A	7	5	4	3	2
			A 08	A	6	4	3	2	1
		B	a 01	B	7	5	5,5	3	2
			a 02	B	8	5,5	6	3	2
			a 14	A	6	5	3	2	1
	feldgrau	A	D 51	B	4	3	5	2	1
			D 52	B	3,5	2	4	2	1
			D 57	A	4,5	2	5	2	1
			D 58	A	4	2	4	2	1
		B	d 07	B	5	3	5	2	1
			d 08	B	5,5	3	5	2	1
			d 19	A	5	2,5	4	2	1
Reine Nachchromierungsfärbung	marineblau	A	B 03	B	6	5	5	3	1
			B 04	B	6,5	5	5	3	2
			B 09	A	6	3	5	2	1
			B 10	A	6	5	5	2	1
		B	b 03	B	6	5	6	2	1
			b 04	B	7	5	7	2	1
			b 15	A	6	4	5	2	1
	feldgrau	A	E 53	B	4	2,5	4,5	1,5	1
			E 54	B	4	2	4	2	1
			E 59	A	4,5	2	5,5	2	1
			E 60	A	5	2	4	1	0,5
		B	e 09	B	5,5	3,5	5,5	2	1
			e 10	B	5,5	4	5	2	1
			e 21	A	6	3	4	2	1
Indigogrund und Nachchromierung	marineblau	A	C 05	B	6	5	5	3	1
			C 06	B	6	5	5	3	1
			C 11	A	6	4	5	3	1
			C 12	A	5,5	4	4	2	1
		B	c 05	B	7	6	4	4	2
			c 06	B	6	5	6	4	2
			c 18	A	6	5	5	3	1
	feldgrau	A	F 55	B	4,5	3	5	2	1
			F 56	B	4,5	2	4	2	1
			F 61	A	4	2	4	1	0,5
			F 62	A	5	2,5	4	1	0,5
		B	f 11	B	5	2	6	2	0,5
			f 12	B	5	2	3,5	2	0,5
			f 23	A	4	2	4	2	0,5

[1] Bedeutung der Zahlen s. Text.

Zahlentafel 13. Farbänderung beim Scheuern der Tuche im Anlieferungszustand und nach dem Bewettern

1. Marineblau

Färbeverfahren	Firma	Stück-Nr.	Bezugshelligkeit[1] der ungescheuerten Probe % im Anlieferungszustand	nach einer Bewetterungsdauer von ¼ Jahr	½ Jahr	Farbänderung beim Scheuern in Empfindungsstufen vor dem Abbürsten im Anlieferungszustand	nach einer Bewetterungsdauer von ¼ Jahr	½ Jahr	nach dem Abbürsten im Anlieferungszustand	nach einer Bewetterungsdauer von ¼ Jahr	½ Jahr
Reine Küpenfärbung	A	A 01	2,15	2,33	2,35	3,50	2,78	4,38	0,75	0,8	0,8
		A 02	2,6	2,5	2,5	3,98	2,43	2,92	0,35	0,55	0,75
		A 07	2,15	2,45	2,2	2,83	2,58	3,07	0,85	0,58	1,2
		A 08	2,5	2,42	2,8	4,39	4,29	4,20	0,4	0,8	1,15
		Mittel	2,35	2,43	2,45	3,69	3,01	3,64	0,59	0,68	0,95
	B	a 01	2,15	2,55	2,25	2,72	3,58	2,85	0,8	0,25	0,8
		a 02	2,2	2,54	2,3	3,07	3,34	3,07	0,7	0,20	0,8
		a 14	2,0	2,35	2,3	3,10	2,87	3,67	1,05	0,62	0,8
		Mittel	2,12	2,48	2,28	2,96	3,26	3,20	0,85	0,36	0,8
Reine Nachchromierungsfärbung	A	B 03	2,05	2,05	2,8	2,17	1,88	2,64	0,8	0,7	—0,48
		B 04	2,25	2,2	2,95	3,12	3,28	3,06	0,3	0,42	—0,77
		B 09	2,1	2,37	2,95	2,83	2,23	3,05	0,55	0,24	—0,7
		B 10	2,35	2,8	3,05	3,2	3,48	4,32	0,4	—0,33	—0,28
		Mittel	2,19	2,36	2,94	2,83	2,72	3,27	0,51	0,26	—0,56
	B	b 03	2,0	2,2	2,7	1,79	4,3	2,73	0,7	—0,05	—0,55
		b 04	2,0	2,23	2,85	1,79	4,3	2,73	0,69	—0,02	—0,8
		b 15	2,05	2,55	2,75	2,18	2,8	3,42	0,75	—0,32	--0,3
		Mittel	2,02	2,33	2,77	1,92	3,8	2,96	0,71	—0,13	—0,55
Indigogrund mit Nachchromierung	A	C 05	2,2	2,1	2,2	1,87	1,96	2,82	0,6	1,05	0,9
		C 06	2,45	2,2	2,2	3,82	2,65	3,65	0,35	0,7	1,05
		C 11	2,0	2,3	2,15	3,04	2,64	4,03	0,87	0,4	0,88
		C 12	2,35	2,25	2,35	2,12	3,12	3,26	0,35	0,7	0,5
		Mittel	2,25	2,21	2,3	2,71	2,59	3,44	0,54	0,66	0,83
	B	c 05	2,0	2,42	2,35	2,15	2,64	4,33	0,95	0,1	0,35
		c 06	2,1	2,47	2,3	2,22	3,35	3,85	0,6	0,3	0,45
		c 18	2,05	2,11	2,2	2,38	3,57	2,81	0,65	0,7	0,80
		Mittel	2,05	2,33	2,28	2,25	3,19	3,66	0,73	0,37	0,53

2. Feldgrau

Färbeverfahren	Firma	Stück-Nr.	Bezugshelligkeit[1] der ungescheuerten Probe % im Anlieferungszustand	nach einer Bewetterungsdauer von ¼ Jahr	½ Jahr	Farbänderung beim Scheuern in Empfindungsstufen vor dem Abbürsten im Anlieferungszustand	nach einer Bewetterungsdauer von ¼ Jahr	½ Jahr	nach dem Abbürsten im Anlieferungszustand	nach einer Bewetterungsdauer von ¼ Jahr	½ Jahr
Reine Küpenfärbung	A	D 51	8,15	8,2	8,0	2,93	2,6	3,2	0,87	1,03	0,95
		D 52	11,2	9,0	8,15	2,95	2,6	3,2	0,3	0,9	0,9
		D 57	9,5	9,4	8,4	2,55	2,75	3,15	0,4	0,86	1,0
		D 58	12,7	10,5	8,85	2,4	2,95	3,2	0,78	0,8	1,08
		Mittel	10,4	9,3	8,35	2,71	2,7	3,19	0,59	0,9	0,98
	B	d 07	8,5	8,5	8,0	2,3	2,55	3,0	0,65	0,7	0,95
		d 08	8,05	8,53	7,4	2,6	2,55	3,0	0,7	0,45	1,53
		d 19	9,02	9,8	8,3	2,55	2,3	3,0	0,6	0,43	1,13
		Mittel	8,5	8,94	7,9	2,48	2,5	3,0	0,65	0,53	1,20
Reine Nachchromierungsfärbung	A	E 53	7,3	8,1	6,25	2,2	2,05	3,0	0,68	0,2	1,25
		E 54	7,9	8,4	7,0	2,15	2,03	2,6	0,35	0,45	1,1
		E 59	7,2	8,42	7,4	2,23	2,0	2,45	0,82	0,3	0,65
		E 60	8,1	9,4	8,5	2,6	2,25	2,45	0,7	0,48	0,63
		Mittel	7,6	8,58	7,29	2,3	2,08	2,62	0,64	0,36	0,91
	B	e 09	6,6	7,95	7,0	1,95	1,7	2,05	0,78	0	0,4
		e 10	6,4	8,55	5,5	2,2	1,55	3,2	0,82	—0,1	1,3
		e 21	6,85	8,56	7,1	2,55	1,5	2,6	0,85	—0,1	0,1
		Mittel	6,6	8,35	6,54	2,25	1,58	2,62	0,82	—0,7	0,6
Indigogrund mit Nachchromierung	A	F 55	5,4	7,45	6,45	3,8	2,7	3,3	2,0	1,15	1,05
		F 56	8,0	8,4	7,25	2,53	2,5	2,8	0,75	0,9	0,98
		F 61	7,9	9,25	8,1	2,35	2,15	2,35	0,69	0,8	0,48
		F 62	8,6	9,8	8,6	2,6	2,1	2,65	0,45	0,52	0,6
		Mittel	7,5	8,73	7,6	2,8	2,36	2,78	0,97	0,84	0,78
	B	f 11	7,2	7,78	5,85	1,65	2,4	2,35	0,63	0,7	1,35
		f 12	6,9	8,15	6,3	2,23	2,65	3,15	0,73	0,55	0,85
		f 23	6,6	9,25	8,6	2,9	2,34	1,95	1,35	0,5	0,2
		Mittel	6,9	8,4	6,9	2,26	2,46	2,48	0,9	0,58	0,8

[1] Helligkeit der Probe in % der Helligkeit des Normalweiß, als Bezugswert der beim Scheuern entstandenen Farbänderung. Mittel aus je 5 Messungen.

freier Prüffläche und 20 sec. mittlerer Zerplatzdauer. Aus dem Berstdruck p(kg/cm²), der Wölbhöhe h(cm) und dem Radius r (cm) der Prüffläche wurde

die Stoffestigkeit:

$$k = p\, \frac{r^2 + h^2}{4h} \quad (kg/cm)$$

und die Stoffdehnung:

$$\delta = \frac{\dfrac{r^2 + h^2}{h} \cdot \dfrac{\pi \alpha}{360} - r}{r} \cdot 100 \; (\%)$$

$$\left[tg\, \frac{\alpha}{2} = h \right]$$

berechnet. Von der so ermittelten Stoffdehnung wurde bei den bewetterten Proben die beim Bewettern eingetretene Schrumpfung in Abzug gebracht. Als Vergleichsmaß diente die Berstreißlänge R, die unter Zugrundelegung des Quadratmetergewichts Q(g) des Stoffabschnittes im Anlieferungszustand und unter Berücksichtigung der Flächenschrumpfung F(%) zu

$$R = \frac{k\,(100 - F)}{Q} \cdot 1000 \; (m)$$

berechnet wurde.

Von den in den Tafeln 14 und 15 zusammengestellten Werten für die einzelnen Versuchstuche interessiert an dieser Stelle vorerst nur die Berstfestigkeit im Anlieferungszustand, und zwar hinsichtlich des Einflusses der für die Tuchherstellung verwendeten Garne. Wie bei der Zugfestigkeit S. 14) und beim Gewichtsverlust durch Scheuern (S. 16) zeigt sich auch bei der Berstfestigkeit, beurteilt nach der Berstreißlänge, daß sich bei beiden Betrieben um etwa 12% bessere Werte für die aus Garnen des Betriebes A hergestellten Tuche ergeben.

4. Elastisches Verhalten

Das elastische Verhalten (Widerstand gegen Durchbeulen) wurde an den Versuchstuchen im Anlieferungszustand sowie nach ¼- und ½ jähriger Bewetterungsdauer vor und nach dem Scheuerversuch (S. 16) mit Hilfe des Schopperschen Berstdruckprüfers ermittelt. Bei einer freien Prüffläche von 50 cm² wurden die Proben bei 65% rel. Luftfeuchtigkeit mit einer Belastungsgeschwindigkeit von 0,1 kg/(cm² · sec) in fünfmaligem Wechsel auf 1 kg/cm² = etwa 35% des

Zahlentafel 14

Berstfestigkeit der Tuche im Anlieferungszustand und nach dem Bewettern

I. Vor dem Scheuerversuch

1. Marineblau

Färbe-verfahren	Firma	Stück-Nr.	Hergestellt aus Garnen der Firma	Anlieferungszustand					¼ Jahr bewettert					½ Jahr bewettert				
				Berstdruck[1] p (kg/cm²)	Wölbhöhe[1] h (cm)	Stoffdehnung (%)	k (kg/cm)	Stoffestigkeit ausgedrückt als Reißlänge (m)	Berstdruck[1] p (kg/cm²)	Wölbhöhe[1] h (cm)	Stoffdehnung (%)	k (kg/cm)	Stoffestigkeit ausgedrückt als Reißlänge (m)	Berstdruck[1] p (kg/cm²)	Wölbhöhe[1] h (cm)	Stoffdehnung (%)	k (kg/cm)	Stoffestigkeit ausgedrückt als Reißlänge (m)
Reine Küpenfärbung	A	A 01	B	2,72	2,97	33,2	5,66	1160	2,87	3,12	35,3	5,90	1146	2,89	3,04	33,6	5,98	1161
		A 02	B	2,47	2,87	31,2	5,20	1111	2,46	3,04	33,4	5,09	1014	2,51	2,98	32,1	5,22	1052
		A 07	A	2,99	3,06	35,2	6,18	1304	2,93	3,17	36,1	6,00	1195	3,08	3,09	34,6	6,35	1270
		A 08	A	2,68	2,97	33,2	5,58	1224	2,61	3,08	34,3	5,38	1093	2,61	2,94	31,3	5,45	1115
	B	a 01	B	2,86	2,83	30,3	6,05	1155	2,88	3,15	36,0	5,91	1078	2,92	3,07	34,3	6,03	1081
		a 02	B	2,85	2,98	33,5	5,93	1140	2,77	3,12	35,6	5,69	1048	2,82	3,07	34,1	5,82	1056
		a 14	A	3,25	2,91	31,8	6,81	1410	3,17	3,18	36,3	6,49	1220	3,01	3,11	34,5	6,19	1161
Reine Nachchromierungs-färbung	A	B 03	B	2,51	2,77	28,9	5,34	1161	2,40	2,88	30,7	5,04	1052	2,40	2,80	28,9	5,09	1058
		B 04	B	2,35	2,81	29,8	4,98	1076	2,28	2,93	31,3	4 77	979	2,25	2,83	29,1	4 76	954
		B 09	A	2,99	2,95	32,7	6,24	1354	2,78	3,06	33,8	5,74	1171	2,53	2,87	30,0	5,32	1095
		B 10	A	2,76	2,80	29,7	5,86	1268	2,69	3,01	32,4	5,58	1112	2,39	2,78	28,1	5,08	1010
	B	b 03	B	2,61	2,98	33,5	5,43	1075	2,41	2,97	32,3	5,02	944	2,38	2,91	30,7	4,99	931
		b 04	B	2,60	3,08	35,8	5,36	1143	2,46	3,03	33,4	5,09	975	2,36	2,91	30,8	4,95	939
		b 15	A	2,97	2,90	31,7	6,23	1239	2,81	2,97	31,5	5,85	1119	2,66	2,88	30,6	5,59	1047
Indigogrund mit Nachchromierung	A	C 05	B	2,74	2,91	31,8	5,74	1219	2,72	3,09	34,6	5,61	1129	2,78	2,99	32,5	5,79	1165
		C 06	B	2,52	2,85	30,6	5,31	1106	2,42	3,00	32,5	5,03	990	2,52	2,96	31,5	5,25	1040
		C 11	A	2,92	3,03	34,5	6,05	1293	2,94	3,13	35,3	6 04	1194	2 87	3,02	33,1	5,95	1207
		C 12	A	2,83	2,80	29,7	6,00	1319	2,81	3,09	34,6	5,79	1179	2,67	2,82	28,9	5,65	1175
	B	c 05	B	2,75	3,07	35,5	5,67	1110	2,66	3,06	34,2	5,49	1019	2,62	3,01	32,7	5,44	989
		c 06	B	2,64	2,92	32,0	5,53	1084	2,59	3,00	32,8	5,38	996	2,51	2,90	30,5	5,26	974
		c 18	A	3,03	2,83	30,3	6,42	1310	2,95	3,15	35,9	6,05	1133	2,89	2,98	32,2	6,01	1143

2. Feldgrau

Färbe-verfahren	Firma	Stück-Nr.	Hergestellt aus Garnen der Firma	Anlieferungszustand					¼ Jahr bewettert					½ Jahr bewettert				
				Berstdruck[1] p (kg/cm²)	Wölbhöhe[1] h (cm)	Stoffdehnung (%)	k (kg/cm)	Stoffestigkeit ausgedrückt als Reißlänge (m)	Berstdruck[1] p (kg/cm²)	Wölbhöhe[1] h (cm)	Stoffdehnung (%)	k (kg/cm)	Stoffestigkeit ausgedrückt als Reißlänge (m)	Berstdruck[1] p (kg/cm²)	Wölbhöhe[1] h (cm)	Stoffdehnung (%)	k (kg/cm)	Stoffestigkeit ausgedrückt als Reißlänge (m)
Reine Küpenfärbung	A	D 51	B	2,95	3,00	33,8	6,13	1272	2,92	3,03	33,1	6,05	1172	2,47	2,88	30,2	5,19	1014
		D 52	B	2,66	2,84	30,4	5,62	1319	2,43	3,08	34,2	5,01	1073	1,83	2,51	22,5	4,05	877
		D 57	A	3,03	2,92	32,0	6,34	1321	2,93	3,20	36,7	5,99	1165	2,49	2,84	29,2	5,26	1033
		D 58	A	2,79	2,82	30,0	5,90	1332	2,61	3,02	32,5	5,41	1118	2,24	2,55	23,7	4,92	1031
	B	d 07	B	2,94	3,13	36,8	6,04	1208	2,82	3,21	36,8	5,76	1073	2,39	2,88	30,1	5,02	926
		d 08	B	2,93	3,21	38,5	5,98	1196	2,81	3,28	38,5	5,71	1063	2,44	2,92	30,3	5,11	939
		d 19	A	3,14	2,93	32,4	6,56	1325	2,96	3,23	37,2	6,04	1127	2,50	2,93	30,7	5,23	965
Reine Nachchromierungs-färbung	A	E 53	B	2,47	2,91	31,8	5,18	1188	2,34	3,04	33,6	4,84	1050	1,90	2,76	27,8	4,05	880
		E 54	B	2,23	2,72	28,0	4,78	1094	2,20	2,87	30,0	4,63	938	1,86	2,62	24,7	4,04	871
		E 59	A	3,02	2,93	32,4	6,31	1360	2,88	3,11	34,7	5,92	1203	2,45	2,67	25,9	5,29	1080
		E 60	A	2,78	2,85	30,6	5,86	1326	2,65	3,04	33,4	5,48	1151	2,23	2,65	25,6	4,83	1025
	B	e 09	B	2,57	3,01	34,0	5,33	1129	2,37	3,07	34,1	4,89	982	2,07	2,76	27,6	4,41	878
		e 10	B	2,64	3,01	34,0	5,48	1159	2,46	3,07	34,2	5,08	1030	2,27	2,76	27,5	4,84	953
		e 21	A	3,02	2,92	32,0	6,32	1336	2,85	3,20	36,5	5,82	1137	2,47	2,93	30,6	5,16	990
Indigogrund mit Nachchromierung	A	F 55	B	2,53	2,88	31,5	5,32	1196	2,85	3,00	32,7	5,92	1249	2,07	2,67	25,9	4,47	939
		F 56	B	2,28	2,67	27,0	4,92	1134	2,29	2,93	31,0	4,79	1017	1,92	2,67	25,8	4,14	883
		F 61	A	2,77	2,86	30,8	5,84	1324	2,58	3,01	32,8	5,35	1143	2,27	2,68	26,5	4,89	1040
		F 62	A	2,74	2,75	28,6	5,85	1258	2,72	2,94	31,1	5,68	1141	2,28	2,71	26,6	4,89	987
	B	f 11	B	2,58	3,02	34,2	5,35	1122	2,44	3,05	33,6	5,04	990	2,28	2,86	29,6	4,80	930
		f 12	B	2,69	3,00	33,8	5,59	1169	2,49	3,16	36,0	5,10	1006	2,25	2,83	29,0	4,76	921
		f 23	A	2,93	2,88	31,5	6,16	1278	2,71	3,13	35,0	5,57	1125	2,51	2,93	30,8	5,25	1038

[1] Mittel aus je 5 Einzelwerten. Geprüft mit dem Schopperschen Berstdruckprüfer bei 65% rel. Luftfeuchtigkeit und 18—22° Zimmerwärme; freie Prüffläche 50 cm², mittlere Zerplatzdauer etwa 20 sec.

Berstdrucks im Anlieferungszustand) belastet und auf 0,03 kg/cm² Nullast entlastet, wobei die Belastungsdauer und die Ruhepause jeweils 2 min betrugen. Nach der fünften Belastung und der nach der fünften Ruhepause erfolgten Einstellung auf Nullast wurden die Wölbhöhen abgelesen und hieraus nach der auf S. 18 angegebenen Formel die Stoffdehnungen als Gesamtdehnung δ_{ges} bzw. bleibende Dehnung δ_{bl} berechnet.

In Zahlentafel 16a, b sind die aus je 2 Versuchen gewonnenen Mittelwerte für die einzelnen Versuchstuche angegeben, und zwar für die elastische Dehnung δ_{el} (= Differenz zwischen Gesamt- und bleibender Dehnung), für die bleibende Dehnung δ_{bl} und für den Elastizitätsgrad ε (= Verhältnis der elastischen Dehnung zur Gesamtdehnung).

5. Farbechtheit

Die Zahlentafel 17 enthält die Ergebnisse der Prüfung auf Farbechtheit gegen Reiben, Wasser, Alkali (Straßenschmutz) und Schweiß für die einzelnen Versuchstuche.

Zahlentafel 15
Berstfestigkeit der Tuche im Anlieferungszustand und nach dem Bewettern
II. Nach dem Scheuerversuch
1. Marineblau

Färbe-verfahren	Firma	Stück-Nr.	Hergestellt aus Garnen der Firma	Anlieferungszustand					¼ Jahr bewettert					½ Jahr bewettert				
				Berstdruck [1] p (kg/cm²)	Wölbhöhe [1] h (cm)	Stoffdehnung (%)	k (kg/cm)	Stoffestigkeit ausgedrückt als Reißlänge (m)	Berstdruck [1] p (kg/cm)	Wölbhöhe [1] h (cm)	Stoffdehnung (%)	k (kg/cm)	Stoffestigkeit ausgedrückt als Reißlänge (m)	Berstdruck [1] p (kg/cm)	Wölbhöhe [1] h (cm)	Stoffdehnung (%)	k (kg/cm)	Stoffestigkeit ausgedrückt als Reißlänge (m)
Reine Küpenfärbung	A	A 01	B	2,72	3,07	35,5	5,61	1150	2,78	3,06	34,1	5,74	1115	2,72	3,03	33,4	5,63	1093
		A 02	B	2,31	2,85	30,6	4,87	1041	2,35	2,98	32,2	4,89	974	2,20	2,88	30,2	4,62	931
		A 07	A	2,85	3,11	36,2	5,86	1236	2,94	3,16	36,0	6,03	1201	2,78	3,00	32,5	5,77	1154
		A 08	A	2,60	2,93	32,4	5,44	1193	2,45	3,03	33,1	5,07	1030	2,30	2,69	26,4	4,95	1012
	B	a 01	B	2,92	3,05	35,0	6,04	1153	2,68	3,05	34,0	5,54	1011	2,78	3,10	34,8	5,72	1025
		a 02	B	2,85	3,03	34,5	5,90	1135	2,65	3,07	34,6	5,47	1007	2,68	3,09	34,8	5,52	1002
		a 14	A	3,17	3,03	34,5	6,56	1361	3,10	3,21	36,8	6,33	1190	2,92	3,13	35,0	6,00	1126
Reine Nachchromierungs-färbung	A	B 03	B	2,48	2,94	32,6	5,18	1126	2,41	2,64	25,8	5,22	1090	2,21	2,76	28,1	4,71	979
		B 04	B	2,20	2,77	28,9	4,68	1011	2,18	2,58	24,4	4,77	979	2,04	2,72	26,9	4,37	876
		B 09	A	2,82	2,95	32,7	5,88	1275	2,74	2,96	31,5	5,71	1165	2,35	2,83	29,1	4,97	1038
		B 10	A	2,75	2,93	32,4	5,75	1245	2,54	2,89	30,1	5,33	1062	2,14	2,68	26,2	4,61	917
	B	b 03	B	2,53	2,91	31,8	5,30	1050	2,36	2,91	30,9	4,95	930	2,25	2,93	31,3	4,70	877
		b 04	B	2,59	2,98	33,5	5,39	1149	2,31	2,84	29,4	4,88	935	2,21	2,76	27,9	4,71	894
		b 15	A	2,99	3,03	34,5	6,19	1231	2,81	2,95	31,0	5,86	1120	2,41	2,74	27,6	5,15	964
Indigogrund mit Nachchromierung	A	C 05	B	2,68	2,92	32,0	5,61	1191	2,66	3,05	33,7	5,50	1107	2,58	2,96	31,6	5,38	1082
		C 06	B	2,32	2,83	30,3	4,90	1021	2,38	3,02	32,8	4,93	970	2,28	2,90	30,4	4,78	947
		C 11	A	2,93	3,04	34,7	6,06	1295	2,91	3,09	34,4	6,06	1186	2,60	2,98	32,4	5,41	1097
		C 12	A	2,77	2,88	31,5	5,82	1279	2,72	3,04	33,3	5,63	1147	2,35	2,76	27,7	5,01	1042
	B	c 05	B	2,71	2,94	32,6	5,66	1108	2,59	3,03	33,6	4,94	917	2,41	2,92	30,8	5,04	916
		c 06	B	2,68	2,88	31,5	5,63	1104	2,44	2,93	31,4	5,11	946	2,44	2,73	27,3	5,22	967
		c 18	A	3,09	2,97	33,2	6,43	1315	2,78	3,05	33,8	5,74	1075	2,80	2,99	32,4	5,82	1106

2. Feldgrau

Färbe-verfahren	Firma	Stück-Nr.	Hergestellt aus Garnen der Firma	Anlieferungszustand					¼ Jahr bewettert					½ Jahr bewettert				
				Berstdruck [1] p (kg/cm²)	Wölbhöhe [1] h (cm)	Stoffdehnung (%)	k (kg/cm)	Stoffestigkeit ausgedrückt als Reißlänge (m)	Berstdruck [1] p (kg/cm)	Wölbhöhe [1] h (cm)	Stoffdehnung (%)	k (kg/cm)	Stoffestigkeit ausgedrückt als Reißlänge (m)	Berstdruck [1] p (kg/cm)	Wölbhöhe [1] h (cm)	Stoffdehnung (%)	k (kg/cm)	Stoffestigkeit ausgedrückt als Reißlänge (m)
Reine Küpenfärbung	A	D 51	B	2,97	3,11	36,2	6,11	1268	2,68	2,97	31,8	5,58	1081	1,88	2,62	24,9	4,09	799
		D 52	B	2,54	2,84	30,4	5,36	1258	1,97	2,69	26,3	4,24	908	1,04	1,94	13,9	2,64	571
		D 57	A	3,00	3,02	34,2	6,22	1296	2,50	2,88	30,2	5,25	1021	1,58	2,35	20,4	3,60	707
		D 58	A	2,82	2,90	31,7	5,91	1334	1,71	2,26	18,6	3,98	822	0,85	1,93	13,9	2,16	453
	B	d 07	B	2,96	3,07	35,5	6,11	1222	2,58	3,14	35,4	5,30	987	2,05	2,87	29,8	4,31	795
		d 08	B	2,91	3,16	37,4	5,97	1194	2,48	3,17	35,8	5,08	946	1,95	2,81	28,2	4,13	759
		d 19	A	3,17	3,09	35,9	6,53	1319	2,72	3,12	34,8	5,59	1043	2,09	2,74	27,0	4,47	825
Reine Nachchromierungs-färbung	A	E 53	B	2,49	2,99	33,7	5,18	1188	2,11	2,83	29,3	4,46	967	1,43	2,47	22,3	3,19	693
		E 54	B	2,31	2,76	28,8	4,93	1128	1,90	2,76	27,7	4,05	873	1,34	2,55	23,6	2,95	636
		E 59	A	3,04	3,04	34,7	6,29	1356	2,58	2,94	31,3	5,39	1096	1,85	2,72	26,8	3,97	810
		E 60	A	2,78	2,85	30,6	5,86	1326	2,24	2,79	28,4	4,76	1000	1,52	2,48	22,5	3,38	718
	B	e 09	B	2,59	2,94	32,6	5,41	1146	2,24	2,95	31,4	4,67	938	1,73	2,63	25,2	3,76	749
		e 10	B	2,61	2,94	32,6	5,45	1152	2,28	3,06	33,9	4,71	953	1,97	2,79	28,2	4,18	823
		e 21	A	3,10	3,03	34,5	6,42	1357	2,66	3,01	32,4	5,52	1078	1,87	2,60	24,3	4,08	783
Indigogrund mit Nachchromierung	A	F 55	B	2,61	2,94	32,6	5,45	1225	2,16	2,94	31,5	4,51	951	1,76	2,63	25,3	3,82	803
		F 56	B	2,38	2,82	30,0	5,04	1161	2,13	2,88	31,5	4,48	951	1,41	2,41	21,1	3,78	678
		F 61	A	2,88	2,98	33,5	5,99	1358	2,32	2,85	29,5	4,89	1045	1,69	2,40	21,2	3,82	813
		F 62	A	2,69	2,85	30,6	5,67	1219	2,54	2,88	30,1	5,34	1072	1,81	2,52	23,1	4,00	808
	B	f 11	B	2,60	2,98	33,5	5,41	1134	2,24	3,02	32,8	4,64	912	1,95	2,71	26,7	4,18	810
		f 12	B	2,67	2,97	33,2	5,56	1163	2,28	3,05	33,7	4,26	840	1,90	2,76	27,6	4,05	783
		f 23	A	2,93	2,93	32,4	6,13	1272	2,45	3,05	33,5	5,06	1022	1,95	2,64	25,2	4,23	836

[1] Mittel aus je 5 Einzelwerten. Geprüft mit dem Schopperschen Berstdruckprüfer bei 65% rel. Luftfeuchtigkeit und 18—22° Zimmerwärme; freie Prüffläche 50 cm², mittlere Zerplatzdauer etwa 20 sec.

Geprüft wurde nach den Vorschriften der „Echtheits-kommission".

6. Lichtechtheit

Die Bestimmung der Lichtechtheit wurde nach dem im Amt entwickelten Verfahren[22] vorgenommen, das sich auf die Messung der einfallenden Lichtenergie und die photometrische Ausmessung der eingetretenen Farbänderung gründet. Die Proben wurden in einem mit ultraviolett-durchlässigem Glas abgedeckten Belichtungskasten, mit nach Süden gerichteter und um 45° zur Waagerechten geneigter Prüffläche, dem Sonnen- bzw. Tageslicht ausgesetzt und in drei Stufen belichtet:

[22] Vgl. Fußnote 12.

Zahlentafel 16 a

Elastisches Verhalten (Widerstand gegen Durchbeulen)

a) Vor dem Scheuerversuch

Färbeverfahren	Farbe	Firma	Stück-Nr.	Hergestellt aus Garnen d. Fa.	Im Anlieferungszustand			Nach einer Bewetterungsdauer von					
								¼ Jahr			½ Jahr		
					δ_{el} %	δ_{bl} %	ε	δ_{el} %	δ_{bl} %	ε	δ_{el} %	δ_{bl} %	ε
Reine Küpenfärbung	marineblau	A	A 01	B	10,6	5,2	0,68	11,0	5,6	0,66	9,7	5,7	0,63
			A 02	B	10,6	5,8	0,66	9,9	6,0	0,62	9,6	6,4	0,60
			A 07	A	10,8	4,5	0,70	11,6	5,5	0,68	10,0	5,6	0,64
			A 08	A	9,5	4,8	0,67	11,1	5,9	0,65	9,4	6,2	0,60
		B	a 01	B	10,2	3,8	0,73	11,0	5,5	0,67	9,3	5,7	0,62
			a 02	B	10,4	4,2	0,71	11,5	5,8	0,66	10,0	6,2	0,62
			a 14	A	9,7	4,4	0,69	10,9	5,6	0,66	10,0	5,8	0,63
	feldgrau	A	D 51	B	10,7	4,5	0,70	10,3	5,6	0,65	9,1	5,7	0,61
			D 52	B	9,5	4,8	0,65	10,8	6,2	0,62	8,8	6,6	0,57
			D 57	A	10,7	4,2	0,72	10,7	5,5	0,66	9,3	5,9	0,62
			D 58	A	8,7	4,1	0,68	9,8	5,6	0,63	8,6	6,1	0,59
		B	d 07	B	10,2	5,0	0,67	11,5	6,1	0,66	10,3	6,3	0,62
			d 08	B	10,3	4,6	0,69	11,8	6,1	0,66	10,5	6,3	0,62
			d 19	A	9,9	4,7	0,68	11,7	6,0	0,66	10,4	6,4	0,62
Reine Nachchromierungsfärbung	marineblau	A	B 03	B	10,8	4,6	0,70	11,1	5,7	0,66	9,4	6,0	0,61
			B 04	B	11,3	5,6	0,67	12,3	6,5	0,65	10,0	6,9	0,59
			B 09	A	10,6	4,5	0,70	11,2	5,4	0,67	9,5	5,6	0,63
			B 10	A	9,6	4,4	0,68	10,2	5,2	0,66	9,2	5,5	0,62
		B	b 03	B	11,4	4,4	0,72	12,0	5,9	0,67	10,8	6,5	0,62
			b 04	B	11,6	4,5	0,72	11,8	5,8	0,67	10,7	6,0	0,64
			b 15	A	11,2	4,0	0,73	10,6	5,0	0,68	9,4	5,6	0,62
	feldgrau	A	E 53	B	12,4	4,9	0,72	10,7	5,7	0,66	9,8	6,2	0,61
			E 54	B	10,3	5,3	0,66	12,0	6,8	0,64	10,1	6,8	0,60
			E 59	A	9,9	3,7	0,73	10,0	5,4	0,65	9,0	5,2	0,63
			E 60	A	9,3	4,0	0,70	9,8	5,8	0,63	8,5	6,1	0,58
		B	e 09	B	11,3	5,3	0,68	12,8	6,9	0,65	11,0	6,7	0,62
			e 10	B	11,5	5,1	0,69	12,4	6,6	0,65	10,4	6,7	0,61
			e 21	A	9,1	4,5	0,67	11,6	6,3	0,65	10,4	6,0	0,63
Indigogrund mit Nachchromierung	marineblau	A	C 05	B	10,8	4,9	0,69	10,7	5,5	0,66	9,4	5,8	0,62
			C 06	B	11,2	5,6	0,67	11,3	6,3	0,64	9,7	6,4	0,60
			C 11	A	10,3	4,1	0,72	10,7	5,1	0,68	9,0	5,1	0,64
			C 12	A	9,7	4,3	0,69	9,9	5,1	0,66	9,0	5,3	0,63
		B	c 05	B	10,4	4,6	0,69	11,4	5,4	0,68	9,9	5,7	0,63
			c 06	B	10,3	4,9	0,68	11,2	5,9	0,66	9,9	5,9	0,63
			c 18	A	10,2	3,9	0,72	10,3	5,1	0,67	9,2	5,0	0,65
	feldgrau	A	F 55	B	11,3	4,9	0,70	11,1	5,7	0,66	9,2	6,1	0,60
			F 56	B	10,6	5,3	0,67	11,4	6,5	0,64	10,7	7,1	0,60
			F 61	A	10,9	4,5	0,71	10,4	5,5	0,66	9,2	6,2	0,60
			F 62	A	10,6	4,6	0,70	10,3	5,8	0,64	9,2	6,2	0,60
		B	f 11	B	12,3	5,0	0,71	12,4	6,4	0,66	10,9	6,7	0,62
			f 12	B	11,2	5,0	0,69	12,1	6,5	0,65	11,3	6,6	0,63
			f 23	A	11,1	5,0	0,59	12,5	6,1	0,67	10,5	6,3	0,62

Mittel aus je 2 Einzelwerten

Belichtungsstufe	Belichtungsdauer	Durchschnittliche		Wirksame Lichtmenge in Normal-Bleichstunden
		Temperatur °	rel. Luftfeuchtigkeit %	nh
I	16. 4.—12. 6. 32	39	40	257
II	16. 4.—11. 7. 32	41	38	540
III	6. 9.—16. 10. 32 16. 4.—16. 10. 32	45	35	786

Mit Hilfe der mit dem Stufenphotometer gemessenen Werte für Weißgehalt und Bezugshelligkeit wurden die Farborte der belichteten und der unbelichteten Proben im psychologischen Farbdreieck bestimmt und aus dem Verhältnis der Wegstrecken zwischen Farbort der unbelichteten und Farbort der belichteten Probe zur Wegstrecke des theoretisch größtmöglichen Ausbleicheffekts der Ausbleichgrad A berechnet. Der in der Zahlentafel 18 als Maß der Lichtechtheit (Geschwindigkeit des Verschießens) angegebene Ausbleichkoeffizient n ergab sich aus dem Ausbleichgrad A und der Zahl der Normalbleichstunden t zu

$$n = \frac{A}{\sqrt{t}}.$$

Da sich die Wirkung der Lichtenergie mehr oder weniger nur auf die Stoffoberfläche beschränkt und im Gebrauch die dabei spröde gewordenen Haare beim Reinigen

Zahlentafel 16 b

Elastisches Verhalten (Widerstand gegen Durchbeulen)

b) Nach dem Scheuerversuch

Färbeverfahren	Farbe	Firma	Stück Nr.	Hergestellt aus Garnen d. Fa.	Im Anlieferungszustand			Nach einer Bewetterungsdauer von					
								¼ Jahr			½ Jahr		
					δ_{el} %	r_{bl} %	ε	δ_{el} %	δ_{bl} %	ε	δ_{el} %	δ_{bl} %	ε
Reine Küpenfärbung	marineblau	A	A 01	B	9,3	5,0	0,65	10,5	5,9	0,64	9,8	6,0	0,62
			A 02	B	10,9	5,6	0,66	10,8	6,8	0,61	9,9	7,0	0,59
			A 07	A	10,1	4,4	0,70	10,2	5,0	0,68	9,2	5,7	0,62
			A 08	A	9,9	5,1	0,66	10,5	6,3	0,62	9,4	6,4	0,60
		B	a 01	B	10,3	4,7	0,69	10,7	5,7	0,65	10,0	6,8	0,60
			a 02	B	10,3	4,7	0,69	10,6	5,8	0,65	10,6	6,9	0,61
			a 14	A	8,6	4,2	0,68	10,2	5,6	0,64	9,5	5,7	0,63
	feldgrau	A	D 51	B	9,8	4,5	0,68	10,0	5,8	0,63	9,7	6,8	0,58
			D 52	B	8,8	4,7	0,65	10,1	6,7	0,60	—	—	—
			D 57	A	10,0	5,0	0,67	9,9	5,9	0,63	9,9	7,2	0,58
			D 58	A	8,4	4,9	0,63	9,9	6,1	0,62	9,9	7,1	0,58
		B	d 07	B	10,0	5,3	0,66	11,0	6,2	0,64	10,6	6,7	0,62
			d 08	B	10,1	5,0	0,67	11,0	6,1	0,65	11,3	7,3	0,61
			d 19	A	9,6	5,2	0,65	10,7	6,1	0,64	10,7	6,9	0,61
Reine Nachchromierungsfärbung	marineblau	A	B 03	B	10,4	4,9	0,68	10,6	6,0	0,64	9,8	6,3	0,68
			B 04	B	11,5	5,7	0,67	10,7	6,5	0,62	9,7	7,1	0,51
			B 09	A	10,4	4,8	0,69	10,3	5,1	0,67	9,5	5,9	0,62
			B 10	A	9,4	4,6	0,67	9,1	5,4	0,63	9,1	6,1	0,60
		B	b 03	B	11,0	4,6	0,70	11,8	6,1	0,66	11,0	7,1	0,61
			b 04	B	11,7	5,2	0,69	11,6	6,3	0,65	10,9	6,9	0,61
			b 15	A	10,1	4,4	0,70	10,2	5,5	0,64	8,9	5,8	0,61
	feldgrau	A	E 53	B	11,6	5,2	0,69	10,7	6,7	0,62	11,0	8,0	0,58
			E 54	B	11,1	6,0	0,65	10,6	6,7	0,61	10,3	8,6	0,54
			E 59	A	9,4	4,3	0,69	9,8	5,6	0,63	9,3	6,3	0,60
			E 60	A	8,8	4,8	0,65	9,9	6,6	0,60	9,0	6,9	0,57
		B	e 09	B	10,9	4,8	0,69	12,3	6,6	0,65	12,0	7,8	0,61
			e 10	B	10,8	5,2	0,68	11,5	6,4	0,64	10,5	7,1	0,60
			e 21	A	10,1	4,9	0,67	10,7	6,1	0,64	10,7	6,5	0,62
Indigogrund mit Nachchromierung	marineblau	A	C 05	B	10,3	5,0	0,67	10,4	5,6	0,65	8,9	6,1	0,59
			C 06	B	10,7	5,5	0,66	10,6	6,1	0,64	9,4	6,4	0,59
			C 11	A	9,9	4,5	0,69	9,7	5,2	0,65	9,0	5,4	0,62
			C 12	A	9,0	4,7	0,65	9,2	5,2	0,64	8,8	5,5	0,61
		B	c 05	B	10,2	5,0	0,67	11,0	6,0	0,65	9,6	6,0	0,62
			c 06	B	10,1	5,0	0,67	10,8	6,1	0,64	9,8	6,2	0,61
			c 18	A	9,4	4,5	0,68	10,2	5,6	0,65	9,4	5,4	0,64
	feldgrau	A	F 55	B	10,6	5,2	0,67	10,5	6,6	0,61	9,9	6,9	0,59
			F 56	B	10,1	5,7	0,64	10,6	6,8	0,61	11,2	8,2	0,58
			F 61	A	10,3	5,1	0,67	9,9	6,0	0,62	9,9	7,1	0,58
			F 62	A	9,9	5,1	0,66	9,6	6,0	0,62	9,9	6,7	0,59
		B	f 11	B	10,9	5,4	0,67	11,6	6,6	0,64	10,7	7,0	0,61
			f 12	B	10,7	5,5	0,66	11,4	6,5	0,63	10,8	7,2	0,60
			f 23	A	10,3	4,9	0,68	11,6	6,3	0,65	11,8	7,6	0,61

Mittel aus je 2 Einzelwerten.

entfernt werden, ist die Messung auch nach einem kräftigen Abbürsten wiederholt worden, um die Farbänderung der unter der obersten Decke befindlichen Schicht festzustellen.

D. Auswertung

Bei der Besprechung der Einzelwerte (Abschnitt C) ist bereits auf die Unterschiede hingewiesen worden, die sich aus der Verarbeitung der zwischen den beiden Betrieben ausgetauschten Garne ergeben haben, so daß sich ein weiteres Eingehen hierauf erübrigt. Im folgenden sollen daher nur die Unterschiede besprochen werden, die in den Durchschnittswerten der Tuche jedes Betriebes und in den Gesamtdurchschnittswerten für die einzelnen Färbeverfahren aufgetreten sind.

Um die Genauigkeit dieser Mittelwertbildung beurteilen zu können, ist die durchschnittliche Abweichung der Einzelwerte vom Mittelwert berechnet und für die wichtigsten Versuchsgruppen nachstehend (S. 24) zusammengestellt worden.

Bis auf die Zugfestigkeit in Schußrichtung und den Gewichtsverlust beim Scheuern bewegen sich die durchschnittlichen Abweichungen in einem Bereich, der auf einen wahrscheinlichen Fehler der in den nachfolgenden

Zahlentafel 17. Farbechtheit

| Art der Färbung | Marineblaue Tuche | | | | | | Feldgraue Tuche | | | | | |
| | | | Farbechtheit[1] gegen | | | | | | Farbechtheit[1] gegen | | | |
	Firma	Stück-Nr.	Reiben	Wasser	Alkali (Straßenschmutz)	Schweiß	Firma	Stück-Nr.	Reiben	Wasser	Alkali (Straßenschmutz)	Schweiß
Reine Küpenfärbung	A	A 01	4—5	5	5	5	A	D 51	5	5	5	5
		A 02	4	5	5	5		D 52	5	5	5	5
		A 07	4—5	5	5	5		D 57	5	5	4	5
		A 08	4	5	4—5	5		D 58	5	5	5	5
	B	a 01	4	5	5	5	B	d 07	5	5	5	5
		a 02	4	5	5	5		d 08	5	5	5	5
		a 14	3	5	4	5		d 19	5	5	5	5
Reine Nachchromierungsfärbung	A	B 03	5	5	4	4—5	A	E 53	5	5	4—5	5
		B 04	5	5	4	4—5		E 54	5	5	4	5
		B 09	5	5	3—4	4—5		E 59	5	5	4	5
		B 10	5	5	4	4—5		E 60	5	5	4—5	5
	B	b 03	5	5	5	4—5	B	e 09	5	5	4—5	5
		b 04	5	5	4—5	4—5		e 10	5	5	4—5	5
		b 15	5	5	4—5	4—5		e 21	5	5	3—4	5
Indigogrund und Nachchromierung	A	C 05	5	5	5	4—5	A	F 55	5	5	3—4	5
		C 06	5	5	4—5	5		F 56	5	5	3—4	5
		C 11	5	5	5	4—5		F 61	5	5	4—5	5
		C 12	5	5	5	4—5		F 62	5	5	4	5
	B	c 05	4—5	5	5	4—5	B	f 11	5	5	4—5	5
		c 06	4—5	5	5	4—5		f 12	5	5	4—5	5
		c 18	5	5	5	4—5		f 23	5	5	3—4	5

[1] Ausgedrückt in Echtheitsgraden der EK.

Zahlentafel 18. Lichtechtheit[1]

| Farbe | Reine Küpenfärbung | | | | Reine Nachchromierungsfärbung | | | | Indigogrund und Nachchromierung | | | |
| | Stoffbezeichnung | | Ausbleichkoeffizient ermittelt | | Stoffbezeichnung | | Ausbleichkoeffizient ermittelt | | Stoffbezeichnung | | Ausbleichkoeffizient ermittelt | |
	Firma	Stück-Nr.	vor dem Abbürsten	nach dem Abbürsten	Firma	Stück-Nr.	vor dem Abbürsten	nach dem Abbürsten	Firma	Stück-Nr.	vor dem Abbürsten	nach dem Abbürsten
marineblau	A	A 01	0,15	0,12	A	B 03	0,39	0,16	A	C 05	0,21	0,15
		A 02	bis	bis		B 04	0,33	0,14		C 06	—	etwa
		A 07				B 09	0,34	0,08		C 11	0,09	0,10
		A 08	0,13	0,11		B 10	0,37	0,20		C 12	0,10	
		Mittel	0,14	0,11			0,36	0,15			0,13	0,11
	B	a 01	0,18	0,11	B	b 03	0,30	0,11	B	c 05	0,15	0,15
		a 02				b 04	0,24	0,08		c 06		etwa
		a 14				b 15	0,34	0,09		c 18		0,10
		Mittel	0,18	0,11			0,29	0,09			0,15	0,12
feldgrau	A	D 51	0,25	0,25	A	E 53	0,53	0,20	A	F 55	0,42	0,26
		D 52	0,34	0,18		E 54	0,64	0,27		F 56	0,42	0,17
		D 57	0,29	0,20		E 59	0,63	0,18		F 61	0,52	0,12
		D 58	0,36	0,21		E 60	0,59	0,27		F 62	0,58	0,27
		Mittel	0,31	0,21			0,60	0,23			0,49	0,21
	B	d 07	0,29	0,28	B	e 09	0,73	0,18	B	f 11	0,51	0,16
		d 08	0,40	0,19		e 10	0,66	0,18		f 12	0,42	0,25
		d 19	0,34	0,23		e 21	0,45	0,24		f 23	0,42	0,27
		Mittel	0,34	0,23			0,61	0,20			0,45	0,23

[1] Erläuterungen im Text S. 20, 21.

Zusammenstellungen wiedergegebenen Mittelwerte von etwa ± 1—2% schließen läßt.

1. Zugfestigkeitseigenschaften

Vergleicht man die in Zahlentafel 19 zusammengestellten Mittelwerte für die Zugfestigkeitseigenschaften der Tuche bezüglich der zwischen den beiden Betrieben auftretenden Unterschiede, so kann man feststellen, daß die im Betrieb B hergestellten Tuche durchschnittlich ein um 7% höheres Stoffgewicht und eine um etwa 4% bessere Festigkeit (Reißlänge) aufweisen. Hier wirkt sich also die etwas kräftigere Walke des Betriebes B aus, bei der ja auch eine größere Maßänderung eingetreten ist, die zu etwas höheren Dehnungswerten gegenüber den Tuchen des Betriebes A geführt hat.

Aus den Gesamtdurchschnittswerten für die Färbeverfahren, die in ihrer Veränderung durch Witterungseinflüsse in Bild 7 graphisch dargestellt und in Zahlentafel 20 durch Verhältniszahlen miteinander in Beziehung gesetzt sind, ist ersichtlich, daß die chromgefärbten Tuche im Anlieferungszustand eine um 10% geringere Festigkeit aufweisen als die küpengefärbten. Bei den marineblauen Tuchen liegt die Festigkeit der kombiniert gefärbten Tuche etwa in der Mitte, und dieses Verhältnis bleibt auch im

Streuung der Mittelwerte (Text S. 22)

Prüfung auf	Farbe der Tuche	Durchschnittliche Abweichung[1] + %	Variationsbreite[1] %
Stoffgewicht	marineblau	1,8	7,7
	feldgrau	2,2	9,1
Zugfestigkeit (Reißlänge, Anlieferung)			
Kette	marineblau	6,3	25
	feldgrau	5,9	21
Schuß	marineblau	10,6	43
	feldgrau	9,6	40
Berstfestigkeit (Berst-Reißlänge, Anlieferung)	marineblau	7,2	23
	feldgrau	5,0	16
Gewichtsverlust beim Scheuern (Anlieferung)	marineblau und feldgrau	12,8	58
Festigkeitsverlust beim Scheuern (Anlieferung)	marineblau	2,0	7,4
	feldgrau	2,3	5,0
Festigkeitsverlust durch Bewettern und Scheuern:			
¼ Jahr bewettert	marineblau	3,1	11
	feldgrau	3,5	15
½ Jahr bewettert	marineblau	3,1	12
	feldgrau	8,0	20

[1] Die Werte sind Mittel aus den für Küpen-, Chrom- und Kombinationsfärbung gesondert berechneten durchschnittlichen Abweichungen bzw. Variationsbreiten (Differenz zwischen größtem und kleinstem Wert).

Laufe der Bewetterung bestehen, wobei der prozentuale Festigkeitsverlust bei den küpengefärbten Tuchen am geringsten, bei den chromgefärbten am größten ist. Bei den feldgrauen Tuchen ist infolge des geringeren Lichtschutzes der helleren Färbung und insbesondere der weißen Melierwolle die Festigkeitsabnahme erheblich größer als bei den marineblauen Stoffen. Hier zeigt sich aber, daß der prozentuale Festigkeitsabfall durch Bewettern bei den küpengefärbten Tuchen am größten ist. Die Chromierung wirkt sich also offenbar beim Nachchromierungsverfahren bei den dunklen marineblauen Färbungen etwas anders aus als bei den helleren feldgrauen Färbungen. Es ist damit zu rechnen, daß das Chrom bei der viel Farbstoff enthaltenden marineblauen Färbung zur Farblackbildung verbraucht wird, während bei der mit erheblich geringeren Farbstoffmengen gefärbten feldgrauen Färbung ein Teil des Chroms noch die für den Lichtschutz des Wollhaares notwendige Gerbwirkung herbeiführen konnte.

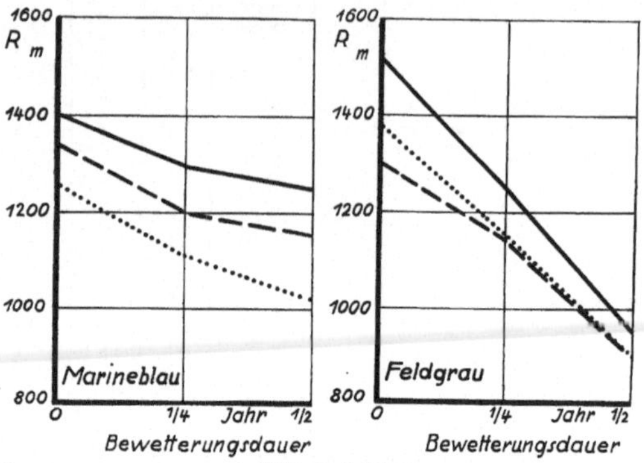

Bild 7. Zugfestigkeit
Veränderung der Reißlänge durch Witterungseinflüsse

——— Küpenfärbung
….. Chromfärbung
— — Vorküpe mit Nachchromierung

Zahlentafel 19

Zugfestigkeitseigenschaften der Tuche im Anlieferungszustand und nach dem Bewettern (Mittelwerte für die Färbeverfahren)[1]

Farbe	Art der Färbung	Mittelwerte der Firma	Quadratmetergewicht g/m²	Im Anlieferungszustand — Bruchlast kg Kette	Schuß	Reißlänge m Kette	Schuß	Bruchdehnung % Kette	Schuß	Nach ¼jährigem Bewettern Reduzierte — Reißlänge m Kette	Schuß	Bruchdehnung % Kette	Schuß	Nach ½jährigem Bewettern Reduzierte — Reißlänge m Kette	Schuß	Bruchdehnung % Kette	Schuß
marineblau	Reine Küpenfärbung	A	472	32,5	31,4	1360	1330	36,6	45,9	1310	1250	34,2	41,6	1315	1210	35,2	37,9
		B	509	35,8	38,4	1410	1520	39,2	48,3	1250	1340	38,4	44,5	1255	1260	36,4	41,1
		Gesamtmittel	491	34,2	34,9	1385	1425	37,9	47,1	1280	1295	36,3	43,1	1285	1235	35,8	39,5
	Reine Nachchromierungsfärbung	A	462	30,5	26,5	1320	1150	34,1	42,7	1230	1010	31,6	37,3	1160	900	27,8	31,6
		B	501	31,3	32,5	1260	1300	38,2	43,5	1100	1100	36,3	43,2	1020	970	31,9	34,5
		Gesamtmittel	482	30,9	29,5	1290	1225	36,2	43,1	1165	1055	34,0	40,3	1090	935	29,9	33,1
	Indigogrund mit Nachchromierung	A	469	32,2	28,8	1380	1230	34,8	43,5	1330	1150	33,1	39,6	1300	1085	30,1	34,5
		B	503	33,4	35,2	1330	1400	38,0	45,6	1120	1180	36,2	45,3	1160	1115	32,3	36,9
		Gesamtmittel	486	32,8	32,0	1355	1315	35,4	44,6	1225	1165	34,7	42,5	1230	1100	31,2	35,7
feldgrau	Reine Küpenfärbung	A	458	36,1	32,3	1580	1410	34,3	45,6	1380	1090	31,1	34,7	1070	760	19,5	24,9
		B	498	37,4	39,4	1500	1580	38,9	51,2	1280	1250	37,7	42,9	1065	895	19,2	25,6
		Gesamtmittel	478	36,8	35,9	1540	1495	36,6	48,4	1330	1170	34,4	38,8	1070	825	19,4	25,3
	Reine Nachchromierungsfärbung	A	445	31,3	28,6	1400	1290	33,3	43,7	1275	1040	29,6	34,3	1020	770	19,2	25,6
		B	473	32,1	33,4	1360	1410	37,6	47,5	1190	1110	34,3	39,9	1000	845	26,2	29,1
		Gesamtmittel	459	31,7	31,0	1380	1350	35,5	45,6	1230	1075	32,0	37,1	1010	810	22,7	27,4
	Indigogrund mit Nachchromierung	A	446	30,3	30,1	1360	1340	30,9	44,1	1210	1105	30,2	36,4	1010	795	22,4	27,0
		B	479	32,0	34,4	1210	1280	38,5	48,1	1130	1125	35,5	39,7	965	865	26,0	29,2
		Gesamtmittel	463	31,2	32,3	1285	1310	34,7	46,1	1170	1115	32,9	38,1	990	830	24,2	28,1

[1] Die Gesamtmittelwerte sind Mittel aus je 7 Stoffen zu je 5 Einzelwerten = 35 Einzelwerten.

Zahlentafel 20

Verhältniszahlen für die Zugfestigkeit (Reißlänge) der Tuche im Anlieferungszustand
und nach dem Bewettern (Mittelwerte für die Färbeverfahren)

Farbe	Art der Färbung	der Festigkeit [1] im Anlieferungszustand	Verhältniszahlen									
			der Festigkeit [2] nach einer Bewetterungsdauer von					der Bruchdehnung [2] nach einer Bewetterungsdauer von				
			¼ Jahr		Mittel von Kette u. Schuß	½ Jahr		Mittel von Kette u. Schuß	¼ Jahr		½ Jahr	
			Kette	Schuß		Kette	Schuß		Kette	Schuß	Kette	Schuß
marine-blau	Reine Küpenfärbung	100	92,5	91,0	91,8	92,8	86,7	89,7	95,7	91,5	94,5	83,9
	Reine Nachchromierungsfärbung. . . .	89,7	90,4	86,2	88,0	84,6	76,3	80,5	94,0	93,6	82,6	76,8
	Indigogrund und Nachchromierung . .	95,0	90,5	88,7	89,8	90,8	83,6	87,3	95,4	95,2	85,7	80,0
feld-grau	Reine Küpenfärbung	100	86,4	78,4	82,3	69,4	55,3	62,2	94,0	80,3	53,0	52,3
	Reine Nachchromierungsfärbung. . . .	90,0	89,3	79,8	84,5	73,3	60,0	66,7	90,2	81,3	64,0	60,1
	Indigogrund und Nachchromierung . .	85,6	91,3	85,2	88,3	77,0	63,3	70,0	84,8	82,7	69,8	61,0

[1] Mittlere Reißlänge von Kette und Schuß aus jeweils 70 Einzelwerten, ausgedrückt in % der = 100 gesetzten Festigkeit der reinen Küpenfärbung.

[2] Bezogen auf die = 100 gesetzten Durchschnittswerte derselben Tuche im Anlieferungszustand.

Auch die Veränderung der Bruchdehnung durch Witterungseinflüsse (Bild 8) ist bei den feldgrauen Tuchen entsprechend stärker als bei den marineblauen. Die küpengefärbten Tuche haben durchschnittlich eine etwas größere Dehnbarkeit.

schlechtern sich die chromgefärbten mit zunehmender Bewetterung allmählich merklich gegenüber den küpengefärbten, während der durch die photochemische Schädigung der Wolle gesteigerte Gewichtsverlust beim Scheuern bei den feldgrauen Tuchen keinen Einfluß des Färbeverfahrens erkennen läßt.

b) Veränderung der Stoffoberfläche durch Bewettern und Scheuern

Die durch Bewettern und durch Scheuern eintretende Veränderung der Stoffoberfläche ist bei den Tuchen des Betriebes B im allgemeinen etwas geringer als bei den vom Betrieb A hergestellten Tuchen, was ebenfalls auf die Unterschiede in der Walke zurückzuführen sein dürfte.

Mit zunehmender Bewetterungsdauer (Zahlentafel 22, Bild 10) verschwinden die durch Lichtwirkung chemisch abgebauten und spröde gewordenen Wollhaare der Decke in steigendem Maße bis zum Sichtbarwerden der Bindung, und zwar schreitet diese Veränderung bei den feldgrauen Tuchen schneller fort als bei den durch die dunklere Färbung besser lichtgeschützten marineblauen Stoffen. Bei den marineblauen Tuchen verhält sich dabei die Küpenfärbung, bei den feldgrauen die Chromfärbung etwas günstiger.

Durch zusätzliche Scheuerbeanspruchung nimmt die Veränderung der Stoffoberfläche merklich zu, wobei sich

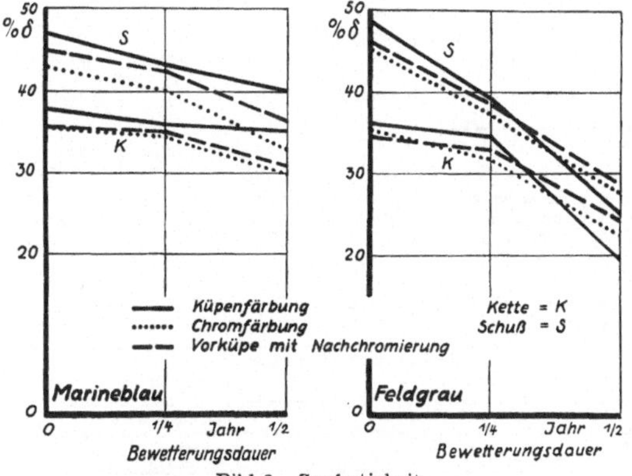

Bild 8. Zugfestigkeit
Veränderung der Bruchdehnung durch Witterungseinflüsse

2. Widerstandsfähigkeit gegen Scheuerbeanspruchung

a) Gewichtsverlust beim Scheuern

Entsprechend der etwas verschieden durchgeführten Walke weisen die im Betrieb B hergestellten Tuche im Durchschnitt einen um 24% geringeren Gewichtsverlust beim Scheuern gegenüber den Tuchen des Betriebes A auf.

Die Gesamtmittel für die Färbeverfahren (Zahlentafel 21, Bild 9) ergeben für den Anlieferungszustand den geringsten Gewichtsverlust bei den chromgefärbten, den größten bei den küpengefärbten Tuchen. Im Laufe der Bewetterung nehmen die Gewichtsverluste beim Scheuern zu, und zwar bei den marineblauen Tuchen nicht so schnell wie bei den feldgrauen, bei denen schon nach ¼jähriger Bewetterungsdauer eine weitere Steigerung des Gewichtsverlustes nicht mehr stattfindet. Bei den marineblauen Tuchen ver-

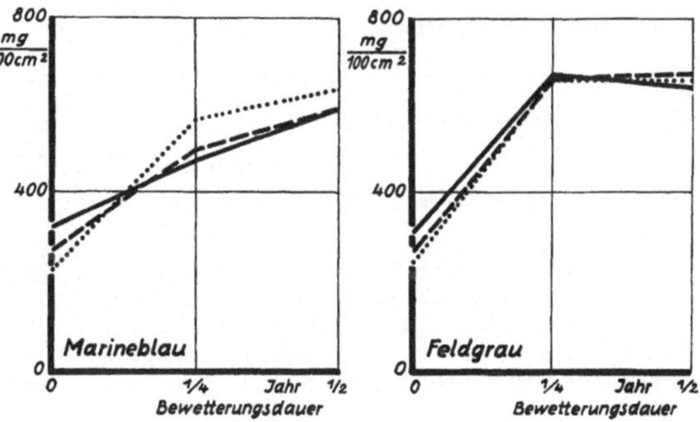

Bild 9. Gewichtsverlust beim Scheuern
Küpenfärbung
Chromfärbung
Vorküpe mit Nachchromierung

Zahlentafel 21. Gewichtsverlust beim Scheuerversuch (Gesamtmittel der Färbeverfahren)

Farbe	Art der Färbung	Firma	Gewichtsverlust beim Scheuern mg/100 cm²			Verhältniszahlen für den Scheuerverlust[2]		
			im Anlieferungszustand	nach einer Bewetterungsdauer von		im Anlieferungszustand	nach einer Bewetterungsdauer von	
				¼ Jahr	½ Jahr		¼ Jahr	½ Jahr
marineblau	Reine Küpenfärbung	A	351	415	555			
		B	267	515	612			
		Gesamtmittel	309	465	584	100 (100)	151	189
	Reine Nachchromierungsfärbung	A	253	506	593			
		B	197	622	663			
		Gesamtmittel	225	564	628	100 (73)	250 (183)	279 (203)
	Indigogrund und Nachchromierung	A	314	463	534			
		B	223	515	619			
		Gesamtmittel	269	489	577	100 (87)	182 (158)	214 (187)
feldgrau	Reine Küpenfärbung	A	334	637	629			
		B	271	699	659			
		Gesamtmittel	303	668	644	100 (100)	220	212
	Reine Nachchromierungsfärbung	A	273	608	617			
		B	214	717	726			
		Gesamtmittel	243	663	673	100 (80)	273 (219)	277 (222)
	Indigogrund und Nachchromierung	A	261	606	592			
		B	204	709	713			
		Gesamtmittel	232	657	652	100 (77)	283 (217)	281 (216)

[1] Die Gesamtmittelwerte sind Mittel aus je 7 Tuchen zu je 5 Einzelwerten = 35 Einzelwerten.

[2] Ausgedrückt in % des Durchschnittwertes derselben Tuche im Anlieferungszustand. Die in Klammern angegebenen Werte beziehen sich für sämtliche Färbungen auf den = 100 gesetzten Wert der Küpenfärbung.

Zahlentafel 22. Mittelwerte für die Veränderung der Stoffoberfläche durch Bewettern und Scheuern

Art der Färbung	Betrieb	Veränderung der Stoffoberfläche[1]									
		bei marineblauen Tuchen					bei feldgrauen Tuchen				
		durch Bewettern nach einer Bewetterungsdauer von		im Anlieferungszustand	durch Scheuern nach einer Bewetterungsdauer von		durch Bewettern nach einer Bewetterungsdauer von		im Anlieferungszustand	durch Scheuern nach einer Bewetterungsdauer von	
		¼ Jahr	½ Jahr		¼ Jahr	½ Jahr	¼ Jahr	½ Jahr		¼ Jahr	½ Jahr
Reine Küpenfärbung.........	A	6,8	4,5	3,0	2,3	1,3	4,0	2,3	4,5	2,0	1,0
	B	7,0	5,2	4,8	2,7	1,7	5,2	2,8	4,7	2,0	1,0
	Gesamtmittel	6,9	4,8	3,9	2,5	1,5	4,6	2,6	4,6	2,0	1,0
Reine Nachchromierungsfärbung....	A	6,1	4,5	5,0	2,5	1,3	4,4	2,1	4,0	1,6	0,9
	B	6,3	4,7	6,0	2,0	1,0	5,7	3,5	4,8	2,0	1,0
	Gesamtmittel	6,2	4,6	5,5	2,2	1,2	5,0	2,8	4,4	1,8	1,0
Indigogrund und Nachchromierung ..	A	5,9	4,5	4,8	2,8	1,0	4,5	2,4	4,3	1,5	0,8
	B	6,3	5,3	5,0	3,7	1,7	4,7	2,0	5,2	2,0	0,5
	Gesamtmittel	6,1	4,9	4,9	3,2	1,4	4,6	2,2	4,8	1,8	0,6

[1] Bedeutung der Zahlen im Text S. 16, 17.

wiederum die Chromfärbung bei den marineblauen Tuchen im Anlieferungszustand besser und nach dem Bewettern etwas schlechter als die Küpenfärbung verhält. Dagegen ist bei den feldgrauen Tuchen der an und für sich raschere Verschleiß bei allen drei Färbeverfahren etwa gleich groß.

c) Farbänderung beim Scheuern

Aus der Zusammenstellung der Gesamtmittelwerte für die Farbänderung beim Scheuern (Zahlentafel 23, Bild 11) geht hervor, daß im Anlieferungszustand die stärkste Veränderung, ein Weißscheuern, bei den küpengefärbten Tuchen eintritt. In besonderem Maße ist dies bei den marineblauen küpengefärbten Stoffen der Fall. Etwas günstiger verhält sich wieder die Chromfärbung. Das Bewettern wirkt sich nicht merklich auf das Weißscheuern aus, Küpen- und Chromfärbung verhalten sich hierbei etwa gleich. Nach dem Abbürsten des beim Scheuern entstehenden Wollstaubes ist die Farbänderung bei allen Versuchsreihen nicht

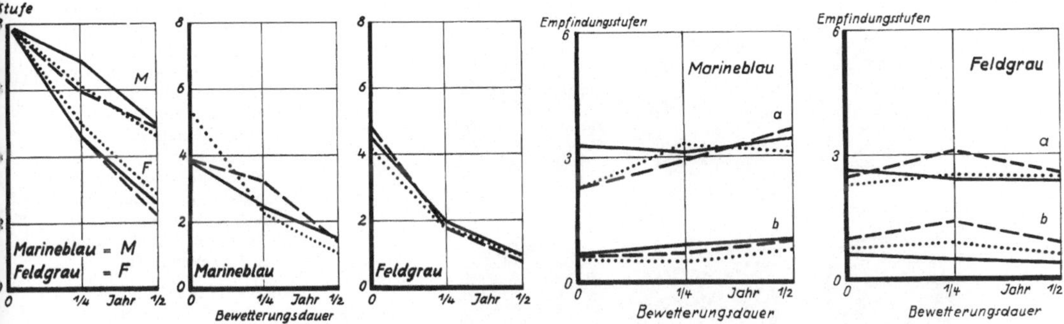

Bild 10. Veränderung der Stoffoberfläche durch Bewettern und Reinigen — durch Scheuern

——— Küpenfärbung
······· Chromfärbung
— — Vorküpe mit Nachchromierung

Bild 11. Farbänderung beim Scheuern, bezogen auf den Anlieferungszustand

a = vor dem Abbürsten — b = nach dem Abbürsten

——— Küpenfärbung
······· Chromfärbung
— — Vorküpe mit Nachchromierung

Zahlentafel 23. Gesamtmittelwerte der Farbänderung beim Scheuern

Farbe	Art der Färbung	beim Scheuern im Anlieferungszustand		Farbänderung in Empfindungsstufen[1]									
				nach einer Bewetterungsdauer von ¼ Jahr						nach einer Bewetterungsdauer von ½ Jahr			
				durch das Bewettern	durch Scheuern, bezogen auf die Farbe nach dem Bewettern		im Anlieferungszustand		durch das Bewettern	durch Scheuern, bezogen auf die Farbe nach dem Bewettern		im Anlieferungszustand	
		vor dem Abbürsten	nach dem Abbürsten		vor dem Abbürsten	nach dem Abbürsten	vor dem Abbürsten	nach dem Abbürsten		vor dem Abbürsten	nach dem Abbürsten	vor dem Abbürsten	nach dem Abbürsten
marineblau	Reine Küpenfärbung	3,3	0,7	0,4	4,0	0,5	3,1	0,9	0,2	3,0	0,9	3,4	1,1
	Reine Nachchromierungsfärbung.	2,5	0,6	0,5	2,4	0,05	3,3	0,55	1,3	1,4	—0,55	3,1	0,75
	Indigogrund und Nachchromierung	2,5	0,65	0,2	3,3	0,5	2,9	0,7	0,3	2,75	0,7	3,6	1,0
feldgrau	Reine Küpenfärbung	2,6	0,6	—0,2	2,6	0,7	2,4	0,5	—0,7	3,1	1,1	2,4	0,4
	Reine Nachchromierungsfärbung .	2,3	0,75	0,75	1,8	0,15	2,55	0,9	—0,1	2,6	0,75	2,5	0,65
	Indigogrund und Nachchromierung	2,5	0,95	0,75	2,4	0,7	3,15	1,45	0,05	2,6	0,8	2,65	0,85

[1] Erläuterung im Text S. 17.

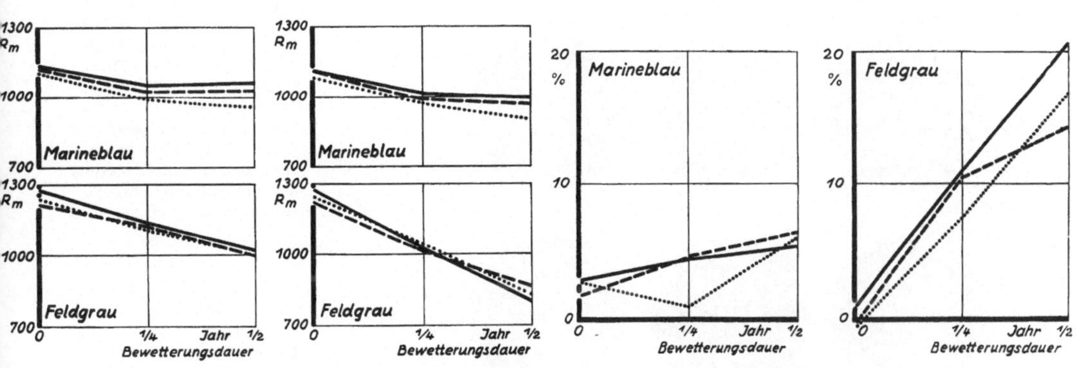

Bild 14. Veränderung der Berst-Reißlänge durch Witterungseinflüsse

vor dem Scheuerversuch — nach dem Scheuerversuch

——— Küpenfärbung
······· Chromfärbung
— — Vorküpe mit Nachchromierung

Bild 15. Festigkeitsverlust beim Scheuern

——— Küpenfärbung
······· Chromfärbung
— — Vorküpe mit Nachchromierung

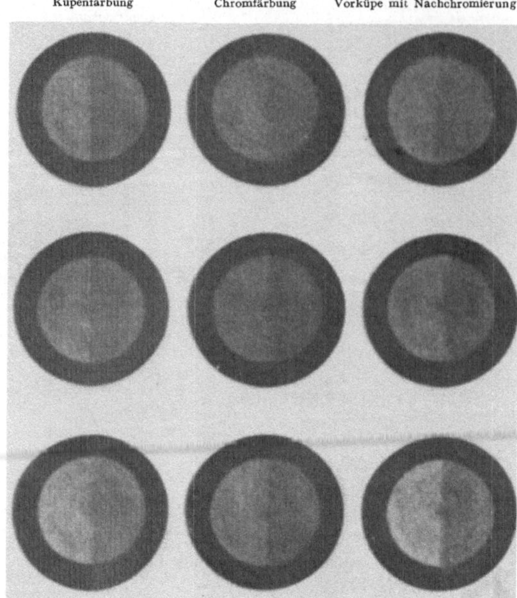

Bild 12. Schabechtheit. Marineblaue Tuche
a = nicht abgebürstet   b = abgebürstet

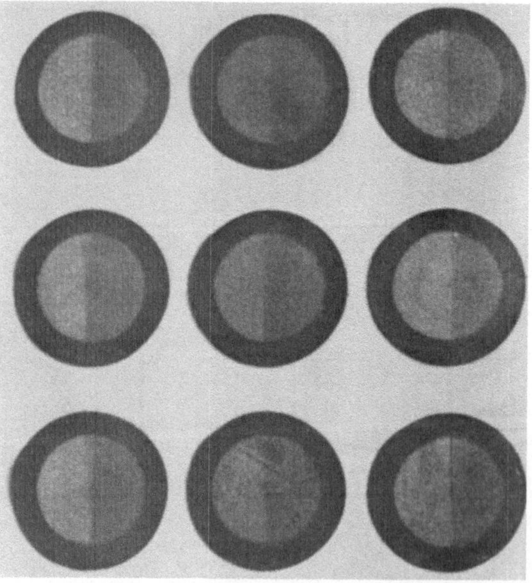

Bild 13. Schabechtheit. Feldgraue Tuche
a = nicht abgebürstet   b = abgebürstet

mehr sehr wesentlich, da es sich beim Weißscheuern nur um einen optischen Effekt handelt, der lediglich von den mechanisch zerstörten Wollhaaren an der Stoffoberfläche herrührt.

Die Bilder 12, 13 veranschaulichen an Durchschnittsmustern die beim Scheuern eingetretene Farbänderung in Abhängigkeit vom Färbeverfahren.

d) Festigkeitsverlust beim Scheuern

Die beim Berstversuch ermittelten Festigkeitswerte, gemessen an der Berstreißlänge, sind im Durchschnitt der Tuche bei belden Betrieben nicht merklich verschieden, die Abweichung beträgt nur 1%. Wie aus den Zahlentafeln 24, 25 und der graphischen Darstellung Bild 14 (s. S. 27) hervorgeht, finden sich bei den marineblauen und den feldgrauen Tuchen im Anlieferungszustand und nach dem Bewettern etwa die gleichen Festigkeitsverhältnisse, wie sie beim Zugversuch ermittelt worden sind.

Die Scheuerbeanspruchung wirkt sich im Anlieferungszustand nicht merklich auf die Festigkeit aus, dagegen nach dem Bewettern in geringem Maße bei den marineblauen und bedeutend stärker bei den feldgrauen Tuchen, wodurch auch hier wieder der lichtschützende Einfluß der Farbtiefe zum Ausdruck kommt. Bei den feldgrauen Tuchen ergibt hierbei die Küpenfärbung, bei den marineblauen die Chromfärbung einen etwas stärkeren prozentualen Festigkeitsverlust als die anderen Färbeverfahren (Bild 15, S. 27).

3. Elastisches Verhalten

Die nach der Berstelastizität beurteilte Widerstandsfähigkeit gegen Ausbeulen ist bei den marineblauen und feldgrauen Tuchen etwa gleich groß und nimmt mit der Bewetterungsdauer stetig, aber nur in geringem Maße ab

Zahlentafel 24. Berstfestigkeit der Tuche im Anlieferungszustand und nach dem Bewettern
(Mittelwerte für die Färbeverfahren [1])

Farbe	Art der Färbung	Firma	Vor dem Scheuerversuch — Anlieferungszustand — Stoff-festigkeit kg/cm	Berst-Reißlänge m	Stoff-dehnung %	Nach ¼ Jahr — Berst-Reißlänge m	Stoff-dehnung %	Nach ½ Jahr — Berst-Reißlänge m	Stoff-dehnung %	Nach dem Scheuerversuch — Anlieferungszustand — Stoff-festigkeit kg/cm	Berst-Reißlänge m	Stoff-dehnung %	¼ Jahr — Berst-Reißlänge m	Stoff-dehnung %	½ Jahr — Berst-Reißlänge m	Stoff-dehnung %
marineblau	Reine Küpenfärbung	A	5,66	1200	33,2	1112	34,8	1150	32,9	5,45	1155	33,7	1080	33,9	1048	30,6
		B	6,26	1235	31,9	1115	36,0	1099	34,3	6,17	1216	34,7	1069	35,1	1051	34,9
		Gesamtmittel	5,96	1218	32,6	1114	35,4	1125	33,6	5,81	1186	34,2	1075	34,5	1050	32,8
	Reine Nachchromierungsfärbung	A	5,61	1215	30,3	1079	32,1	1029	29,0	5,37	1164	31,7	1074	28,0	953	27,6
		B	5,67	1152	33,7	1013	32,4	972	30,7	5,63	1143	33,3	995	33,8	912	28,8
		Gesamtmittel	5,64	1184	32,0	1046	32,3	1001	29,9	5,50	1154	32,5	1035	30,9	933	28,2
	Indigogrund und Nachchromierung	A	5,78	1234	31,7	1123	34,3	1147	31,5	5,51	1197	32,1	1103	33,6	1042	30,5
		B	5,87	1168	32,6	1049	34,3	1035	31,8	5,91	1176	32,4	979	32,6	996	30,2
		Gesamtmittel	5,83	1201	32,2	1086	34,3	1091	31,7	5,71	1187	32,3	1041	33,1	1019	30,4
feldgrau	Reine Küpenfärbung	A	6,00	1311	31,6	1132	34,1	989	26,4	5,90	1289	33,1	958	26,7	633	18,3
		B	6,19	1234	35,9	1088	37,5	943	30,4	6,20	1245	36,3	992	35,3	793	28,3
		Gesamtmittel	6,10	1277	33,8	1110	35,8	966	28,4	6,05	1267	34,7	975	31,0	713	23,3
	Reine Nachchromierungsfärbung	A	5,53	1242	30,7	1101	32,9	954	26,0	5,57	1250	32,0	984	29,2	714	23,8
		B	5,71	1208	33,3	1050	34,9	940	28,6	5,76	1218	33,2	990	32,6	785	25,9
		Gesamtmittel	5,62	1225	32,0	1076	33,9	952	27,3	5,67	1234	32,6	987	30,9	750	24,9
	Indigogrund und Nachchromierung	A	5,48	1228	29,6	1138	31,9	937	26,2	5,54	1241	31,7	1005	30,3	776	22,7
		B	5,70	1190	33,2	1040	34,9	963	29,8	5,70	1190	33,0	925	33,3	810	26,5
		Gesamtmittel	5,59	1209	31,4	1089	33,4	950	28,0	5,62	1216	32,4	965	31,8	793	24,6

[1] Die Gesamtmittelwerte sind Mittel aus je 7 Stoffen zu je 5 Einzelwerten = 35 Einzelwerten.

Zahlentafel 25. Verhältniszahlen für die Berstfestigkeit (Reißlänge) der Tuche im Anlieferungszustand und nach dem Bewettern
(Mittelwerte für die Färbeverfahren)

Farbe	Art der Färbung	Verhältniszahlen der Berstfestigkeit[1] — Vor dem Scheuerversuch — Anlieferungszustand[2]	nach einer Bewetterungsdauer von ¼ Jahr	½ Jahr	Nach dem Scheuerversuch — Anlieferungszustand[2]	nach einer Bewetterungsdauer von ¼ Jahr	½ Jahr
marineblau	Reine Küpenfärbung	100 (100)	91,5	92,4	97,4	88,4	86,3
	Reine Nachchromierungsfärbung	100 (97,3)	88,3	84,5	97,7	87,3	78,9
	Indigogrund und Nachchromierung	100 (98,8)	90,4	90,8	98,7	86,7	84,8
feldgrau	Reine Küpenfärbung	100 (100)	86,9	75,6	99,2	76,4	56,0
	Reine Nachchromierungsfärbung	100 (96,0)	87,8	77,7	101,0	80,5	61,2
	Indigogrund und Nachchromierung	100 (94,7)	90,1	78,6	100,7	80,0	65,6

[1] Ausgedrückt in % der jeweils 35 Durchschnitte derselben Tuche im Anlieferungszustand vor dem Scheuerversuch.

[2] Die in Klammern angegebenen Werte beziehen sich auf den = 100 gesetzten Wert für die Küpenfärbung

(Zahlentafeln 26 und 27). Durch eine vorangegangene Scheuerbeanspruchung wird das elastische Verhalten nur unwesentlich gemindert. Ein Einfluß des Färbeverfahrens auf die elastischen Eigenschaften des Tuches ist praktisch nicht vorhanden.

4. Farbechtheit

In der Farbechtheit der Tuche gegen Reiben, Wasser, Schweiß und Alkali, die den üblicherweise zu stellenden Anforderungen durchaus genügt, sind nur geringe Unterschiede zwischen den einzelnen Färbeverfahren vorhanden (Zahlentafel 28).

Bei den marineblauen Tuchen weist die Küpenfärbung eine geringere Reibechtheit, die Chromfärbung eine etwas geringere Schweiß- und Alkaliechtheit auf. Bei den feldgrauen Tuchen ist nur die Alkaliechtheit der Nachchromierungs- und kombinierten Färbung nicht ganz so gut wie bei der Küpenfärbung.

5. Lichtechtheit

Die Zusammenstellung in Zahlentafel 29 enthält die Mittelwerte der in Zahlentafel 18 wiedergegebenen Einzelwerte des Ausbleichkoeffizienten n als Maß der Geschwindigkeit des Verschießens der untersuchten Färbungen, die daraus berechnete Halbwertzeit $\tau = \left(\frac{50}{n}\right)^2$, d. i. die zum Verschießen bis

H. Sommer u. O. Viertel, Untersuchungen über den Einfluß des Färbeverfahrens

Zahlentafel 26. Elastisches Verhalten[1] (Mittelwerte für die Färbeverfahren)

a) Vor dem Scheuerversuch

Farbe	Art der Färbung	Firma	Im Anlieferungszustand			Nach einer Bewetterungsdauer von ¼ Jahr			½ Jahr		
			δ_{el} %	δ_{bl} %	ε	δ_{el} %	δ_{bl} %	ε	δ_{el} %	δ_{bl} %	ε
marineblau	Reine Küpenfärbung	A	10,4	5,1	0,67	10,9	5,8	0,65	9,7	6,0	0,62
		B	10,1	4,1	0,71	11,1	5,6	0,67	9,8	5,9	0,62
		Gesamtmittel	10,3	4,6	0,69	11,0	5,7	0,66	9,8	6,0	0,62
	Reine Nachchromierungsfärbung	A	10,6	4,8	0,69	11,2	5,7	0,67	9,5	6,0	0,61
		B	11,4	4,3	0,73	11,5	5,6	0,67	10,3	6,0	0,63
		Gesamtmittel	11,0	4,6	0,71	11,4	5,7	0,67	9,9	6,0	0,62
	Indigogrund mit Nachchromierung	A	10,5	4,7	0,69	10,7	5,5	0,66	9,3	5,7	0,62
		B	10,3	4,5	0,70	11,0	5,5	0,67	9,7	5,5	0,64
		Gesamtmittel	10,4	4,6	0,695	10,c	5,5	0,665	9,5	5,6	0,63
feldgrau	Reine Küpenfärbung	A	9,9	4,4	0,69	10,4	5,7	0,64	9,0	6,1	0,60
		B	10,1	4,8	0,68	11,7	6 1	0,66	10,4	6,3	0,62
		Gesamtmittel	10,1	4,6	0,685	11,1	5,9	0,65	9,6	6,2	0,61
	Reine Nachchromierungsfärbung	A	10,5	4,5	0,70	10,6	5,9	0,64	9,4	6,1	0,61
		B	10,6	5,0	0,68	12,3	6,6	0,65	10,6	6,5	0,62
		Gesamtmittel	10,6	4,8	0,69	11,4	6,3	0,645	10,0	6,3	0,615
	Indigogrund mit Nachchromierung	A	10,9	4,8	0,69	10,8	5,9	0,65	9,6	6,4	0,60
		B	11,5	5,0	0,70	12,3	6,3	0,66	10,9	6,5	0,63
		Gesamtmittel	11,2	4,9	0,695	11,6	6,1	0,655	10,3	6,5	0,615

b) Nach dem Scheuerversuch

Farbe	Art der Färbung	Firma	Im Anlieferungszustand			Nach einer Bewetterungsdauer von ¼ Jahr			½ Jahr		
			δ_{el} %	δ_{bl} %	ε	δ_{el} %	δ_{bl} %	ε	δ_{el} %	δ_{bl} %	ε
marineblau	Reine Küpenfärbung	A	10,1	5,0	0,67	10,5	6,0	0,64	9,6	6,3	0,60
		B	9,7	4,5	0,68	10,5	5,7	0,65	10,0	6,5	0,61
		Gesamtmittel	9,9	4,8	0,675	10,5	5,9	0,645	9,8	6,4	0,605
	Reine Nachchromierungsfärbung	A	10,4	5,0	0,68	10,2	5,8	0,64	9,5	6,4	0,60
		B	10,9	4,7	0,70	11,2	6,0	0,65	10,3	6,6	0 61
		Gesamtmittel	10,7	4,9	0,69	10,7	5,9	0,645	9,9	6,5	0,605
	Indigogrund mit Nachchromierung	A	10,0	4,9	0,67	10,0	5,5	0,645	9,0	5,9	0,60
		B	9,9	4,8	0,675	10,7	5,9	0,645	9,6	5,9	0,62
		Gesamtmittel	10,0	4,9	0,675	10,4	5,7	0,645	9,3	5,9	0,61
feldgrau	Reine Küpenfärbung	A	9,3	4,8	0,655	10,0	6,1	0,62	9,8	7,0	0,58
		B	9,9	5,2	0,655	10,9	6,1	0,64	10,9	7,0	0,61
		Gesamtmittel	9,6	5,0	0,655	10,5	6,1	0,63	10,4	7,0	0,595
	Reine Nachchromierungsfärbung	A	10,2	5,1	0,665	10,3	6,4	0,62	9,9	7,4	0,58
		B	10,6	5,0	0,68	11,5	6,3	0,65	11,1	7,1	0,61
		Gesamtmittel	10,4	5,1	0,67	10,9	6,4	0,635	10,5	7,3	0,59
	Indigogrund mit Nachchromierung	A	10,2	5,3	0,66	10,2	6,4	0,62	10,2	7,2	0,595
		B	10,6	5,3	0,67	11,5	6,5	0,64	11,1	7,3	0,60
		Gesamtmittel	10,4	5,3	0,665	10,8	6,5	0,63	10,8	7,3	0,595

[1] Erläuterung im Text S. 18, 19.

Zahlentafel 27. Elastisches Verhalten[1]
(Gesamtmittel für marineblaue und feldgraue Tuche)

Art der Färbung	Zustand	Im Anlieferungszustand			Nach einer Bewetterungsdauer von ¼ Jahr			½ Jahr		
		δ_{el} %	δ_{el} %	ε	δ_{el} %	δ_{bl} %	ε	δ_{el} %	δ_{bl} %	ε
Reine Küpenfärbung	vor dem Scheuern	10,2	4,6	0,69	11,1	5,8	0,655	9,7	6,1	0,615
	nach dem Scheuern	9,8	4,9	0,665	10,5	6,0	0,64	10,1	6,7	0,60
Reine Nachchromierungsfärbung	vor dem Scheuern	10,8	4,7	0,70	11,4	6,0	0,66	10,0	6,2	0,62
	nach dem Scheuern	10,6	5,0	0,68	10,8	6,2	0,64	10,2	6,9	0,60
Indigogrund mit Nachchromierung	vor dem Scheuern	10,7	4,8	0,695	11,3	5,8	0,66	9,9	6,1	0,62
	nach dem Scheuern	10,2	5,1	0,67	10,6	6,1	0,64	10,1	6,6	0,605

[1] Erläuterung im Text S. 18, 19.

Zahlentafel 28. Farbechtheit

Farbe	Art der Färbung	Betrieb	Farbechtheit[1] gegen			
			Reiben	Wasser	Alkali (Straßenschmutz)	Schweiß
marineblau	Reine Küpenfärbung	A	4,3	5	4,9	5
		B	3,8	5	4,7	5
		Gesamtmittel:	4,1	5	4,8	5
	Reine Nachchromierungsfärbung	A	5	5	3,9	4,5
		B	5	5	4,7	4,5
		Gesamtmittel:	5	5	4,3	4,5
	Indigogrund und Nachchromierung	A	5	5	4,9	4,6
		B	4,7	5	5	4,5
		Gesamtmittel:	4,9	5	4,9	4,6
feldgrau	Reine Küpenfärbung	A	5	5	4,9	5
		B	5	5	5	5
		Gesamtmittel:	5	5	4,9	5
	Reine Nachchromierungsfärbung	A	5	5	4,3	5
		B	5	5	4,1	5
		Gesamtmittel:	5	5	4,2	5
	Indigogrund und Nachchromierung	A	5	5	3,9	5
		B	5	5	4,1	5
		Gesamtmittel:	5	5	4,0	5

[1] Ausgedrückt in Echtheitsgraden der EK.

der belichteten Proben, das die spröde gewordenen Wollhaare der Oberfläche zu einem erheblichen Teil entfernt, tritt daher der ursprüngliche Farbton mit nur unwesentlichen Abweichungen wieder hervor. Dabei wird auch z. T. die Bindung sichtbar, und zwar nach um so kürzerer Belichtungsdauer, je rascher die photochemische Schädigung fortschreitet. Die zum völligen Sichtbarwerden der Bindung erforderliche Belichtungszeit läßt somit eine ungefähre Beurteilung der Lichtempfindlichkeit der Wolle in ihrer Beziehung zum Färbeverfahren zu. Die hierzu notwendige Belichtungszeit ist für die Chromfärbung bei den feldgrauen Tuchen etwas, bei den marineblauen merklich geringer als bei den übrigen beiden Färbeverfahren. Der bessere Lichtschutz durch die marineblaue Färbung drückt sich auch hier wieder durch die größere Zahl von Normalbleichstunden zum Erreichen des gleichen Effekts aus. Die berechneten Zahlen lassen, da im Jahr unter günstigsten Bedingungen mit einem wirksamen Lichteinfall von etwa 1000 nh gerechnet werden kann, auf eine recht erhebliche Zeit bis zur Zerstörung der Decke im Gebrauch durch Lichtwirkung schließen.

6. Wollschädigung durch Bewetterung

Die besprochenen Untersuchungsergebnisse lassen in übereinstimmender Wiederkehr die gleichen Verhältnisse

Zahlentafel 29: Mittelwerte der Lichtechtheitsprüfung

Farbe	Art der Färbung	Lichtechtheit, bestimmt durch Farbmessung[1]						Veränderung der Stoffoberfläche durch Belichtung und Abbürsten: Hervortreten der Bindung nach nh
		vor dem Abbürsten			nach dem Abbürsten			
		Ausbleichkoeffizient	Halbwertzeit nh	Echtheitsgrad der EK	Ausbleichkoeffizient	Halbwertzeit nh	Echtheitsgrad der EK	
marineblau	Reine Küpenfärbung	0,15	111 000	VIII	0,11	206 000	VIII	690
	Reine Nachchromierungsfärbung.	0,33	23 000	VII	0,12	173 000	VIII	340
	Indigogrund und Nachchromierung . . .	0,14	128 000	VIII	0,12	173 000	VIII	590
feldgrau	Reine Küpenfärbung	0,32	24 500	VII	0,22	51 500	VII—VIII	300
	Reine Nachchromierungsfärbung	0,60	7 000	VI—VII	0,22	51 500	VII—VIII	250
	Indigogrund und Nachchromierung . . .	0,47	11 300	VII	0,22	51 500	VII—VIII	280

[1] Versuchsbedingungen im Text S. 20, 21, 29.

zum Ausbleichgrad 50% erforderliche Zahl Normalbleichstunden, und den dieser nach früheren Untersuchungen[23] entsprechenden Echtheitsgrad der „Echtheitskommission" (EK).

Die in Bild 16 gegebene graphische Darstellung der Ergebnisse der Lichtechtheitsprüfung zeigt, daß die marineblauen Färbungen einen Lichtechtheitsgrad von VII bis VIII und die feldgrauen Färbungen, die entsprechend der geringeren Farbtiefe etwas weniger lichtecht sind, eine solche von VI bis VII besitzen. In beiden Fällen weist die Chromfärbung im Vergleich zu den anderen Färbeverfahren eine etwas geringere Lichtechtheit auf (vgl. Bild 17).

Infolge der geringen Tiefenwirkung des Lichts bezieht sich die durch Lichtwirkung eingetretene Farbänderung nur auf die Oberfläche des Stoffs, die darunter befindlichen Wollhaare verändern sich entsprechend weniger stark. Nach dem Abbürsten

[23] Vgl. Fußnote 12.

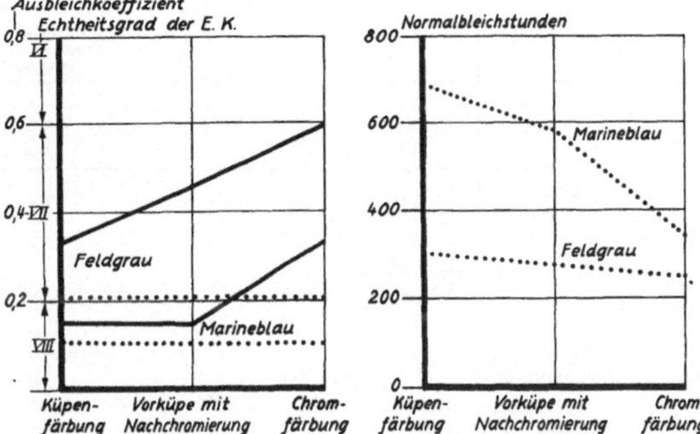

Bild 16. Wirkung des Lichtes auf die Färbung

Lichtechtheit der Färbung   Sichtbarwerden der Bindung nach dem Belichten und Abbürsten

———— Vor dem Abbürsten   .... Nach dem Abbürsten

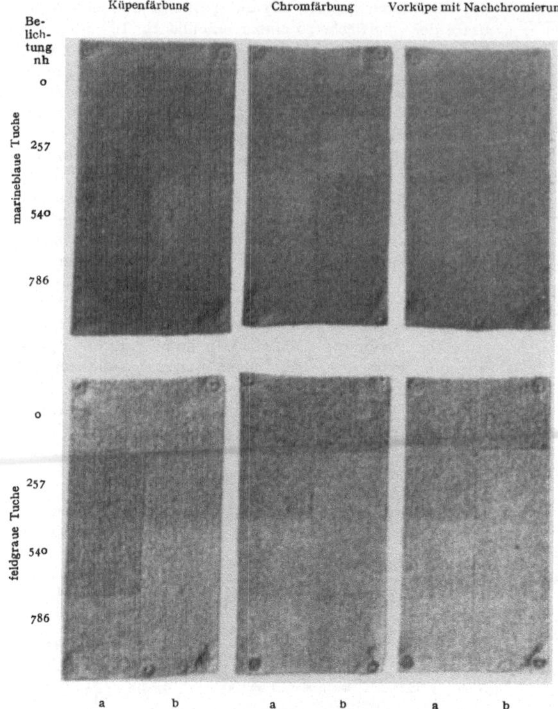

Bild 17. Lichtechtheit

a = nicht abgebürstet   b = abgebürstet

im Verhalten der Tuche in Abhängigkeit vom Färbeverfahren und vor allem den starken Einfluß der Wollschädigung erkennen, die durch das Bewettern eintritt. Diese Wollschädigung steht, wie die graphische Auswertung der in Zahlentafel 30 zusammengestellten Mittelwerte sowohl für die chemischen als auch für die physikalischen Kennziffern in

lichkeit der Wolle gegen photochemische Schädigung für jedes Bestimmungsverfahren durch e i n e Zahl auszudrücken, die als

a) Wollschädigungs-Koeffizient der Bichromatzahl zu

$$m_a = \frac{B_t - B_c}{\sqrt{t}} \quad \text{(Bichromateinheiten)}$$

b) Wollschädigungskoeffizient des Gewichtsverlustes durch Bewettern und Scheuern

$$m_b = \frac{G_t - G_o}{\sqrt{t}} (\%)$$

aus B_o = Bichromatzahl im Anlieferungszustand,
B_t = dgl. nach der Bewetterungsdauer t
t = Bewetterungsdauer in Normalbleichstunden
G_o = Gewichtsverlust durch Scheuern im Anlieferungszustand
G_t = Gewichtsverlust durch Bewettern und Scheuern nach der Bewetterungsdauer t

berechnet werden kann, und die durch eine wirksame Lichtmenge von 1 nh hervorgerufene Schädigung in chemischer bzw. physikalischer Maßeinheit angibt.

Die in Zahlentafel 31 angegebenen Wollschädigungs-Koeffizienten bestätigen wiederum einerseits den bedeutend stärkeren Angriff der feldgrauen Tuche im Vergleich zu den marineblauen Tuchen und andererseits die praktische Gleichheit des Verhaltens der drei Färbeverfahren bei den feldgrauen Stoffen. Bei den marineblauen Tuchen weist dagegen die Küpenfärbung geringere Schädigung als die kombinierte Färbung und vor allem als die Nachchromierungsfärbung auf. Wie schon erwähnt, dürfte dieses unterschiedliche Verhalten der Nachchromierungsfärbung darauf beruhen, daß sich das Nachchromieren bei der stark mit Farbstoff beladenen marineblauen

Zahlentafel 30. Wollschädigung der Tuche durch Bewettern (Mittelwerte)

Farbe	Bewetterungsstufe	Bichromatzahl[1]			Gesamter Gewichtsverlust in %[2] durch Bewettern, Reinigen und Scheuern		
		Küpenfärbung	Nachchromierungsfärbung	Kombinationsfärbung	Küpenfärbung	Nachchromierungsfärbung	Kombinationsfärbung
marineblau	Anlieferung	3,0	2,9	2,8	—	—	—
	¼ Jahr bewettert. . .	6,7	7,3	6,1	4,6	9,4	6,9
	½ Jahr bewettert. . .	8,5	9,2	7,5	8,5	12,5	9,0
feldgrau	Anlieferung	2,9	2,7	3,0	—	—	—
	¼ Jahr bewettert. . .	11,0	11,2	10,1	11,3	11,8	11,5
	½ Jahr bewettert. . .	13,0	13,2	12,0	15,9	16,9	16,3

[1] Vgl. Zahlentafel 7.
[2] Nach Abzug des Scheuerverlustes im Anlieferungszustand.

Bild 18 ergeben hat, zur Bewetterungsdauer in der gleichen gesetzmäßigen Beziehung, die früher[24] im Amt für das Verschießen von Färbungen und für die Faserschädigung durch Lichtwirkung ermittelt worden ist. Mit Hilfe dieser Beziehung ist es möglich, die Empfind-

Wolle vorwiegend in der Farblackbildung auswirkt, bei der weniger Farbstoff enthaltenden feldgrauen Wolle dagegen z. T. in einem Lichtschutz gewährenden Chromieren der Faser. In verstärktem Maße ist ja dieser Lichtschutz bei auf Chromsud gefärbter

[24] Vgl. Fußnote 12.

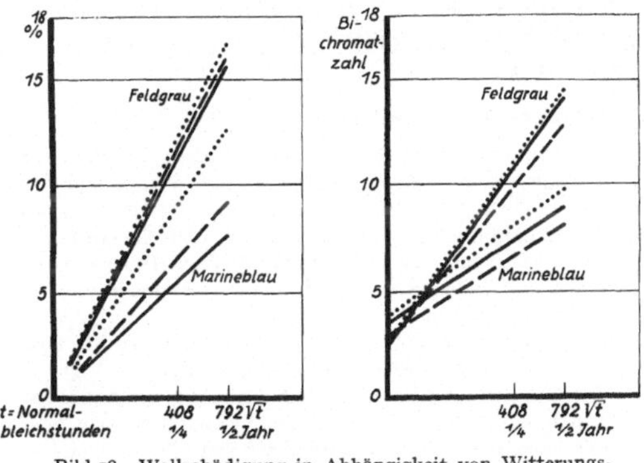

Bild 18. Wollschädigung in Abhängigkeit von Witterungseinflüssen

Gewichtsverlust durch Witterungseinflüsse   Wollschädigung durch
und Scheuern.   Witterungseinflüsse

—— Küpenfärbung
.... Chromfärbung
— — Vorküpe mit Nachchromierung

Wolle vorhanden, und auf diese Wirkung des verschiedenen Grades der Chromierung scheint der für die Chromfärbung günstigere Ausfall früherer Untersuchungen zurückzuführen zu sein.

Zahlentafel 31: Wollschädigung beim Bewettern

Farbe	Art der Färbung	Wollschädigungs-Koeffizient	
		a) bestimmt aus der Bichromatzahl m_a	b) bestimmt aus dem Gewichtsverlust durch Bewettern und Scheuern m_b
marine-blau	Küpenfärbung . . .	0,19	0,30
	Nachchromierungs-färbung	0,22	0,45
	Kombinations-färbung	0,17	0,33
feldgrau	Küpenfärbung . . .	0,38	0,56
	Nachchromierungs-färbung	0,40	0,59
	Kombinations-färbung	0,36	0,57

E. Zusammenfassung

Die Ergebnisse dieser Untersuchung lassen sich im wesentlichen wie folgt zusammenfassen:

1. Die Tragfähigkeit von Uniformtuchen, d. h. ihre Widerstandsfähigkeit gegen mechanische Beanspruchung, insbesondere Scheuerbeanspruchung, ist wesentlich durch die im Gebrauch auftretende Wollschädigung durch Witterungseinflüsse mitbedingt.

Zahlentafel 32
Gesamtbeurteilung der Tragfähigkeit

Gebrauchseigenschaften	Abweichung bzw. Veränderung in %					
	marineblaue Tuche			feldgraue Tuche		
	Küpenfärbung	Nachchromierungsfärbung	Kombinationsfärbung	Küpenfärbung	Nachchromierungsfärbung	Kombinationsfärbung
a) Im Anlieferungszustand						
Berstfestigkeit	0	2,7	1,2	0	4,0	5,3
Widerstandsfähigkeit gegen Scheuern:						
Gewichtsverlust	6,3	4,7	5,5	6,3	5,0	5,0
Festigkeitsverlust . . .	2,6	2,3	1,3	0,8	— 1,0	— 0,7
Veränderung der Stoffoberfläche	51,3	31,3	38,8	42,5	45,0	40,0
Farbänderung	10,0	7,7	7,9	8,0	7,6	8,6
Farbechtheit:						
Wasser-, Reib-, Schweiß-, Alkaliechtheit . . .	5,5	6,0	3,0	0,5	4,0	5,0
Lichtechtheit	1,0	6,5	1,5	3,5	0,5	0,3
Durchschnittlich	11,0	8,7	8,5	8,8	9,5	9,1
b) Nach ½ jähriger Bewetterung (zusätzl. Veränderung)						
Wollschädigung ⎫ durch	5,5	6,3	4,7	10,1	10,5	9,0
Gewichtsverlust ⎬ Be-	2,9	4,2	2,4	8,7	7,6	7,2
Festigkeitsverlust ⎭ wettern	7,6	15,5	9,2	24,4	22,3	21,4
Gewichtsverlust ⎫	5,6	8,3	6,4	7,2	9,3	9,1
Festigkeitsverlust ⎬ durch	3,5	3,3	4,7	19,4	17,5	13,7
Veränderung der ⎪ Scheu-						
Stoffoberfläche ⎬ ern	30,0	53,8	43,8	45,0	42,5	52,5
Farbänderung ⎭	1,3	5,4	3,6	— 1,0	0,3	1,3
Durchschnittlich	7,6	13,8	11,0	16,3	16,0	16,5
Gesamtdurchschnitt der Gebrauchswertminderung	18,6	22,5	19,5	25,1	25,3	25,6

2. Die Größe dieser Wollschädigung ist, abgesehen von ihrer gesetzmäßigen Beziehung zur Bewetterungsdauer, von der Lichtschutz gewährenden Farbtiefe abhängig. Sie ist daher bei den feldgrauen Tuchen bedeutend größer als bei den marineblauen Tuchen.

3. Der Einfluß des Färbeverfahrens auf die Tragfähigkeit wirkt sich erkennbar nur bei den marineblauen Tuchen aus. Hier erweist sich die Küpenfärbung als die günstigste, während die Kombinationsfärbung und insbesondere die Nachchromierungsfärbung, anscheinend infolge eines ungenügenden Grades der Chromierung der Wolle, weniger günstig erscheint. Bei den feldgrauen Tuchen ist ein unterschiedlicher Einfluß der drei Färbeverfahren nicht vorhanden.

4. Die Vorzüge der marineblauen Küpenfärbung sind hauptsächlich etwas bessere Festigkeitseigenschaften, etwas größere Widerstandsfähigkeit gegen Witterungseinflüsse und etwas bessere Lichtechtheit. Die Nachchromierungsfärbung weist dagegen die bessere Reib- und Schabechtheit auf.

Um einen zahlenmäßigen Ausdruck für den Einfluß der drei Färbeverfahren auf die Tragfähigkeit der Tuche zu gewinnen, sind die prozentualen Abweichungen der für den Gebrauch wichtigen Eigenschaften

1) vom Bestwert im Anlieferungszustand und
2) vom Idealzustand der Unveränderlichkeit

nach der Beanspruchung durch Bewettern und Scheuern berechnet und in Zahlentafel 32 zusammengestellt worden.

Ein Vergleich der Gesamtdurchschnitte dieser Abweichungen vom Bestwert und Veränderungen durch Gebrauchsbeanspruchung führt zu dem Ergebnis, daß sich die drei Färbeverfahren bei den feldgrauen Tuchen nicht unterschiedlich auf die Tragfähigkeit auswirken. Lediglich bei den marineblauen Tuchen weist die Chromfärbung einen nennenswerten Unterschied im Gebrauchswert gegenüber der Küpenfärbung auf, der einer Minderung von etwa 4% entspricht. Mit der Verwendung für Marineblau besonders geeigneter Chromfarbstoffe von hervorragender Lichtechtheit, wie sie seit einigen Jahren zur Verfügung stehen, dürfte auch dieser Unterschied merklich geringer werden.

UNTERSUCHUNGEN ÜBER DIE VERBESSERUNG DER GEBRAUCHS-TÜCHTIGKEIT VON UNIFORMTUCHEN DURCH SCHONENDES WASCHEN UND WALKEN[1]

Von H. Mendrzyk, H. Sommer und O. Viertel

Die bekannten Schädigungsmöglichkeiten der Wolle bei zu stark alkalischer Behandlung, insbesondere bei höheren Temperaturen, lassen sich bekanntlich mit Hilfe der in den letzten Jahren entwickelten synthetischen Textilhilfsmittel dadurch vermeiden, daß die Behandlung in neutraler bis schwachsaurer Flotte erfolgt (theoretisch geringste Schädigung der Wolle im isoelektrischen Bereich nach Speakman, Elöd u. a. bei etwa $p_H 5$). Von besonderer Bedeutung kann eine solche schonende Behandlung für die Tuchfabrikation sein, die sich bekanntlich in der Wollwäsche und bei der Walke noch üblicherweise alkalischer Flotten bedient. Besonders eine durch Alkali in der Wollwäsche hervorgerufene Vorschädigung kann entscheidend für die Gebrauchstüchtigkeit des Uniformtuches werden, weil sich jede zusätzliche Schädigung, sei es in der Fabrikation, beim Färben und Walken oder im Gebrauch, z. B. durch Witterungseinflüsse, Reinigungsverfahren u. dgl., bei einer vorgeschädigten Wolle in verstärktem Maße auswirkt.

Während früheren Versuchen mit synthetischen Textilhilfsmitteln in der Wollwäsche ein Erfolg versagt blieb, weil bei erhöhten Kosten eine z. T. ungenügende Reinigungswirkung erzielt wurde oder auf die Mitverwendung von Seife-Soda nicht verzichtet werden konnte, scheinen die neuerdings hergestellten verbesserten Erzeugnisse für diese Zwecke besser geeignet zu sein.

An einheitlich geleiteten und unter Beachtung aller für einen einwandfreien Vergleich notwendigen Maßnahmen durchgeführten praktischen Versuchen hat es auf diesem Gebiet bisher gefehlt. Vor allem erschien es notwendig, nicht nur die Größe der über den gesamten praktisch vorkommenden p_H-Bereich auftretenden Wollschädigung in der Wollwäsche Aufschluß zu erlangen, sondern auch in Kombination mit verschiedenen Färbe- und Walkverfahren sowohl im sauren als im alkalischen Bereich die Auswirkungen einer Gesamtschädigung auf den Gebrauchswert des Tuches zu ermitteln.

Auf Veranlassung der Vertrauensstelle für Lieferungstuch- und Feintuchmacher e. V. sollte durch systematische Untersuchungen die praktisch einzuhaltende Grenze für den günstigsten p_H-Bereich beim Waschen und Walken ermittelt werden. Dabei war festzustellen:

1. die Auswirkung verschiedener Waschverfahren im p_H-Bereich 5—11, unter Heranziehung der Seife-Soda-Wäsche als Vergleichsgrundlage;
2. die Größe der in jedem Falle durch Färben entstehenden zusätzlichen Schädigungen;
3. die Auswirkung der verschiedenen Walkverfahren im p_H-Bereich 2—11 bei den verschiedenen vorgeschädigten Wollen.

Insbesondere sollte festgestellt werden, ob das von den Hansa-Werken Lürmann, Schütte & Co., Hemelingen bei Bremen, entwickelte Wasch- und Walkverfahren bei der Herstellung von Uniformtuchen Vorteile vor dem bisher üblichen Verfahren hinsichtlich einer verbesserten Gebrauchstüchtigkeit bietet. Als Wasch- und Walkverfahren auf Fettalkoholsulfonatbasis sollte das Verfahren der Böhme-Fettchemie G. m. b. H., Chemnitz, herangezogen werden.

I. Arbeitsplan

A. Probematerial

Für eine einwandfreie Durchführung solcher Vergleichsversuche ist die Verwendung einheitlichen Wollmaterials für sämtliche anzufertigenden Stücke Voraussetzung. Da es sich um den Nachweis des Einflusses geringster Vorschädigungen der Wollen auf die Gebrauchstüchtigkeit der daraus hergestellten Tuche handelte, mußte die verwendete Wolle Schurwolle von völlig einwandfreier Beschaffenheit sein. Als solche war eine für Blusentuch gebräuchliche Wolle von A/B-Feinheit zu wählen.

Die für die Versuche benötigte Wolle sollte sich zusammensetzen aus

25% deutscher Wolle,
25% Kap-Wolle,
50% Übersee-Wollen (Montevideo).

Um den Einfluß der verschiedenen Wasch- und Walkverfahren eindeutig zu erfassen, waren die für die Hauptversuche bestimmten Tuche ausschließlich aus reiner Schurwolle (ohne Beimischung anderer Spinnstoffe) herzustellen. In einer Nebenversuchsreihe sollte die Anwendbarkeit des voraussichtlich günstigsten Wasch- und Walkverfahrens bei Zellwoll-gemischten Tuchen nachgeprüft werden. Für die 20%ige Zellwollbeimischung kam eine spinngefärbte Cuprama 3¾ den in Frage.

B. Herstellung der Tuche

Die Größe der durch die üblichen Färbeverfahren eintretenden, unvermeidlichen zusätzlichen Schädigung der Wolle in ihrer Abhängigkeit von der bei den verschiedenen Waschverfahren erlittenen Vorschädigung kann nur durch Vergleichsversuche mit rohweißen Tuchen ermittelt werden. Die herzustellenden Tuche ohne Strich, 700 g/lfd. m schwer, waren daher in

a) rohweiß,
b) marineblau,
c) feldgrau

in jeweils zwei Stücken von etwa 30 m Länge zu fertigen. Zur Kontrolle waren die Versuche in gleicher Weise in zwei Betrieben durchzuführen.

Wollwäsche:

Als geeignete Vertreter der Wollwäsche in den vorgesehenen p_H-Bereichen waren folgende Waschverfahren miteinander zu vergleichen:

Hauptversuche:
1. altes Seife-Soda-Verfahren (p_H 10—11)
2. Hansa-Waschverfahren, neutral (p_H 6—7) } für feldgrau und marineblau
3. Hansa-Waschverfahren, schwach sauer (p_H 5)
4. Böhme-Fettchemie-Waschverfahren, schwach-sauer (p_H 5—6), nur für feldgrau.

---

[1] Ausgeführt in den Jahren 1938/39.

Für die Nebenversuchsreihe mit zellwollhaltigen Tuchen wurde das „Hansa-Waschverfahren" schwachsauer vorgesehen.

Färben:

Die marineblauen und die feldgrauen Färbungen der Wolle in der Flocke waren

a) als Küpenfärbung,
b) als Nachchromierungsfärbung

nach von der I. G.-Farbenindustrie A.-G. anzugebenden Färbevorschriften auszuführen.

Spinnen:

Vorgeschlagen wurden für das

	metr. Nummer	Drehung	Drehungs-konstante
Kettgarn	etwa 9,5	z 460/m	1,5
Schußgarn	„ 9	s 360/m	1,2.

Zur Ausschaltung der Maschineneinflüsse sollten in jedem Betrieb alle Partien auf den gleichen Spindeln gesponnen werden.

Die Schmälze der Wollpartien mußte der später anzuwendenden Walke der Stücke angepaßt werden, und zwar war zu verwenden für:

1. Seife-Soda-Walke — 8% Olein,
2. Hansa-Walkverfahren neutral — 8% Hansa-Schmälze,
3. Hansa-Walkverfahren schwach-sauer — 8% Hansa-Schmälze,
4. Säure-Walke — 8% Olein (mit Entgerbern vor der Walke).
5. Böhme-Walke — Spezial-Schmälze der Böhme-Fettchemie G. m. b. H.

Weben:

Für das Weben wurden folgende Vorschläge gemacht:
Breiter Stuhl,
2600 Kettfäden + 2 × 24 Fd. Leiste,
Einstellung im Blatt: 225 cm ohne Leiste,
130 Schuß auf 10 cm Rohware.

Ausrüstung:

Die Ausrüstung sollte bei sämtlichen Stücken in gleicher Weise vorgenommen werden, und zwar ohne Rauhen und ohne Karbonisieren. Für die Walke, die sich als zusätzliche Schädigungsursache je nach dem Walkverfahren und der durch Waschverfahren und Färbung vorausgegangenen Vorschädigung auswirken kann, wurden folgende Kombinationen vorgesehen:

	Walkverfahren:	in Verbindung mit Wollwäsche:
	1. Seife-Soda-Walke	Hansa-Wäsche
	p_H 10—11	bei p_H 6—7
		Seife-Soda-Wäsche
		bei p_H 10—11,
		Böhme-Wäsche;
	2. Hansa-Walkverfahren neutral	Hansa-Wäsche
		bei p_H 5,
	p_H 6—7	Seife-Soda-Wäsche
		bei p_H 10—11,
Haupt-versuche	3. Hansa-Walkverfahren schwach-sauer	Hansa-Wäsche
		bei p_H 5,
	p_H 5	Seife-Soda-Wäsche
		bei p_H 10—11,
	4. Säure-Walke	Hansa-Wäsche
	p_H 2—3	bei p_H 6—7,
		Seife-Soda-Wäsche
		bei p_H 10—11,
	5. Böhme-Walke	Böhme-Wäsche
	p_H 6—7	bei p_H 5—6.

Für die Nebenversuchsreihe mit zellwollhaltigen Tuchen wurde das „Hansa-Walkverfahren neutral" vorgesehen.

Fertigware:

Insgesamt waren 196 Stücke zu je 30 m zu fertigen, und zwar in jedem Betrieb

2 × 10 rohweiße Tuche ⎫
2 × 36 gefärbte Tuche ⎭ aus reiner Wolle,
2 × 1 rohweißes Tuch ⎫
2 × 2 gefärbte Tuche ⎭ mit 20% Zellwollbeimischung.

C. Zusätzliche Versuche nach dem I. G.-Verfahren.

Bei der Prüfung der Frage nach dem Einfluß des bei der Tuchherstellung eingehaltenen p_H-Bereichs auf die Tragfähigkeit sollte bei den vorgesehenen systematischen Untersuchungen die Art des zum Waschen und Walken verwendeten Mittels nicht von ausschlaggebender Bedeutung sein. Um jedoch für den hauptsächlich interessierenden schwachsauren Bereich die wichtigsten z. Zt. bekannten Verfahren zu erfassen, sind nachträglich außer den Versuchen nach dem Hansa- und dem Böhme-Verfahren noch Versuche von der I. G.-Farbenindsutrie A.-G. nach ihrem eignen Verfahren durchgeführt und in die laufenden Untersuchungen mit einbezogen worden.

Um den Vergleich mit den Hauptversuchen sicherzustellen, wurde das Wollmaterial entsprechend gewählt und

a) einer alkalischen Wäsche,
b) einer schwachsauren Wäsche mit Leonil O

unterzogen. Geschmälzt wurde mit Olein bzw. mit Servital. Die Walke wurde im Schmutz mit Soda-Seife, ferner mit Ameisensäure schwachsauer (etwa p_H 5—6) und sauer (etwa p_H 4—5) durchgeführt. Als Gleitmittel wurde bei dem sauren Waschen in der Walke Servital zugegeben. Die Stückwäsche wurde bei Seife-Soda gewalkten Stücken als normale Sodawäsche, bei den sauer bzw. schwachsauer gewalkten Stücken mit Leonil WS durchgeführt.

Insgesamt wurden 22 Stücke neugrau Hosentuch hergestellt.

D. Prüfungen.

Die Auswirkung einer Vorschädigung in der Wollwäsche durch die zusätzlichen Schädigungen in der Fabrikation (in Abhängigkeit vom Färbe- und Walkverfahren) können nur bis zu einem gewissen Grade durch empfindliche chemische Nachweisverfahren erfaßt werden. An den Fertigtuchen lassen sich in den für den Gebrauch wichtigen Eigenschaften im Anlieferungszustand merkliche Unterschiede u. U. kaum nachweisen, sondern erst nach einer weiteren zusätzlichen Schädigung, wie sie durch eine auch im Gebrauch auftretende Einwirkung der Witterung zustande kommt.

Die Prüfung sollte sich daher auf folgende Untersuchungen erstrecken:

1. Bestimmung der Wollschädigung (Diazoreaktion) an
   a) Rohwolle,
   b) gewaschener Wolle,
   c) rohweißen Fertigtuchen.

2. Bestimmung der Tragfähigkeit (kombinierter Berst- und Scheuerversuch).

Bei den Fertigtuchen waren Wollschädigung und Tragfähigkeit

a) im Anlieferungszustand,
b) nach 2 Monaten Bewetterung und
c) nach 4 Monaten Bewetterung

zu prüfen.

II. Herstellung der Versuchstuche

Die Herstellung der Versuchstuche erfolgte bei beiden Firmen nach den im Arbeitsplan angegebenen Vorschriften. Das Waschen und Schmälzen der Wollen und das Walken der Tuche wurde im Beisein von Amtsangehörigen und nach den Anweisungen von Vertretern der Wasch- und Walkmittelhersteller vorgenommen. Dabei wurden folgende Feststellungen gemacht.

A. Waschen der Wollen.

a) Betrieb I

Zum Waschen der Wolle stand ein Leviathan mit einem Einweichbottich, 3 Waschbottichen und einem Spülbottich zur Verfügung. Der Inhalt betrug beim Einweich-, dritten Wasch- und Spülbottich je 3 m³, beim ersten und zweiten Waschbottich je 3 m³. Beim Seife-Soda-Waschverfahren wurde in sämtlichen Bädern mit permutiertem Wasser gearbeitet, mit Ausnahme des Spülbottichs, in den ständig kaltes Brunnenwasser von 18° dH zufloß. Bei allen übrigen Waschverfahren wurde in sämtlichen Bottichen ausschließlich mit Brunnenwasser von 18° dH gearbeitet. Die Dauer des Durchgangs der Wolle durch den Einweichbottich wurde mit 4½ Minuten vom ersten Wasch- bis zum Spülbottich ebenfalls mit 4½ Minuten gemessen, so daß die gesamte Waschdauer 9 Minuten bei einer stündlichen Waschleistung von etwa 260 kg Rohwolle betrug.

Außer den verwendeten Waschmittelmengen wurden in Abständen von etwa 20 Minuten die Temperaturen und pH-Werte der Wasch- und Spülbäder kontrolliert. Zur Bestimmung des pH-Wertes wurde das Folienkolorimeter nach Wulff, z.T. auch Lyphan-Papier der Fa. Dr. Gerh. Kloz, Leipzig, verwendet. Soweit erforderlich, wurde eine angenäherte Fettgehaltsbestimmung an den gewaschenen Wollen mit Hilfe der Sudanrot-Probe nach Meyer (Mell. Textilber. 1939, S. 355) ausgeführt.

Das Trocknen der gewaschenen Wollen erfolgte im Trockenschrank mit Luftumwälzung bei etwa 50°.

1. Seife-Soda-Waschverfahren

Für die Waschmittelzusätze wurden folgende Stammlösungen verwendet:

Seifenlösung — 28 kg Schnitzelseife auf 200 l Wasser,
Sodalösung — 40 kg Soda calc. auf 200 l Wasser,
Ammoniak konz.

Durch Vorversuche wurde zunächst geklärt, ob ein längeres Einweichen der Wolle in besonderem Bottich den Wascheffekt begünstigt. Die mit deutscher Wolle vorgenommenen Vorversuche führten zu dem nachstehend angegebenen Ergebnis.

Versuch 1: Deutsche Wolle, o h n e Einweichen gewaschen

	Einweichbad	1. Waschbad	2. Waschbad	3. Waschbad	Spülbad
pH-Wert	10,0—10,2	9,6—9,7	9,3—9,6	8,6—8,7	7,6—8,0
Temperatur . .	44—47°	45—48°	39—42°	37—38°	12°
Sodalösung. . .	50 l	—	—	—	—
Seifenlösung . .	—	30 l	22 l	—	—
Ammoniak . . .	—	4 l	4 l	—	—
Zusätze nach . .	15 l	15 l	7,5 l	—	—
½ Stunde . . .	Sodalösung	Seifenlösung	Seifenlösung	—	—

Befund: Die Wolle kam offen und sauber heraus, ohne Geruch; die Spitzen waren gut aufgelöst. Nach der Sudan-Probe beträgt der Fettgehalt etwa 1—2%.

Versuch 2: Deutsche Wolle, gewaschen m i t vorherigem ½ stündigem Einweichen in permutiertem Wasser bei 30°

	Einweichen	Einweichbad	1. Waschbad	2. Waschbad	3. Waschbad	Spülbad
pH-Wert . . .	9,1	10,1—10,2	9,4—9,5	9,3—9,5	8,6—8,7	? Messung schwierig, Einfluß von NH₃-Dämpfen
Temperatur . .	36°	46—50°	46—48°	42—45°	37°	12°
Zusätze nach .	—	4 l	7,5 l	2 × 1 l	—	—
½ Stunde . .	—	Sodalösung	Seifenlösung 1 l Ammoniak	Ammoniak	—	—

Befund: Die Wolle kam nicht merklich besser heraus als beim Waschen ohne längeres Einweichen. Nach der Sudan-Probe liegt der Fettgehalt bei 1½—2%.

Da bei der Seife-Soda-Wäsche ein längeres Einweichen, wie der Vorversuch gezeigt hat, keine besonderen Vorteile hatte, wurden bei den weiteren Waschversuchen vom zusätzlichen Einweichen abgesehen. Dabei wurden folgende Beobachtungen gemacht.

	Einweichbad	1. Waschbad	2. Waschbad	3. Waschbad	Spülbad
	D e u t s c h e W o l l e 550 kg				
pH-Wert	10,7—10,8	10,2—10,4	9,4—10,3	8,0	7,6
Temperatur . .	48—55°	45°	35—45°	30—35°	13°
Sodalösung[1] . .	75 l	—	—	—	—
Seifenlösung [1] . .	—	40 l	16 l	—	—
Ammoniak [1] . .	—	8 l	8 l	—	—

[1] Einschließlich Ansatzmengen.

Befund: Die deutsche Wolle war, obwohl sie auf frisch angesetzten Bädern gewaschen wurde, ungenügend entfettet (Restfettgehalt etwa 3%). Die Kap-Wolle

	Einweichbad	1. Waschbad	2. Waschbad	3. Waschbad	Spülbad
Kap-Wolle 550 kg					
p_H-Wert	10,3—10,7	10,2—10,7	10,0—10,2	~8,0	7,6
Temperatur . .	51—55°	48—50°	45—49°	35°	12°
Sodalösung. . .	20 l	—	—	—	—
Seifenlösung . .	—	30 l	20 l	—	—
Ammoniak . . .	—	2 l	4 l	—	—
Montevideo-Wolle 850 kg					
p_H-Wert	10,5—10,8	10,3—10,7	9,6—10,5	8,0—9,0	7,6
Temperatur . .	53—55°	47—52°	42—49°	36—45°	12°
Sodalösung [1] . .	100 l	45 l	—	—	—
Seifenlösung [1] .	—	55 l	35 l	—	—
Ammoniak [1] . .	—	—	5 l	—	—

[1] Einschließlich Ansatzmengen.

ergab nur wenig bessere Werte (2,5—3% Restfettgehalt). Die darauf auf völlig frisch angesetzten Bädern gewaschene Montevideo-Wolle kam wesentlich besser heraus (Restfettgehalt 3/4—2%).

2. Hansa-Waschverfahren, neutral

Beim Waschen der Wolle mit „Isolana" nach dem Neutralwaschverfahren wurden die Bäder durch Zusätze von verd. Ameisensäure und Sodalösung im neutralen Bereich gehalten.

	Einweichbad	1. Waschbad	2. Waschbad	3. Waschbad	Spülbad
Montevideo-Wolle 460 kg					
p_H-Wert	7,9	7,9	7,9	7,6	6,3—6,4
Temperatur . .	55—57°	51—53°	46—48°	43—45°	11°
Isolana	9 kg	9 kg	6 kg	6 kg	—
Nachsätze . . .	—	1 kg	0,5 kg	1 kg	—
Kap-Wolle 280 kg					
p_H-Wert	7,6	7,6	7,6	7,6	6,3
Temperatur . .	57°	50°	49°	45°	11°
Isolana	—	3 kg	3 kg	3 kg	—
Nachsätze . . .	—	1 kg	0,5 kg	1 kg	—
Deutsche Wolle 325 kg					
p_H-Wert	8	7,8	7,6	7,5	6,4
Temperatur . .	60°	50°	45°	45°	11°
Isolana	—	3	3	3	—
Nachsätze . . .	—	1	0,5	1	—

Befund: Montevideo- und Kap-Wolle kamen gut gewaschen und offen heraus. Die deutsche Wolle enthielt infolge ihrer harten Spitzen und der für eine solche Wolle zu geringen Einweichzeit noch Reste der ehemaligen Spitzen.

Fettgehalt bei den ersteren Partien 0,5—1%, bei der deutschen Wolle etwa 1,25%.

Der Einweichbottich wurde abgelassen, die Flotte von Waschbottich 1—3 vorgedrückt, Waschbottich 3 neu angesetzt, um für die folgende schwachsaure Wäsche weiter verwendet zu werden.

3. Hansa-Waschverfahren, schwach sauer

Die schwach-saure Hansa-Wäsche wurde auf den aufgefrischten und mit Hilfe von Ameisensäure sauer eingestellten Bädern der vorangegangenen neutralen Isolanawäsche vorgenommen.

	Einweichbad	1. Waschbad	2. Waschbad	3. Waschbad	Spülbad
Montevideo-Wolle 600 kg					
p_H-Wert	6,3—6,7	5,4—5,7	5,0—5,4	5,0—5,9	6,3—6,4
Temperatur . .	53—58°	47—49°	43—45°	47°	11—12°
Isolana	2 kg	4 kg	4 kg	6 kg	—
Nachsätze . . .	—	1 k	0,5 kg	1 kg	—
Ameisensäure. .	2,5 l	1,5 l	1,4 l	1,4 l	—
Kap-Wolle 325 kg					
p_H-Wert	6,2—6,6	4,8—5,6	5,2—5,7	5,2—5,3	6,3—6,6
Temperatur . .	53—64°	46—53°	43—46°	41—44°	11—12°
Isolana	2 kg	4 kg	4 kg	4 kg	—
Nachsätze . . .	—	3 kg	3 kg	6 kg	—
Ameisensäure. .	1,5 l	0,5 l	0,5 l	0,75 l	—
Deutsche Wolle 315 kg					
p_H-Wert	6,7—7,3	5,2—5,8	5,3—5,8	5,1—5,8	6,7
Temperatur . .	56—58°	47—53°	47—50°	47—48°	12°
Isolana	—	3 kg	3 kg	3 kg	—
Nachsätze . . .	—	1 kg	0,5 kg	1 kg	—
Ameisensäure. .	1 l	0,5 l	0,25 l	0,25 l	—

Befund: Diese Partie lief mit relativ dicker und ungleichmäßiger Auflage, sie war durchweg offen und gut gewaschen.

Befund: Die Partie lief in die vom Vortag stehengebliebenen Waschbäder ein, die über Nacht aufgerahmt hatten und durch einen technischen Fehler nicht genügend emulgiert waren. Infolgedessen verschleppte die Wolle zunächst erhebliche Mengen Fett in die sauberen Bäder, wodurch das Waschen erschwert wurde. Die außergewöhnlichen Zusätze sind deshalb auf diese Störung zurückzuführen. Nach Behebung der Fehler lief die Partie gut. Die Wolle war sauber, offen und von einem Fettgehalt von rund 0,5—1%.

Befund: Diese Partie lief gut, gab eine offene und auf etwa 3/4% entfettete Wolle. Die vereinzelt noch zu bemerkenden nicht genügend sauberen Spitzen sind bei keinem Waschverfahren in der kurzen Einweichzeit aufzulösen. Deshalb wurde der Vorschlag gemacht, die Einweichzeit durch Änderung am Vorgelege des Einweichbottichs zu verdoppeln.

4. Böhme-Fettchemie-Waschverfahren, schwach sauer

Die Wollwäsche wurde mit Gardinol OTS unter Zusatz von Essigsäure durchgeführt, wobei ein p_H-Wert von annähernd 4,9—5,5 eingehalten wurde.

Im allgemeinen wurde wie folgt gewaschen:

	Einweichbad	1. Waschbad	2. Waschbad	3. Waschbad	Spülbad
Montevideo-Wolle 265 kg					
p_H-Wert	8,0	4,9—5,5	4,9—5,2	6,8—7,1	7,1—7,2
Temperatur . .	40°	50—55°	55—58°	55—58°	15°
Gardinol OTS .	1 kg	6 kg	3 kg	1,5 kg	—
Kap-Wolle 165 kg					
p_H-Wert	8,1	4,9—5,3	4,9—5,2	7,0—7,2	7,1—7,2
Temperatur . .	40—42°	55—59°	60—62°	57—58°	18°
Gardinol OTS .	0,8 kg	1,6 kg	2 kg	0,8 kg	—
Deutsche Wolle 180 kg					
p_H-Wert	8,1—8,2	4,9—5,2	4,9—5,3	6,9—7,0	7,1—7,2
Temperatur . .	45—46°	57—58°	60—65°	56—57°	20—23°
Gardinol OTS .	1,6 kg	1,6 kg	3,2 kg	2 kg	—

Befund: Alle drei Wollqualitäten waren, rein äußerlich beurteilt, befriedigend gewaschen, wenn auch nicht verkannt werden darf, daß besonders bei der deutschen Wolle noch sehr viele verklebte Spitzen vorhanden waren, die zum Teil ausgelesen wurden. Die Ursache hierfür ist in der geringen Einweichzeit zu suchen. Die saure Rohwollwäsche erfordert offenbar ein viel längeres Weichen als die alkalische Wäsche. Daher mußte dem Einweichbad Gardinol zugesetzt werden, was bei längerem Einweichen kaum nötig sein dürfte, vor allen Dingen nicht dann, wenn ein altes Waschbad zum Einweichen verwendet wird.

Der Restfettgehalt betrug etwa 2 %.

b) Betrieb II

Der im Betrieb II verwendete Leviathan bestand aus einem zweiteiligen Einweichbottich, 3 Wasch- und 2 Spülbottichen von je 5 m³ Fassungsvermögen. Bei sämtlichen Waschverfahren wurde mit gefiltertem Brunnenwasser von 6—8° dH gewaschen und gespült. Die Einweichzeit betrug etwa 30 Minuten, die Durchgangszeit für die Wasch- und Spülbäder 8 Minuten, der gesamte Waschvorgang somit etwa 38 Minuten bei einer stündlichen Waschleistung von etwa 200 kg Rohwolle.

Die Kontrolle der Waschverfahren wurde in gleicher Weise wie beim Betrieb I ausgeübt.

Das Trocknen der gewaschenen Wollen wurde im Trockenschrank mit Luftumwälzung bei etwa 50° vorgenommen.

1. Seife-Soda-Waschverfahren

Die verwendeten Stammlösungen an Seife, Soda und Ammoniak hatten die gleiche Konzentration wie beim Betrieb I.

	Einweichbad	1. Waschbad	2. Waschbad	3. Waschbad	1. Spülbad	2. Spülbad
Kap-Wolle						
p_H-Wert	9,2	10,3	9,5—9,9	9,3—9,5	8,0—8,5	7,3
Temperatur	33—35°	46—47°	46°	48°	30°	11—12°
Soda	—	50 l + 2 × 10 l Zusatz	—	—	—	—
Seife	—	—	30 l + 2 × 10 l Zusatz	22 l + 15 l Zusatz	—	—
Ammoniak	—	—	4 l	4 l	—	—
Montevideo-Wolle 850 kg						
p_H-Wert	9,1—9,2	9,9—10,2	9,9	9,6	8,4—8,8	7,3
Temperatur	36°	48°	47°	47°	30—33°	11—12°
Soda	—	20 l + 2 × 5 l Zusatz	—	—	—	—
Seife	—	—	—	—	—	—
Ammoniak	—	—	1,5 l	1,5 l	—	—

Befund: Da die Kap-Wolle sehr schweißhaltig (fettig) war, wurde sowohl Soda als auch Seife zugesetzt; trotzdem hatte die Wolle teilweise noch einen etwas klebrigen Griff.

Die Hälfte des ersten Waschbades wurde abgelassen und durch Frischwasser ersetzt. Das erste Spülbad wurde gänzlich erneuert.

Befund: Die gesamte Wollmenge wurde ohne größere Zusätze gewaschen und kam offen und einwandfrei heraus.

Deutsche Wolle 560 kg

Beim Waschen dieser Partie war kein Amtsangehöriger anwesend.

2. Hansa-Waschverfahren, schwachsauer

Beim Waschen mit „Isolana" wurden die Bäder mit Ameisensäure schwachsauer eingestellt.

	Einweichbad	1. Waschbad	2. Waschbad	3. Waschbad	1. Spülbad	2. Spülbad
Montevideo-Wolle 540 kg						
p_H-Wert	6,1—7,0	4,3—5,2	4,0—4,3	4,0—5,2	4,1—5,4	6,2—7,0
Temperatur	52—53°	53°	50°	48—50°	31—34°	12°
Isolana	12 kg	12 kg	8 kg	6 kg	3 kg	—
Ameisensäure	1 l + 2 × ½ l Zusatz	1 l + 2 × ¼ l Zusatz	1 l + ¼ l Zusatz	1 l	¾ l	—

Befund: Die Wollen kamen offen und einwandfrei heraus.

	Einweichbad	1.Waschbad	2.Waschbad	3.Waschbad	1. Spülbad	2. Spülbad
Kap-Wolle 340 kg						
p_H-Wert.	6,1—7,0	5,2—5,3	5,2	5,2	4,5—5,6	6,3—6,5
Temperatur	55—60°	54°	47°	50°	34°	12°
Isolana	—	4+3 kg Zusatz	4 kg	—	—	—
Ameisensäure	½ l	$^1/_8$ + ¼ l	—	—	¼ l	—
Deutsche Wolle 345 kg						
p_H-Wert	6,0—7,9	5,3—6,1	5,0—6,2	4,2—5,9	4,7—5,8	6,3
Temperatur	55—60°	55°	48°	49°	35—38°	12°
Isolana	—	3 kg	3 kg	2 kg	—	—
Ameisensäure	½ l	¼ l	¼ l	¼ l	—	—

3. Hansa-Waschverfahren, neutral

Die Waschflotte vom Vortage wurde zum Einweichen genommen; entsprechend wurde die Waschflotte vom zweiten und dritten in den ersten und zweiten Bottich vorgedrückt. Das dritte Waschbad und das erste Spülbad wurden neu angesetzt.

	Einweichbad	1. Waschbad	2. Waschbad	3. Waschbad	1. Spülbad	2. Spülbad
Montevideo-Wolle 440 kg						
p_H-Wert	7,3—7,4	6,3—7,1	6,3—7,4	6,3	6,3	6,1
Temperatur	55°	51°	48—49°	48—54°	30—34°	12°
Isolana	—	4 kg	3 kg	6 kg	3 kg	—
Kap-Wolle 280 kg						
p_H-Wert	7,6	7,3—7,6	7,6	7,5—7,6	7,5—7,6	6,0—6,1
Temperatur	59°	49°	48°	53°	34—35°	12°
Isolana	—	3 kg	3 kg	—	—	—
Deutsche Wolle 285 kg						
p_H-Wert	7,5—7,8	7,2—7,6	7,5	7,6	7,5	6,0—6,1
Temperatur	58—65°	50°	46°	50°	31°	12°
Isolana	—	3 kg	3 kg	—	—	—

Die anfangs noch schwachsauren Bäder wurden mit Sodalösung abgestumpft und durch Zugabe von verdünnter Ameisensäure bzw. Sodalösung im neutralen Bereich gehalten.

Befund: Nach den vorgenommenen Sudan-Proben wurde folgender Fettgehalt schätzungsweise festgestellt:

Montevideo-Wolle etwa 0,5 %
Kap-Wolle . . . . . 0,75 %
Deutsche Wolle . etwa 1 %.

4. Böhme-Fettchemie-Waschverfahren, schwach sauer

Die Wäsche wurde mit Gardinol OTS im sauren Gebiet unter Zusatz von Essigsäure durchgeführt. Es wurde versucht, den p_H-Wert annähernd bei 4,9 — 5,5 zu halten.

	Einweichbad	1. Waschbad	2. Waschbad	3. Waschbad	1. Spülbad	2. Spülbad
Montevideo-Wolle 280 kg						
p_H-Wert	8,5	4,9—5,5	4,9—5,5	7,4—7,5	7,4—7,5	7,4—7,5
Temperatur	30°	60°	60°	45°	35°	13°
Gardinol OTS . . .	—	10 kg	5 kg	2,5 kg	1 kg	—
Kap-Wolle 170 kg						
p_H-Wert	8,9	4,9—5	4,9—4,7	4,9—5,2	7,4—7,5	7,4—7,5
Temperatur	30°	55°	60°	55°	35°	13°
Gardinol OTS . . .	—	—	1,5 kg	—	0,5 kg	—
Deutsche Wolle 180 kg						
p_H-Wert	8,5	5,8	4,9—5,2	4,9—5,3	7,4—7,5	7,4—7,5
Temperatur	35—38°	50°	60°	50°	35°	13°
Gardinol OTS . . .	0,75 kg	—	2 kg	1 kg	—	—

Befund: Alle drei Wollqualitäten waren dem Aussehen nach einwandfrei gewaschen und offen. Die Wollen zeigten nach dem Waschen einen leicht teerigen Geruch, der beim Stehenlassen an der Luft verschwand. Der Geruch trat erst im letzten Spülbad auf, während die Wolle vorher vollständig geruchlos war.

c) Waschversuche mit dem I. G.-Verfahren

Über die in den beiden Betrieben im Vergleich zu einer Seife-Soda-Wäsche ausgeführte schwachsaure Wollwäsche nach dem I. G.-Verfahren ist von der I. G.-Farbenindustrie A.-G. folgende Mitteilung gemacht worden:

Schwachsaure Wollwäsche (I. G.-Verfahren): Für die Versuche standen in jedem der beiden Betriebe

250 kg Kap-,
200 kg Montevideo-,
3000 kg deutsche Wolle

zur Verfügung, die mit Leonil O sauer gewaschen wurden. Die Temperaturen im Leviathan sowie die Zusätze ergeben sich aus der folgenden Tabelle:

Bottich	I	II	III	IV	V
Temperatur . . °C	70	70	70	50	—
Ansatz Leonil O Lsg. kg	14	5	5	2	—

Das p_H der Waschbäder (I—IV) wurde auf 6—6,5 gehalten. Der Fettgehalt der rohen und nach beiden Verfahren gewaschenen Wollen wurde von der I. G. Farbenindustrie A.-G. wie folgt angegeben:

1. Kap roh . . . . 5,45 %
2. Kap alkalisch gewaschen . . . . 2,10 %
3. Kap sauer gewaschen . . . . 0,4 %
4. Montevideo roh . . . . 7,72 %
5. Montevideo alkalisch gewaschen . . . . 4,32 %
6. Montevideo sauer gewaschen . . . . . . 0,34 %

7. Deutsche Wolle roh . . . . 8,26 %
8. Deutsche Wolle alkalisch gewaschen . . 1,72 %
9. Deutsche Wolle sauer gewaschen . . . 0,48 %

Allgemeine Beurteilung der Waschverfahren.

Beim Vergleich der Waschbedingungen fällt auf, daß sich bei allen Waschverfahren die Temperatur — abgesehen von den überall vorkommenden, z. T. nicht unbeträchtlichen Schwankungen — im Bereich um 50° hält, mit Ausnahme des I. G.-Verfahrens, bei dem die wesentlich höhere Temperatur von 70° angewandt wird. Die Einhaltung eines bestimmten p_H-Wertes ist betriebstechnisch nicht ganz einfach und läßt sich auch bei dauernder Kontrolle nur bis auf $\pm$ 0,5 p_H-Einheiten durchführen.

Der Wascheffekt ist hinsichtlich des Restfettgehalts bei den mit neutralen und schwachsauren Bädern arbeitenden Waschverfahren günstiger als bei der sehr vorsichtig durchgeführten Seife-Soda-Wäsche. Die gewaschene Wolle ist bei der neutralen und schwachsauren Behandlung im Vergleich zur Seife-Soda-Wäsche offener, voluminöser, lebendiger, weniger verfilzt und etwas weißer. Die z. T. sehr harten Spitzen werden allerdings nicht so gut aufgelöst wie bei der alkalischen Behandlung.

Die neutral und schwachsauer gewaschenen Wollen fühlen sich schon beim Verlassen des Spülbades etwas trockener an als die alkalisch gewaschenen und erfordern wegen ihres voluminöseren Charakters, der offenbar auf eine größere Biegesteifigkeit der Wollhaare infolge geringerer Quellung zurückzuführen ist, eine merklich kürzere Zeit beim Trocknen.

B. Färben der Wollen

Das Färben der Wollen — feldgrau und marineblau, jeweils als Küpen- und Nachchromierungsfärbung — wurde in beiden Betrieben nach den von der I. G.-Farbenindustrie A.-G. ausgearbeiteten Färbevorschriften ausgeführt.

Färbevorschriften

Feldgrau-Küpenfärbung

Perl

40 kg Wolle: 1500 l Flotte

Partie	I	II	III
Leonil S	800 g	200 g	100 g
Ammoniak	1 ½ l	½ l	½ l
Hydrosulfit	500 g	300 g	300 g
Helindonschwarz T Küpe fest	60 g	50 g	40 g
Helindonschwarz 3 B fest	10 g	8 g	8 g
Helindonbraun CN Küpe Pulver . .	40 g	30 g	25 g
Helindongelb CG	15 g	10 g	10 g

1 Zug 30 min

Oliv

40 kg Wolle: 1500 l Flotte

Partie	I	II	III
Leonil S	800 g	200 g	150 g
Ammoniak	1 ½ l	½ l	½ l
Hydrosulfit	600 g	400 g	300 g
Helindonbraun CV Küpe Pulver . .	200 g	1000 g	900 g
Helindongelb CG	600 g	500 g	400 g
Helindonschwarz T Küpe fest . . .	200 g	160 g	140 g
Indigo MLB 60% Stückchen . . .	700 g	500 g	400 g

1 Zug 40 min

Feldgrau-Chromfärbung

Perl

50 kg Wolle

Alizarinlichtgrau 2 BLW . . . . 0,14 %
Säure-Alizarinrot 3 B G . . . . 0,02 %

Säuer-Anthracenbraun KE . . . . 0,01 %
Säure-Chromgelb 3 G L . . . . 0,02 %
Glaubersalz, wasserfrei . . . . 4 %
Essigsäure . . . . 3 %

Ameisensäure . . . . 1 %

Kaliumbichromat . . . . 0,3 %

Bei 30° eingehen, in 30 min zum Kochen treiben, 20 min kochen, säuern, 20 min kochen, etwas abkühlen, Kaliumbichromat zusetzen, wieder 30 min kochen.

Oliv

50 kg Wolle

Alizarinlichtgrau 2 BLW . . . . 1,7 %
Säure-Chromgelb 3 G L . . . . 0,85 %
Säure-Anthracenbraun KE . . . . 0,3 %
Glaubersalz, wasserfrei . . . . 4 %
Essigsäure . . . . 3 %

Ameisensäure . . . . 0,5 %

Ameisensäure . . . . 1 %

Kaliumbichromat . . . . 1,5 %
Ameisensäure . . . . 0,5 %

Bei 30° eingehen, in 30 min zum Kochen treiben und 30 min kochen. Das erte Mal säuern und 10 min kochen, das zweite Mal säuern und 20 min kochen; dann auf 70° abkühlen, Kaliumbichromat zusetzen und nochmals ½ Std. kochen.

Marineblau-Küpenfärbung

2 Züge, je 30 min

40 kg Wolle: 1500 l Flotte

Partie	I	II	III u.folgende
1. Zug			
Leonil S	1000 g	200 g	200 g
Ammoniak	1 ½ l	½ l	½ l
Hydrosulfit konz. Pulver	600 g	300 g	300 g
Indigo MLB/R Küpe I 20% . . .	4000 g	3000 g	2800 g
Indigo MLB 60% Stückchen . . .	1500 g	1000 g	800 g
Helindonschwarz 3 B Küpe fest . .	2000 g	1500 g	1200 g
2. Zug			
Leonil S	100 g	100 g	100 g
Ammoniak	½ l	½ l	½ l
Hydrosulfit konz. Pulver	300 g	300 g	300 g
Indigo MLB/R Küpe I 20%	1000 g	1500 g	1500 g
Indigo MLB/60% Stückchen	—	—	—
Helindonschwarz 3 B Küpe fest . .	—	500 g	500 g

Marineblau-Chromfärbung

80 kg Wolle

Metachrombrillant-
blau BL . . . . 10,5 %
Glaubersalz wasser-
frei . . . . 4 %   Bei 30° eingehen, in 20 min
Essigsäure . . . . . 3 %   auf 70° treiben.

Essigsäure . . . . . 1 %   Essigsäure zusetzen, zum Kochen treiben und 10 min kochen.

Essigsäure . . . . . 2 %   Essigsäure zusetzen und 20 min kochen

Essigsäure . . . . . 3 %   Essigsäure zusetzen und 20 min kochen.

Ameisensäure . . . 1,5 %   Ameisensäure zusetzen und 30 min kochen

Kaliumbichromat . 1,75 %   auf 80° abkühlen, Kaliumbichromat zusetzen und nochmals 30 min kochen

Nach den Angaben der beiden Betriebe haben sich irgendwelche Schwierigkeiten beim Färben der nach verschiedenen Waschverfahren gewaschenen Wollen nicht gezeigt. Das Färben wurde unter genauer Einhaltung der Farbstoffmengen, Färbedauer und Temperatur vorgenommen, um unkontrollierbare Schädigungen zu vermeiden.

wobei andererseits auf die Erreichung eines stets gleichen Farbtons verzichtet werden mußte. Es stellte sich dabei heraus, daß zur Erzielung der gleichen Farbtiefe im allgemeinen bei den sauer gewaschenen Wollen eine geringere Farbstoffmenge (etwa 5%) erforderlich war als bei den alkalisch gewaschenen Wollen.

Bei den zusätzlichen Versuchen der I. G.-Farbenindustrie A.-G. (neugrau Hosentuch) wurde die Wolle nur in der Küpe eingefärbt.

C. Schmälzen der Wollen

In beiden Betrieben wurde die Art der Schmälze unter Berücksichtigung des Walkverfahrens gewählt.

Walkverfahren	Bezeichnung	Schmälze, Emulgator
Seife-Soda-Walke Schwefelsaure Walke	Olein	Leonil LE, Emulphor, Ammoniak
Hansa-Walkverfahren neutral . . . . . Hansa-Walkverfahren schwachsauer . .	Hansa-Öl	Hansa-Emulgator
Böhme-Walkverfahren	Olinor S 100	

Von den wäßrigen Emulsionen wurden jeweils 30%, bezogen auf das Wollgewicht, auf die Wolle aufgesprüht. Die Emulsionen waren so eingestellt, daß der jeweilige Fettgehalt der Wolle 8% Olein entsprach.

Bei den zusätzlichen Versuchen der I. G.-Farbenindustrie A.-G. wurde als Schmälze für die Wolle der sauer zu walkenden Tuche Servital OL (4%) verwendet.

Nach Angaben der beiden Betriebe haben sich bei keinem der Schmälzmittel nennenswerte Nachteile während der Verarbeitung in der Krempelei und Spinnerei gezeigt.

D. Walken der Tuche

Das Walken der Tuche wurde in beiden Betrieben auf Zylinderwalken vorgenommen, und zwar wurden jeweils zwei Stücke von etwa 40 m Rohlänge zusammen gewalkt. Im Anschluß daran wurden jeweils vier Stücke zusammen auf einer Waschmaschine gewaschen. Der im Arbeitsplan vorgesehene p_H-Wert der Walk- und Waschflotten wurde, soweit erforderlich, durch Zugabe von Essigsäure eingestellt. Die Beobachtungen des beim Walken anwesenden Amtsangehörigen erstreckten sich auf Art und Menge des verwendeten Walk- und Waschmittels, der Temperatur, des p_H-Wertes, der Walk- und Waschdauer und besonders auffällige Erscheinungen. Sie sind in den nachfolgenden Tabellen zusammengestellt.

a) Betrieb I

1. Seife-Soda-Walke

	Walken der Tuche	Waschen der Tuche
Walk- bzw. Waschmittel	Seifenlösung (7,5% Seife) Sodalösung 4° Bé Mischung 1 : 1	Sodalösung 4° Bé
Angewandte Menge.	40—44 l je 2 Stücke	1. Gerber 65—70 l je Stück 2. Gerber 25 l je Stück
Temperatur	36—45°	35—38°
p_H-Wert: Lösung .	10,3	11,2
Tuch . .	8,2—9,0 (Tuch fertig gewalkt)	1. Gerber 9,7 2. Gerber 10,3
Walk- bzw. Waschdauer	1¾—3 Std.	4—4½ Std.

	Walken der Tuche	Waschen der Tuche
Beobachtungen . .	Die aus alkalisch gewaschenen Wollen gefertigten Tuche walken etwas schneller als die Tuche aus „Hansa-neutral" gewaschener Wolle	Die Gerberbildung war gut. Es entstand ein kräftiger, sahniger Schaum, der sich verhältnismäßig gut ausspülen ließ

2. Hansa-Walkverfahren, neutral

	Walken der Tuche	Waschen der Tuche
Walk- bzw. Waschmittel	Hansa-Walkmittel, neutral (8%ige Lösung)	Isolana
Angewandte Menge.	43—47 l je 2 Stücke	0,5 kg je Stück
Temperatur	36—44°	32—38°
p_H-Wert: Lösung .	7,1	7,1
Tuch . .	6,8—7,9 (Tuch fertig gewalkt)	7,3—7,9
Walk- bzw. Waschdauer	1¾—2¾ Std.	3½—4 Std.
Beobachtungen . .	Die Tuche walkten verhältnismäßig schnell. Die Flockenbildung war normal. Am stärksten war sie bei den marineblauen Tuchen	1. Gerber sehr farbig, gutei Schaum. 2. Gerber (Isolanazusatz) zeigte sehr gute Schaumbildung, ließ sich verhältnismäßig gut und schnell ausspülen

3. Hansa-Walkverfahren, schwachsauer

	Walken der Tuche	Waschen der Tuche
Walk- bzw. Waschmittel	Hansa-Walkmittel, sauer (8 %ige Lösung)	Isolana
Angewandte Menge	39—45 l je 2 Stücke	2. u. 3. Gerber je 1 kg je Stück
Temperatur	36—43°	35—38°
p_H-Wert: Lösung .	5,3	—
Tuch . .	5,9—6,5 (Tuch fertig gewalkt)	5,9—6,2
Walk- bzw. Waschdauer	1¼—2½ Std.	3¾—4¾ Std.
Beobachtungen . .	Die Tuche walkten zum Teil sehr schnell. Eine etwas längere Walkdauer zeigten meist die küpengefärbten Tuche im Vergleich zu den chromgefärbten Tuchen	1. Gerber stark schmutzig u. farbig 2. Gerber (Isolanazusatz) zeigte nur mittlere Schaumentwicklung, noch farbig 3. Gerber zeigte sehr gute Schaumbildung, ließ sich gut ausspülen

4. Säurewalke [1]

	Walken der Tuche	Waschen der Tuche
Walk- bzw. Waschmittel	Schwefelsäure (3,5—4,5° Bé)	
Angewandte Menge.	Die Tuche wurden auf der Säuremaschine getränkt und gequetscht	Ammoniak 3 l je Stück
Temperatur	35—43°	35—38°
p_H-Wert: Lösung .	1,8—2,0	—
Tuch . .	1,8—2,2	7,2—7,6 (Tuch fertig gespült)
Walk- bzw. Waschdauer	1⅓—2¾ Std.	1 Std.
Beobachtungen . .	Die Flockenbildung war verhältnismäßig stark. Damit die Tuche nicht zu trocken liefen, wurde mehrfach Wasser zugegeben	

[1] Die Tuche wurden vor der Säurewalke entgerbert. Je Stück wurden 100 l Sodalösung (4° Bé) und 10 l Seifenlösung (7,5%) zugesetzt und 45 Minuten auf dem Gerberbottich entgerbert. Anschließend wurde 45 Minuten klargespült.

5. Böhme-Fettchemie-Walkverfahren, neutral

	Walken der Tuche	Waschen der Tuche
Walk- bzw. Waschmittel	Gerbo WK (10 %ige Lösung)	Gardinol OTS
Angewandte Menge.	12—14 l Gerbolösung und 26 l Wasser je 2 Stücke	{ rohweiß 700 g je 2 Stücke feldgrau zweimal je 1000 g je 2 Stücke
Temperatur	36—43°	27—35°
pH-Wert: Lösung .	9,9	7,0
Tuch . .	6,5—8,0	6,3—6,7
Walk- bzw. Waschdauer	1¾—2½ Std.	3¾—4½ Std.
Beobachtungen . .	Die Walkdauer war normal	1. Gerber (Wasserzusatz) sehr schmutzig und farbig, sehr mager 2. Gerber (Gardinol OTS-Zusatz) mit kräftigerem Schaum, aber noch stark farbig 3. Gerber war sehr gut, ließ sich nur sehr langsam ausspülen

b) Betrieb II
1. Seife-Soda-Walke

	Walken der Tuche	Waschen der Tuche
Walk- bzw. Waschmittel	Seifenlösung (11% Kali-Schnitzelseife) — Sodalösung 3° Bé	Sodalösung 4° Bé
Angewandte Menge:		
rohweiß	8 l je 2 Stck. 30 l je 2 Stck.	} zweimal je 40 l je Stück
feldgrau	13 l je 2 ,, 32 l je 2 ,,	
marine	20 l je 2 ,, 25 l je 2 ,,	
Temperatur	36°	25—30°
pH-Wert: Lösung .	~ 11,4	~ 11,5
Tuch . .	7,5—8,8 (Tuch fertig gewalkt)	7,8 (Tuch fertig gespült)
Walk- bzw. Waschdauer:		
rohweiß	2¾—3¾ Std.	4½ Std.
feldgrau: Küpe .	3½—4¼ ,,	} 4½—6 Std.
Chrom	3½—4½ ,,	
marine: Küpe .	3¾—4½ ,,	} 4½ Std.
Chrom .	3¼—5¼ ,,	
Beobachtungen . .	Die aus alkalisch gewaschenen Wollen gefertigten Tuche hatten durchschnittlich eine kürzere Walkzeit als die Tuche aus ,,Hansa-neutral'' gewaschenen Wollen. Die Flockenbildung war bei allen Tuchen normal	Die Gerberbildung war bei allen Tuchen gut

2. Hansa-Walkverfahren, neutral

	Walken der Tuche	Waschen der Tuche
Walk- bzw. Waschmittel	Hansa-Walkmittel, neutral (8 %ige Lösung)	Isolana (10 %ige Lösung)
Angewandte Menge.	40—47 l je 2 Stücke	7,5 l je Stück
Temperatur	32—37°	25—32°
pH-Wert: Lösung .	7,2—7,8	7,2
Tuch . .	6,7—7,7 (Tuch fertig gewalkt)	6,7—7,6

	Walken der Tuche	Waschen der Tuche
Walk- bzw. Waschdauer:		
rohweiß	2¾—3¼ Std.	3½ Std.
feldgrau	3—4 Std.	4¾—5 Std.
marine	3½—5½ Std.	4½—5½ Std.
Beobachtungen . .	Die aus alkalisch gewaschenen Wollen gefertigten Tuche zeigten durchschnittlich eine kürzere Walkzeit als die Tuche aus ,,Hansa-schwachsauer'' gewaschenen Wollen. Die Flockenbildung war im allgemeinen sehr gering. Die Tuche liefen gut in der Walke	Bei den marineblauen Tuchen war der 1. Gerber schmierig. Der 2. Gerber war noch stark angefärbt und verhältnismäßig dünnflüssig

3. Hansa-Walkverfahren, schwachsauer

	Walken der Tuche	Waschen der Tuche
Walk- bzw. Waschmittel	Hansa-Walkmittel sauer (8 %ige Lösung)	Isolana (10 %ige Lösung)
Angewandte Menge.	40—50 l je 2 Stücke	20 l je Stück
Temperatur	33—36°	21—26°
pH-Wert: Lösung .	4,9—5,1	—
Tuch . .	5,6—6,4 (Tuch fertig gewalkt)	5,8—6,4
Walk- bzw. Waschdauer:		
rohweiß	2½—3¼ Std.	3½ Std.
feldgrau	3—4½ Std.	6—7 ,,
marine	3¼—5¾ Std.	6—8 ,,
Beobachtungen . .	Die aus alkalisch gewaschenen Wollen gefertigten Tuche zeigten durchschnittlich eine kürzere Walkzeit als die Tuche aus ,,Hansa-schwachsauer'' gewaschenen Wollen. Die Flockenbildung war normal. Die Tuche liefen gut in der Walke	Der 1. Gerber kam meist sehr schlecht. Zum 2. Gerber wurden daher erhöhte Waschmittelmengen zugesetzt. Trotzdem war der Gerber noch mager

4. Säurewalke[1]

	Walken der Tuche	Waschen der Tuche
Walk- bzw. Waschmittel	Ameisensäure 2° Bé	Sodalösung 4° Bé
Angewandte Menge.	20—25 l je 2 Stücke	zweimal je 40 l je Stück
Temperatur	31—40°	~ 25°
pH Wert: Lösung .	2,2	~ 11,5
Tuch . .	3,2—3,8	7,8—8,0 (Tuch fertig gespült)
Walk- bzw. Waschdauer:		
rohweiß	3¼—3¾ Std.	4½ Std.
feldgrau	3—6 Std.	5 ,,
marine	3½—5¼ Std.	5 ,,
Beobachtungen . .	Die aus alkalisch gewaschenen Wollen gefertigten Tuche hatten durchschnittlich eine kürzere Walkzeit	Der Verlauf der Wäsche war normal

[1] Die Tuche wurden vor der Säurewalke entgerbert. Es wurden je Stück 40 l Sodalösung (4° Bé) hinzugegeben und 30 Minuten auf dem Gerberbottich laufen gelassen. Anschließend wurde gespült. Gesamtdauer etwa 2 Stunden.

	Walken der Tuche	Waschen der Tuche
	als die Tuche aus „Hansa-neutral" gewaschenen Wollen. Die Flockenbildung war stark. Die Tuche liefen etwas zu trocken	

5. Böhme-Fettchemie-Walkverfahren, neutral

Walk- bzw. Waschmittel	Gerbo WK (10 %ige Lösung)	Gardinol OTS
Angewandte Menge	14 l Gerbolösung und 26 l Wasser je 2 Stücke	{ rohweiß 500 g je Stück feldgrau 750 g je Stück
Temperatur	30—35°	~ 25°
p_H-Wert: Lösung	9,8	7,0
Tuch	6,3—6,7 (Tuch fertig gewalkt)	6,6—6,9
Walk- bzw. Waschdauer:		
rohweiß	4½ Std.	3¾ Std.
feldgrau	4½ Std.	4¾ Std.
Beobachtungen	Die Tuche zeigten zum Schluß der Walke starke Flokkung	Das Entgerbern der rohweißen Tuche verlief normal. Bei den feldgrauen Tuchen war dagegen der 1. Gerber sehr mager und stark schmutzig. Da der 2. Gerber sich auch nicht allzu gut entwickelte, wurde abgespült und ein 3. Gerber angesetzt, der gut verlief

c) Walkverfahren der IG-Farbenindustrie A G. [1]

Walk- bzw. Waschmittel	Servital OL (50%ige Lösung)	Leonil WS
Angewandte Menge (für 2 Stücke)	0,5 l bzw. 1,5 l Ameisensäure, 2¼ l Servital OL-Lösung. 74 l Wasser	1,5 l Ammoniak zum Neutralisieren 1,65 l Leonil WS
Temperatur	nicht angegeben	nicht angegeben

[1] Über die Durchführung der Walkversuche, an denen das Amt nicht beteiligt war, sind nur Angaben von Betrieb I vorhanden. Die eine Hälfte der Tuche wurde alkalisch nach dem bereits angegebenen Seife-Soda-Verfahren, die andere Hälfte sauer nach dem IG-Verfahren gewalkt.

	Walken der Tuche	Waschen der Tuche
p_H-Wert (Lösung)	4—5 bzw. 5—6	6,9—7,0
Walk- bzw. Waschdauer	2—3 Std.	4½—5 Std.
Beobachtungen	Die aus alkalisch gewaschenen Wollen gefertigten Tuche zeigten durchschnittlich eine kürzere Walkzeit als die Tuche aus „Leonil O"-gewaschenen Wollen	Die Waschzeit war etwas kürzer als bei der alkalischen Wäsche

Allgemeine Beurteilung der Walke

In beiden Betrieben hat sich gezeigt, daß jedes der angewandten Walkverfahren durchführbar ist, obwohl die Betriebsverhältnisse der beiden Betriebe merklich verschieden voneinander sind. So lag z. B. die Temperatur beim Walken bei Betrieb I um durchschnittlich 6° höher als bei Betrieb II. Dementsprechend waren auch die Walkzeiten bei Betrieb I erheblich kürzer, 1½—2½ Std. gegenüber 2½—5 Std. bei Betrieb II.

Im allgemeinen walkten in beiden Betrieben die rohweißen Tuche schneller als die feldgrauen; die längsten Walkzeiten waren bei den marineblauen Tuchen erforderlich. Der Einfluß des Wollwaschverfahrens war nur bei den alkalisch gewaschenen Wollen zu erkennen; die daraus hergestellten Tuche walkten meist nicht so lange wie die Tuche aus neutral bzw. sauer gewaschenen Wollen. Die Art des Walkverfahrens ergab nur bei der Säurewalke eine merkliche Beeinflussung der Walkdauer, die hier kürzer war als bei den anderen Walkverfahren. Dafür konnte aber bei der Säurewalke eine stärkere Flockung festgestellt werden.

Beim Waschen ergaben sich in Betrieb II größere Schwierigkeiten als bei Betrieb I; die Waschdauer war länger, die Gerberbildung bei den farbigen Stücken ziemlich erschwert, offenbar durch die niedrigere Temperatur und die Art des verwendeten Betriebswassers (6—7° dH) bedingt. Für die farbigen Stücke waren daher größere Waschmittelmengen als für die rohweißen erforderlich. Allgemein war bei den synthetischen Waschmitteln die Gerberbildung anfangs schlechter als bei alkalischer Auswäsche.

In allen Fällen kamen die Stücke gut gewalkt und einwandfrei gewaschen heraus.

III. Probematerial und Probenbezeichnung

Für die Untersuchungen standen Muster der zur Herstellung verwendeten Rohwollen und nach den verschiedenen Waschverfahren gewaschenen Wollen sowie Abschnitte der Fertigtuche zur Verfügung.

Die im Abschnitt IV wiedergegebenen Versuchsergebnisse sind entsprechend dem nachstehenden Schema nach Art der Wollwäsche und Walke, Farbe und Art der Färbung der Versuchstuche geordnet. Im Schema sind jeweils die in den späteren Zahlentafeln verwendeten Kurzzeichen angegeben.

Aufteilung der Tuche jeder Versuchsgruppe nach Farbe und Art der Färbung

Farbe	Art der Färbung	Kurzzeichen	Zahl der Tuche von Betrieb I	II
Rohweiß	—	WR	1	2
Feldgrau	Küpenfärbung	FK	2	2
	Chromfärbung	FCr	2	2
Marineblau	Küpenfärbung	MK	2	2
	Chromfärbung	MCr	2	2

a) Blusentuch, reine Schurwolle (Hauptversuche)

Versuchsgruppen

Art der Wollwäsche	Kurzzeichen für Wäsche	Zugehöriges Walkverfahren	Kurzzeichen für Walke
Seife-Soda-Verfahren (p_H 10—11)	A	Seife-Soda-Walke (p_H 10—11,5)	A
Seife-Soda-Verfahren (p_H 10—11)	A	Hansa-Walkverfahren, neutral (p_H 7)	N
Seife-Soda-Verfahren (p_H 10—11)	A	Hansa-Walkverfahren, schwachsauer (p_H 5) . .	S
Seife-Soda-Verfahren (p_H 10—11)	A	Säurewalke (p_H 2)	SS
Hansa-Waschverfahren, neutral (p_H 6—7) .	N	Seife-Soda-Walke (p_H 10—11,5)	A
Hansa-Waschverfahren, neutral (p_H 6—7) .	N	Säurewalke (p_H 2)	SS
Hansa-Waschverfahren, schwachsauer (p_H 4,5—5,5) . . .	S	Hansa-Walkverfahren, neutral (p_H 7)	N
Hansa-Waschverfahren, schwachsauer (p_H 4,5—5,5) . . .	S	Hansa-Walkverfahren, schwachsauer (p_H 5)	S
Böhme-Fettchemie-Waschverfahren [1], schwachsauer (p_H 5—6)	B	Seife-Soda-Walke (p_H 10—11,5)	A
Böhme-Fettchemie-Waschverfahren [1], schwachsauer (p_H 5—6)	B	Böhme-Fettchemie-Walke, neutral (p_H 7)	B

[1] Nur für rohweiße und feldgraue Tuche durchgeführt.

b) Blusentuch, Schurwolle mit 20% Zellwollbeimischung (Nebenversuchsreihe)

Art der Wollwäsche	Walkverfahren	Farbe und Art der Färbung	Kurzzeichen	Zahl der Tuche von Betrieb I	Zahl der Tuche von Betrieb II
Hansa-Waschverfahren, schwachsauer (Kurzzeichen für zellwollhaltige Tuche ZS)	Hansa-Walkverfahren, schwachsauer (Kurzzeichen S)	Rohweiß	WR	I	2
		Feldgrau: Küpenfärbung	FK	2	2
		Chromfärbung	FCr	2	2

Gesamtzahl der Versuchstuche zu a und b:

    33 rohweiße Tuche
    44 feldgraue Tuche, küpengefärbt
    44 feldgraue Tuche, chromgefärbt
    32 marineblaue Tuche, küpengefärbt
    32 marineblaue Tuche, chromgefärbt

ingesamt __185 Tuche__

c) Neugrau Hosentuch (zusätzliche Versuchsreihen der IG-Farbenindustrie A.-G.)

Art der Wollwäsche	Kurzzeichen für Wäsche	Zugehöriges Walkverfahren	Kurzzeichen für Walke	Zahl der Versuchstuche von Betrieb I	Zahl der Versuchstuche von Betrieb II
Seife-Soda (p_H 11) . . .	A	Seife-Soda-Walke (p_H > 10) . . .	A	I	4
Seife-Soda (p_H 11) . . .	A	IG-Walkverfahren (p_H 4—5 bzw. 5—6)	S	2	4
IG-Wasch-Verfahren (p_H 6—6,5)	S	Seife-Soda-Walke (p_H > 10) . . .	A	I	4
IG-Wasch-Verfahren (p_H 6—6,5)	S	IG-Walkverfahren (p_H 4—5 bzw. 5—6)	S	2	4

Insgesamt 22 Versuchstuche

IV. Prüfung der Versuchstuche

A. Versuchsausführung

Die durch die verschiedene Art der Wollwäsche, Färbeweise und Walke eingetretene Vorschädigung der Wolle läßt Unterschiede in der Gebrauchstüchtigkeit der Tuche erwarten. Die anfänglich geringe Vorschädigung kann dabei durch die im Gebrauch auftretenden Einflüsse der Witterung und mechanischen Beanspruchung so stark weiterentwickelt werden, daß die Unterschiede im Gebrauchswert deutlich in Erscheinung treten. Zur Feststellung der Größe der Vorschädigung und ihres Einflusses auf die Gebrauchstüchtigkeit wurden daher die Versuchstuche folgenden Prüfungen unterzogen:

a) **Im Anlieferungszustand:**
    Stoffgewicht,
    Zugfestigkeit in Kett- und Schußrichtung,
    Berstfestigkeit,
    Scheuerfestigkeit (Gewichts- und Festigkeitsverlust
    durch Scheuerbeanspruchung).

b) **Nach zwei Monaten Bewetterung:**
    Berstfestigkeit,
    Scheuerfestigkeit (Gewichts- und Festigkeitsverlust).

c) **Nach vier Monaten Bewetterung:**
    Berstfestigkeit,
    Scheuerfestigkeit (Gewichts- und Festigkeitsverlust).

d) **Chemische Prüfungen:**

Fettgehalt   } der Rohwollen,
Reaktion   } gewaschenen Wollen,
Wollschädigung } rohweißen Fertigtuche.

Die **Versuchsbedingungen** waren im einzelnen folgende:

Prüfung der Fertigtuche

1. **Bewetterung.**

Die 40 × 50 cm großen Probenabschnitte wurden spannungslos auf nach Süden gerichteten, schattenfrei aufgestellten und unter 45° zur Waagerechten geneigten Rahmen befestigt und den Einflüssen des Lichts und· der Witterung zwei bzw. vier Monate lang ausgesetzt.

Die Bewetterung wurde in den Monaten April bis September 1939 vorgenommen. Da wegen späteren Eingangs einiger Gruppen von Versuchstuchen der Beginn der Bewetterung nicht bei allen Proben zur gleichen Zeit erfolgen konnte, mußte die zur Weiterentwicklung der Vorschädigung notwendige zusätzliche photochemische Schädigung durch eine praktisch gleiche Dosierung der wirksamen Lichtmenge beim Bewettern auf eine vergleichbare Grundlage gestellt werden. Die wirksame Lichtmenge wurde in Normalbleichstunden gemessen (1 Normalbleichstunde = Wirkung einer Stunde Juni-Mittagssonne bei völlig wolkenlosem Himmel und senkrechtem Strahleneinfall in Berlin-Dahlem; vgl. S o m m e r , Leipz. Monatschr. für Textilind. 1931, H. 1—8 und Mitt. d. dtsch. Materialprüfungsanstalten, Sonderheft XXIV, 1934).

Sie betrug durchschnittlich

	Normalbleichstunden bei der Bewetterungsstufe	
	2 Monate	4 Monate
bei der Hauptversuchsreihe	170	450
bei der IG-Versuchsreihe	210	425

Nach dem Bewettern wurden die Proben fünf Minuten ang einer leichten Wäsche mit einer 30° warmen Lösung von 3 g/l Marseiller Seife und 1 g/l Soda zur Entfernung der durch die photochemische Veränderung entstandenen Wollabbauprodukte unterzogen und nach gutem Spülen an der Luft spannungsfrei getrocknet.

2. Z u s t a n d d e r P r o b e n b e i d e n m e c h a n i s c h - t e c h n o l o g i s c h e n P r ü f u n g e n.

Sämtliche Proben wurden vor Bestimmung des Gewichts, der Zug-, Berst- und Scheuerfestigkeit an die Normalluftfeuchtigkeit angeglichen, d. h. bis zur Gewichtskonstanz bei 65% rel. Luftfeuchtigkeit und 20° Raumtemperatur ausgelegt.

3. Z u g v e r s u c h

Versuchsgerät: Zugfestigkeitsprüfer Bauart Schopper.
Meßbereich: 0 bis 250 kg.
Mittlere Zerreißdauer: etwa 1 min.
Freie Einspannlänge: 300 mm.
Breite der Probestreifen: 90 mm, bei der Prüfung auf halbe
  Breite zusammengelegt, wie nebenstehende Skizze
  zeigt: (⸻).
Zahl der Einzelwerte je Versuchstuch und Geweberichtung: 3.
Als vergleichbares Gütemaß wurde aus Bruchlast und Quadratmetergewicht die Reißlänge berechnet.

4. B e r s t v e r s u c h

Versuchsgerät: Berstdruckprüfer Bauart Schopper.
Meßbereich: 0—6 Atm.
Freie Prüffläche: 50 cm².
Mittl. Zerplatzdauer: 20 sec.
Zahl der Einzelwerte je Versuchstuch: 5, bei bewetterten Proben 4.

Die auf den ungedehnten Stoff bezogene S t o f f f e s t i g k e i t in kg/cm wurde aus Berstdruck, Wölbhöhe und Radius der Prüffläche, die S t o f f d e h n u n g in Prozent aus der Wölbhöhe, die B e r s t r e i ß l ä n g e als vergleichbares Gütemaß aus der Stoffestigkeit und dem Quadratmetergewicht berechnet.

5. S c h e u e r v e r s u c h

Versuchsgerät: Rundscheuergerät Bauart Schopper.
Vorspannung (Durchwölbung): 6 mm.
Freie Prüffläche: etwa 50 cm².
Scheuerfläche: Schmirgelpapier Nr. 1.
Scheuerdruck: 1 kg.
Zahl der Scheuerumdrehungen: 500.

Nach je 100 Umdrehungen wurde die Scheuerrichtung gewechselt. Der während des Scheuerns entstehende Scheuerstaub wurde durch ein Gebläse entfernt. Der G e w i c h t s v e r l u s t wurde nach kräftigem Ausklopfen und Abbürsten der gescheuerten Proben bestimmt und auf eine Stofffläche von 100 cm² berechnet.

Zahl der Einzelwerte je Versuchstuch: 5, bei den bewetterten Proben 4.

Der F e s t i g k e i t s v e r l u s t durch Scheuern wurde aus den Berstreißlängen der Proben vor und nach dem Scheuern berechnet und in Prozent der Berstreißlänge vor dem Scheuerversuch angegeben.

Chemische Prüfung der Rohwollen, gewaschenen Wollen und rohweißen Fertigtuche

6. F e t t g e h a l t

Die Proben wurden mit einer bei 65% rel. Luftfeuchtigkeit bestimmten Einwaage von 5—10 g im Soxhlet-Apparat zuerst mit Äther (6—8 Überläufe) und darauf mit Alkohol (5—6 Überläufe) extrahiert. Das Fett wurde bei 105° bis zur Gewichtskonstanz getrocknet, gewogen und in Prozent der Einwaage berechnet.

7. R e a k t i o n

Die Proben wurden mit doppelt destilliertem Wasser leicht befeuchtet, mit rotem und blauem Lackmuspapier bedeckt und zwei Stunden zwischen Glasplatten einem mäßigen Druck ausgesetzt.

8. W o l l s c h ä d i g u n g

Die Prüfung auf Schädigung wurde an den Rohwollen, den gewaschenen Wollen und an den rohweißen Fertigtuchen sowohl mit der üblichen D i a z o r e a k t i o n nach P a u l y als auch mit der Titrationsmethode nach G r o ß , v. R o l l und S c h r e i b e r (Melliand Textilberichte 1939, H. 5, S. 557) vorgenommen. Die Beurteilung des Schädigungsgrades erfolgte beim ersten Verfahren nach der Tiefe der Rotfärbung durch subjektive Schätzung. Beim zweiten Verfahren, das nur bei loser Wolle angewendet werden konnte, wurde die Größe der Schädigung quantitativ durch die von 3 g Wolle aufgenommene Menge an Echtscharlachsalz R (in mg) gemessen.

Zur Ausführung der Prüfung wurden die Rohwollen mit Äther und destilliertem Wasser kalt gereinigt.

B. Versuchsergebnisse

Die Einzelergebnisse der Untersuchungen an den Fertigtuchen stellen ein so umfangreiches Zahlenmaterial [1] dar, daß ihre Besprechung und Auswertung im einzelnen verwirrend und unübersichtlich wirken würde. Wenn auch zwischen den Versuchstuchen der beiden Betriebe gewisse grundsätzliche Unterschiede bestehen, die durch die jeweilige Besonderheit der Betriebsverhältnisse in der Wollwäsche und vor allem in der Walke (besonders in der Walkdauer) bedingt sind und sich entsprechend in einzelnen Eigenschaften, wie z. B. der Zugfestigkeit und Scheuerfestigkeit auswirken, so sind doch andererseits alle übrigen Herstellungsbedingungen nach dem einheitlichen Arbeitsplan so gleichmäßig eingehalten worden, daß eine Mittelwertbildung aus allen Tuchen beider Betriebe für jede Versuchsgruppe durchaus zulässig ist. Der Vergleich der einzelnen Versuchsgruppen ist dabei dadurch gesichert, daß zur Mittelwertbildung jeweils die gleiche Zahl von Tuchen zur Verfügung stand. Überdies ergaben sich nicht nur zwischen den gleichen Versuchstuchen der beiden Betriebe, sondern auch beim selben Betrieb z. T. merkliche Streuungen in den Versuchsergebnissen, die durch eine Mittelwertbildung ausgeschaltet werden können. Hierdurch wird nicht nur eine bessere Übersicht über die Ergebnisse, sondern auch die Möglichkeit einer einfacheren Gruppierung nach bestimmten, die Auswertung erleichternden Gesichtspunkten erreicht.

---

[1] Insgesamt wurden ausgeführt: 7450 Zugversuche, 23 800 Berstversuche, 11 900 Scheuerversuche usw.

a) Mechanisch-technologische Untersuchungen

1. Stoffgewicht, Zug-, Berst- und Scheuerfestigkeit.

In den folgenden Zahlentafeln 1 und 2 sind die Mittelwerte der Versuchsergebnisse (mit Ausnahme der IG-Versuche, die ihres geringen Umfanges wegen nur bei der Auswertung S. 57, 58 behandelt werden)

1) nach Wasch- und Walkverfahren,

2) nach Farbe und Färbeverfahren

geordnet worden. Dabei sind in die Zahlentafeln lediglich die für die Auswertung wichtigen Maßzahlen für eine Gütebeurteilung aufgenommen worden. Die angegebenen Werte sind jeweils Mittel aus den Prüfergebnissen von vier gefärbten bzw. drei rohweißen Tuchen.

Zahlentafel 1

Zusammenstellung der Versuchsergebnisse nach Wasch- und Walkverfahren

Spaltengruppen: Spalten 5–12 = *Anlieferungszustand*; Spalten 13–17 = *Nach 2 Monaten Bewetterung*; Spalten 18–22 = *Nach 4 Monaten Bewetterung*. Unter jeder Bewetterung: Berstfestigkeit (Berstreißlänge, Stoffdehnung), Scheuerfestigkeit (Gewichtsverlust, Festigkeitsverlust) sowie Festigkeitsverlust durch Bewettern und Scheuern.

Wäsche	Walke	Farbe	Quadratmetergewicht g/m²	Reißlänge Kette km	Reißlänge Schuß km	Bruchdehnung Kette %	Bruchdehnung Schuß %	Berstreißlänge km	Stoffdehnung %	Gewichtsverlust mg/100 cm²	Festigkeitsverlust %	Berstreißlänge km	Stoffdehnung %	Gewichtsverlust mg/100 cm²	Festigkeitsverlust %	Festigkeitsverlust durch Bewettern und Scheuern %	Berstreißlänge km	Stoffdehnung %	Gewichtsverlust mg/100 cm²	Festigkeitsverlust %	Festigkeitsverlust durch Bewettern und Scheuern %
A	A	W R	469	1,77	1,53	44,8	51,6	1,90	31,6	328	7,2	1,60	33,8	558	9,1	23,7	1,29	30,0	645	11,2	39,5
		F K	471	1,59	1,34	42,6	53,2	1,76	31,9	443	10,8	1,54	36,1	595	9,7	21,0	1,34	33,9	605	11,6	32,9
		F Cr	476	1,45	1,26	42,8	53,6	1,64	30,3	422	13,4	1,43	33,8	576	7,5	19,5	1,24	33,0	713	9,8	38,4
		M K	496	1,55	1,36	43,8	47,7	1,72	30,9	430	9,1	1,55	37,0	528	11,0	19,8	1,54	36,2	498	7,7	17,4
		M Cr	503	1,22	1,14	43,7	47,9	1,44	28,0	334	8,3	1,30	34,1	450	7,4	16,7	1,20	33,9	518	5,0	20,8
A	N	W R	471	1,84	1,51	43,3	50,4	1,97	32,7	382	10,5	1,67	36,1	632	12,3	25,9	1,25	29,1	798	20,9	48,2
		F K	479	1,63	1,38	43,6	50,9	1,79	30,3	412	10,3	1,55	34,7	595	8,2	20,6	1,41	34,0	688	13,8	31,8
		F Cr	474	1,54	1,16	43,0	49,8	1,63	28,2	411	11,9	1,43	34,6	551	5,0	16,6	1,22	32,0	710	9,4	31,9
		M K	458	1,62	1,38	43,0	50,0	1,82	31,2	387	10,0	1,69	37,9	518	11,0	17,6	1,54	35,8	538	9,2	23,1
		M Cr	463	1,36	1,14	39,7	45,6	1,54	28,8	328	8,8	1,42	33,3	434	7,0	14,3	1,28	32,2	546	4,9	20,8
A	S	W R	475	1,76	1,50	42,3	49,4	1,94	31,2	320	8,5	1,64	35,2	631	11,4	25,3	1,29	28,3	776	23,1	49,0
		F K	506	1,62	1,38	46,5	52,5	1,76	31,9	394	10,1	1,54	36,6	606	7,0	18,8	1,35	34,9	684	10,8	31,8
		F Cr	475	1,49	1,16	43,1	49,0	1,63	29,4	395	11,5	1,43	32,3	562	5,2	16,6	1,22	33,2	706	8,7	31,9
		M K	491	1,48	1,42	45,3	51,6	1,72	30,7	392	8,6	1,61	37,5	468	10,4	16,3	1,55	36,8	528	11,0	19,8
		M Cr	480	1,24	1,19	39,4	48,0	1,48	28,5	318	8,8	1,36	33,0	428	6,0	13,5	1,25	32,5	538	6,1	20,9
A	SS	W R	465	1,82	1,59	41,5	52,5	1,95	30,6	329	8,1	1,57	31,9	582	9,2	24,1	1,13	25,5	679	22,5	54,8
		F K	492	1,70	1,40	42,6	53,2	1,80	29,9	380	11,1	1,56	33,8	534	10,1	22,2	1,34	32,0	685	16,4	37,8
		F Cr	484	1,53	1,30	43,5	51,8	1,65	29,6	355	9,6	1,43	33,6	588	7,2	19,4	1,20	31,4	686	13,8	37,6
		M K	493	1,63	1,46	43,2	53,0	1,76	29,2	377	11,4	1,61	34,7	500	10,8	18,2	1,53	35,1	466	5,5	17,6
		M Cr	527	1,20	1,30	45,8	51,9	1,44	29,1	288	4,2	1,32	34,5	454	7,7	15,3	1,18	34,2	576	6,7	23,6
N	A	W R	478	1,77	1,58	43,7	54,2	1,91	31,4	377	6,7	1,63	35,7	605	11,2	24,1	1,29	30,9	661	14,4	42,4
		F K	477	1,58	1,44	45,7	54,9	1,76	32,6	397	9,0	1,54	37,8	524	7,1	18,8	1,38	35,1	684	14,7	33,0
		F Cr	475	1,50	1,27	43,6	53,6	1,63	30,2	341	5,6	1,41	35,4	534	5,1	17,8	1,27	33,4	693	10,5	30,1
		M K	477	1,50	1,34	44,6	52,1	1,70	32,0	366	5,2	1,52	38,7	534	6,6	16,5	1,46	37,8	444	7,3	20,0
		M Cr	479	1,26	1,12	41,3	50,9	1,44	29,2	305	(0,8)	1,28	36,2	487	4,8	15,3	1,25	34,8	500	5,8	18,0
N	SS	W R	479	1,88	1,54	45,9	56,1	1,93	30,9	329	10,9	1,58	36,1	547	10,0	26,4	1,12	26,6	681	23,1	55,5
		F K	475	1,70	1,48	42,9	55,2	1,80	29,8	366	7,1	1,55	37,5	556	7,8	20,6	1,36	33,1	684	17,9	37,8
		F Cr	487	1,64	1,31	43,1	52,2	1,72	28,1	328	6,7	1,46	35,0	578	7,6	21,5	1,28	30,8	630	10,4	33,1
		M K	492	1,65	1,37	44,7	52,1	1,80	31,4	349	6,1	1,60	38,0	476	8,4	18,3	1,51	36,2	442	8,4	23,3
		M Cr	494	1,36	1,14	42,2	47,7	1,50	29,7	262	5,2	1,31	35,7	489	5,4	17,3	1,23	33,4	465	5,7	22,7
S	N	W R	479	1,79	1,57	44,3	52,9	1,86	32,7	428	9,9	1,63	35,9	547	10,9	22,0	1,27	30,0	748	19,0	44,6
		F K	472	1,64	1,41	43,4	51,4	1,78	32,0	408	9,2	1,60	36,9	523	8,9	18,0	1,41	33,3	659	14,3	32,0
		F Cr	477	1,47	1,28	42,1	50,2	1,59	31,2	380	7,3	1,47	35,6	516	6,5	13,8	1,28	33,4	682	8,0	25,8
		M K	480	1,64	1,29	44,4	48,8	1,74	32,5	408	7,4	1,60	37,4	484	9,0	16,1	1,48	36,0	546	5,5	19,6
		M Cr	480	1,27	1,05	40,2	48,2	1,46	29,4	335	6,4	1,33	34,1	434	7,7	15,8	1,24	34,4	531	5,4	19,9
S	S	W R	485	1,71	1,51	42,9	50,0	1,78	30,7	322	9,2	1,60	34,3	550	11,3	20,2	1,30	29,3	715	13,5	37,1
		F K	482	1,57	1,45	43,7	51,9	1,69	31,0	386	8,0	1,56	35,4	527	7,6	14,8	1,34	32,7	674	16,2	33,8
		F Cr	474	1,42	1,23	40,9	49,5	1,59	30,8	358	8,2	1,44	35,0	514	7,0	15,7	1,24	31,4	691	8,8	29,0
		M K	513	1,46	1,42	46,1	51,9	1,64	32,3	369	5,5	1,54	38,5	575	9,2	14,6	1,45	37,2	494	3,6	14,6
		M Cr	475	1,17	1,04	38,5	46,6	1,41	30,0	316	7,3	1,29	34,4	436	8,0	15,6	1,23	32,9	521	7,0	19,2
	A	W R	477	1,89	1,53	41,6	53,9	1,97	30,3	354	4,0	1,62	36,1	650	9,6	25,9	1,26	27,0	690	15,8	46,2
		F K	492	1,64	1,33	44,0	53,0	1,73	30,8	452	9,2	1,49	37,6	655	7,2	20,2	1,34	33,7	726	11,6	31,8
		F Cr	474	1,57	1,34	41,4	51,5	1,72	28,4	426	10,2	1,56	34,9	619	8,0	16,3	1,34	31,2	648	7,7	27,9
B	B	W R	478	1,77	1,51	41,3	49,8	1,92	29,1	294	5,2	1,61	34,6	627	11,4	25,5	1,23	27,0	767	28,9	54,2
		F K	495	1,64	1,35	44,8	50,6	1,76	31,6	306	7,5	1,47	37,3	600	5,1	20,6	1,31	33,4	666	7,8	31,2
		F Cr	480	1,51	1,19	42,3	49,6	1,70	28,6	266	6,2	1,45	34,2	610	8,0	21,8	1,25	30,5	725	10,0	33,5
ZS	S	W R	477	1,90	1,57	39,9	52,9	1,92	27,8	410	7,9	1,51	29,3	615	13,3	31,7	1,19	25,3	756	24,9	53,6
		F K	483	1,74	1,49	41,8	50,8	1,77	29,1	437	4,9	1,57	35,2	558	6,4	17,0	1,39	33,6	605	12,9	35,6
		F Cr	471	1,66	1,31	38,6	48,0	1,72	26,8	428	7,9	1,46	31,6	580	(6,6	21,0	1,30	30,8	642	9,0	31,5

Zahlentafel 2

Zusammenstellung der Versuchsergebnisse nach Farben und Färbeverfahren

Färbung	Wäsche	Walke	Quadratmetergewicht g/m²	Anlieferungszustand — Zugfestigkeit Reißlänge Kette km	Schuß km	Bruchdehnung Kette %	Schuß %	Berstfestigkeit Berstreißlänge km	Stoffdehnung %	Scheuerfestigkeit Gewichtsverlust mg/100 cm²	Festigkeitsverlust %	Nach 2 Monaten Bewetterung — Berstfestigkeit Berstreißlänge km	Stoffdehnung %	Scheuerfestigkeit Gewichtsverlust mg/100 cm²	Festigkeitsverlust %	Festigkeitsverlust durch Bewettern und Scheuern %	Nach 4 Monaten Bewetterung — Berstfestigkeit Berstreißlänge km	Stoffdehnung %	Scheuerfestigkeit Gewichtsverlust mg/100 cm²	Festigkeitsverlust %	Festigkeitsverlust durch Bewettern und Scheuern %
Rohweiß WR	A	A	469	1,77	1,53	44,8	51,6	1,90	31,6	328	7,2	1,60	33,8	558	9,1	23,7	1,29	30,0	645	11,2	39,5
		N	471	1,84	1,51	43,3	50,4	1,97	32,7	382	10,5	1,67	36,1	632	12,3	25,9	1,25	39,1	798	20,9	48,2
		S	475	1,76	1,50	42,3	49,4	1,94	31,2	320	8,5	1,64	35,2	631	11,4	25,3	1,29	28,3	776	23,1	49,0
		S S	465	1,82	1,59	41,5	52,5	1,95	30,6	329	8,1	1,57	31,9	582	9,2	24,1	1,13	25,5	679	22,5	54,8
	N	A	478	1,77	1,58	43,7	54,2	1,91	31,4	377	6,7	1,63	35,7	605	11,2	24,1	1,29	30,9	661	14,4	42,4
		S S	479	1,88	1,54	45,9	56,1	1,93	30,9	329	10,9	1,58	36,1	547	10,0	26,4	1,12	26,6	681	23,1	55,5
	S	N	479	1,79	1,57	44,3	52,9	1,86	32,7	428	9,9	1,63	35,9	547	10,9	22,0	1,27	30,0	748	19,0	44,6
		S	485	1,71	1,51	42,9	50,0	1,78	30,7	322	9,2	1,60	34,3	550	11,3	20,2	1,30	29,3	715	13,5	37,1
	B	A	477	1,89	1,53	41,6	53,9	1,97	30,3	354	4,0	1,62	36,1	650	9,6	25,9	1,26	27,0	690	15,8	45,2
		B	478	1,77	1,51	41,3	49,8	1,92	29,1	294	5,2	1,61	34,6	627	11,4	25,5	1,23	27,0	767	28,9	54,2
Feldgrau Küpe FK	A	A	471	1,59	1,34	42,6	53,2	1,76	31,9	443	10,8	1,54	36,1	595	9,7	21,0	1,34	33,9	605	11,6	32,9
		N	479	1,63	1,38	43,6	50,9	1,79	30,3	412	10,3	1,55	34,7	595	8,2	20,6	1,41	34,0	688	13,8	31,8
		S	506	1,62	1,38	46,5	52,5	1,76	31,9	394	10,1	1,54	36,6	606	7,0	18,8	1,35	34,9	684	10,8	31,8
		S S	492	1,70	1,46	42,6	53,2	1,80	29,9	380	11,1	1,56	33,8	534	10,1	22,2	1,34	32,0	685	16,4	37,8
	N	A	477	1,58	1,44	45,7	54,9	1,76	32,6	397	9,0	1,54	37,8	524	7,1	18,8	1,38	35,1	684	14,7	33,0
		S S	476	1,70	1,48	42,9	55,2	1,80	29,8	366	7,1	1,55	37,5	556	7,8	20,6	1,36	33,1	684	17,9	37,8
	S	N	472	1,64	1,41	43,4	51,4	1,78	32,0	408	9,2	1,60	36,9	523	8,9	18,0	1,41	33,3	659	14,3	32,0
		S	482	1,57	1,45	43,7	51,9	1,69	31,0	386	8,0	1,56	35,4	527	7,6	14,8	1,34	32,7	674	16,2	33,8
	B	A	492	1,64	1,33	44,0	53,0	1,73	30,8	452	9,2	1,49	37,6	655	7,2	20,2	1,34	33,7	726	11,6	31,8
		B	496	1,64	1,35	44,8	50,6	1,76	31,6	306	7,5	1,47	37,3	600	5,1	20,6	1,31	33,4	666	7,8	31,2
Feldgrau Chrom F Cr	A	A	476	1,45	1,26	42,8	53,6	1,64	30,3	422	13,4	1,43	33,8	576	7,5	19,5	1,24	33,0	713	9,8	38,4
		N	474	1,54	1,16	43,0	49,8	1,63	28,2	411	11,9	1,43	34,6	551	5,0	16,6	1,22	32,0	710	9,4	31,9
		S	475	1,49	1,16	43,1	49,0	1,63	29,4	395	11,5	1,43	32,3	562	5,2	16,6	1,22	33,2	706	8,7	31,9
		S S	484	1,53	1,30	43,5	51,8	1,65	29,6	355	9,6	1,43	33,6	588	7,2	19,4	1,20	31,4	686	13,8	37,6
	N	A	475	1,50	1,27	43,6	53,6	1,63	30,2	341	5,6	1,41	36,4	534	5,1	17,8	1,27	33,4	693	10,5	30,1
		S S	487	1,64	1,31	43,1	52,2	1,72	28,1	328	6,7	1,46	35,0	578	7,6	21,5	1,28	30,8	690	10,4	33,1
	S	N	477	1,47	1,28	42,1	50,2	1,59	31,2	380	7,3	1,47	35,6	516	6,5	13,8	1,28	33,4	682	8,0	25,8
		S	474	1,42	1,23	40,9	49,5	1,59	30,8	358	8,2	1,44	35,0	514	7,0	15,7	1,24	31,4	691	8,8	29,0
	B	A	474	1,57	1,34	41,4	51,5	1,72	28,4	426	10,2*	1,56	34,9	619	8,0	16,3	1,34	31,2	648	7,7	27,9
		B	480	1,51	1,19	42,3	49,6	1,70	28,6	266	6,2	1,45	34,2	610	8,0	21,8	1,25	30,5	725	10,0	33,5
Marine Küpe MK	A	A	496	1,55	1,36	43,8	47,7	1,72	29,9	430	9,1	1,55	37,0	528	11,0	19,8	1,54	36,2	498	7,7	17,4
		N	458	1,62	1,38	43,0	50,0	1,82	31,2	387	10,0	1,69	37,9	518	11,0	17,6	1,54	35,8	538	9,2	23,1
		S	491	1,48	1,42	45,3	51,6	1,72	30,7	392	8,6	1,61	37,5	468	10,4	16,3	1,55	36,8	528	11,0	19,8
		S S	493	1,63	1,46	43,2	53,0	1,76	29,2	377	11,4	1,61	34,7	500	10,8	18,2	1,53	35,1	466	5,5	17,6
	N	A	477	1,50	1,34	44,9	52,1	1,70	32,0	366	5,2	1,52	38,7	534	6,6	16,5	1,46	37,8	444	7,3	20,6
		S S	492	1,65	1,37	44,7	52,1	1,80	31,4	349	6,1	1,60	38,0	476	8,4	18,3	1,51	36,2	442	8,4	23,3
	S	N	480	1,64	1,29	44,4	48,8	1,74	32,5	408	7,4	1,60	37,4	484	9,0	16,1	1,48	36,0	546	5,5	19,6
		S	513	1,46	1,42	46,1	51,9	1,64	32,3	369	5,5	1,54	38,5	475	9,2	14,6	1,45	37,2	494	3,6	14,6
Marine Chrom M Cr	A	A	503	1,22	1,14	43,7	47,9	1,44	28,0	334	8,3	1,30	34,1	450	7,4	16,7	1,20	33,9	518	5,0	20,8
		N	463	1,36	1,14	39,7	46,6	1,54	28,8	328	8,8	1,42	33,3	434	7,0	14,3	1,28	32,2	546	4,9	20,8
		S	480	1,24	1,19	39,4	48,0	1,48	28,6	318	0,8	1,36	33,0	428	6,0	13,5	1,25	32,5	538	6,1	20,9
		S S	527	1,20	1,30	45,8	51,9	1,44	29,1	288	4,2	1,32	34,5	454	7,7	15,3	1,18	34,2	576	6,7	23,6
	N	A	479	1,26	1,12	41,3	50,9	1,44	29,2	305	(0,8)	1,28	36,2	487	4,8	15,3	1,25	34,8	500	5,8	18,0
		S S	494	1,36	1,14	42,2	47,7	1,50	29,7	262	5,2	1,31	35,7	489	5,4	17,3	1,23	33,4	465	5,7	22,7
	S	N	480	1,27	1,05	40,2	48,2	1,46	29,4	335	6,4	1,33	34,1	434	7,7	15,8	1,24	34,4	531	5,4	19,9
		S	475	1,17	1,04	38,5	46,6	1,41	30,0	316	7,3	1,29	34,4	436	8,0	15,6	1,23	32,9	521	7,0	19,2

Zahlentafel 3

Farbe	Bewette-rungsdauer Monate	Filzdecke nach dem Bewettern und Scheuern	
		am besten erhalten	am wenigsten gut erhalten
Roh-weiß	2	Bindung überall sichtbar	keine Unter-schiede nach
	4	Bindung völlig kahl	Wasch- und Walkverfahren
Feld-grau	2	AA/Cr AN/Cr AS/Cr NSS/Cr SN/Cr SS/Cr	AA/K NSS/K SN/K SS/K ZSS/K und Cr BA/K und Cr BB/Cr
	4	bei allen Tuchen praktisch gleich	
Marineblau	2	AA/Cr AN/Cr AS/Cr ASS/Cr NA/Cr SN/Cr SS/Cr	AA/K AN/K AS/K ASS/K NA/K NSS/K SN/K SS/K
	4	AA/Cr ASS/Cr NA/K NSS/Cr SN/Cr SS/Cr	AN/K AS/K ASS/K NA/K NSS/K SN/K SS/K
Neu-grau	2 4	keine merklichen Unterschiede	

2. Veränderung der Stoffoberfläche

Durch das Bewettern sind bei den Versuchstuchen in der Beschaffenheit der Stoffoberfläche Veränderungen eingetreten, die für die einzelnen Versuchsgruppen Unterschiede in Abhängigkeit von der Farbe der Tuche aufweisen. Bei den rohweißen Tuchen ist nach zwei Monaten Bewetterung ein leichtes, nach vier Monaten ein starkes Dünnerwerden der Filzdecke festzustellen, besonders deutlich beim zellwollhaltigen Tuch. Die feldgrauen Tuche werden mit zunehmender Bewetterung dunkler, ebenso die neugrauen Hosentuche, und zwar infolge Herausfallens der photochemisch stärker geschädigten weißen Wollhaare. Dagegen ist die Decke der marineblauen Tuche durch das Bewettern kaum merklich angegriffen worden.

Nach dem Scheuern waren weitere Veränderungen an der Stoffoberfläche der bewetterten Tuche festzustellen, wobei sich Unterschiede nach Betrieb, Farbe, Färbeverfahren und z. T. auch nach Wasch- und Walkverfahren ergaben. Im allgemeinen erwiesen sich die im Betrieb I hergestellten Tuche nach zwei Monaten Bewetterung — wie schon nach dem Scheuern der Tuche im Anlieferungszustand beobachtet werden konnte — als etwas weniger scheuerempfindlich als die vom Betrieb II gelieferten Tuche, d. h. die Filzdecke blieb nach dem Scheuern etwas besser erhalten. Im übrigen zeigten aber bei beiden Betrieben die Parallelstücke der Tuche trotz

b) Chemische Untersuchungen

1. Reaktion und Fettgehalt

Zahlentafel 4. Rohwollen und gewaschene Wollen

Art der Wolle	Waschverfahren	Betrieb	Reaktion gegen Lackmus	Fettgehalt in %		
				Äther-lösliches	Alkohol-lösliches	Gesamt fett-gehalt
Deutsche Wolle	Rohwollen	—	—	9,6	3,5	13,1
	Seife-Soda-Waschverfahren	I	schwach alkalisch	1,5	1,2	2,7
		II	neutral	1,7	4,0	5,7
	Hansa-Waschver-fahren, neutral	I	neutral	0,5	1,0	1,5
		II	neutral	0,8	1,1	1,9
	Hansa-Waschver-fahren, schwach-sauer	I	neutral	0,6	1,1	1,7
		II	neutral	0,6	0,9	1,5
	Böhme-Fettchemie-Waschverfahren, schwachsauer	I	neutral	0,8	1,0	1,8
		II	neutral	0,6	1,0	1,6
Kap-Wolle	Rohwollen	—	—	24,6	0,8	25,4
	Seife-Soda-Waschverfahren	I	neutral	0,4	1,0	1,4
		II	neutral	5,4	1,0	6,4
	Hansa-Waschver-fahren, neutral	I	neutral	0,7	0,9	1,6
		II	neutral	1,2	0,9	2,1
	Hansa-Waschver-fahren, schwach-sauer	I	neutral	0,8	1,3	2,1
		II	schwach sauer	1,7	0,9	2,6
	Böhme-Fettchemie-Waschverfahren, schwachsauer	I	neutral	1,4	0,9	2,3
		II	neutral	0,7	0,9	1,6
Montevideo-Wolle	Rohwollen	—	—	15,7	2,3	18,0
	Seife-Soda-Waschverfahren	I	neutral	1,5	1,1	2,6
		II	neutral	4,7	0,7	5,4
	Hansa-Wasch-verfahren	I	neutral	1,8	0,8	2,6
		II	neutral	0,5	0,8	1,3
	Hansa-Waschver-fahren, schwach-sauer	I	neutral	0,5	1,1	1,6
		II	schwach sauer	1,1	1,2	2,3
	Böhme-Fettchemie-Waschverfahren, schwachsauer	I	neutral	1,0	1,0	2,0
		II	neutral	0,4	1,1	1,5

gleichzeitiger Herstellung nicht immer das gleiche Verhalten. Der Einfluß der Farbe ist auch beim Scheuern der gleiche wie beim Bewettern; je nach der Größe der eingetretenen photochemischen Schädigung ergab sich entsprechend bei den rohweißen Tuchen die größte, bei den feldgrauen und neugrauen Tuchen eine weniger große und bei den marineblauen Tuchen die geringste Scheuerempfindlichkeit. Auffällig ist der Einfluß des Färbeverfahrens; bei allen Versuchsgruppen war die Stoffdecke nach dem Bewettern und Scheuern bei den chromgefärbten Tuchen fast durchweg besser erhalten als bei den küpengefärbten Tuchen, die besonders bei den marineblauen auch ein starkes Weißscheuern aufwiesen. Ein Einfluß der Wasch- und Walkverfahren war dabei nicht eindeutig zu erkennen, wie aus den in Zahlentafel 3 unter Verwendung der Kurzzeichen (vgl. S. 43, 44) und Fortlassung mittlerer Gütegruppen gemachten Angaben hervorgeht.

V. Auswertung

Die Gesichtspunkte, nach denen die Auswertung der Versuchsergebnisse vorzunehmen war, beruhen auf folgender Fragestellung:

1. In welchem p_H-Bereich wird bei der Wollwäsche der günstigste Wascheffekt bei geringster Wollschädigung erreicht?

2. Welche Kombination von Wasch- und Walkverfahren in verschiedenen p_H-Bereichen gewährleistet die beste Tragfähigkeit der Tuche?

3. Welchen Einfluß üben dabei Farbe und Färbeverfahren aus?

Wie schon auf S. 45 ausgeführt wurde, mußte bei der großen Anzahl von Einzel- und Parallelversuchen auf eine Besprechung der Einzelwerte jedes Versuchsstückes verzichtet werden und zur Auswertung eine weitgehende Zusammenfassung zu einheitlichen Versuchsgruppen erfolgen. Auch auf eine eingehendere Betrachtung der durch die verschiedenen Betriebsverhältnisse bedingten Unterschiede zwischen den Tuchen der beiden Betriebe kann nicht eingegangen werden. Es sei hier lediglich kurz erwähnt, daß im Durchschnitt die Tuche des Betriebes II ein geringeres Stoffgewicht, eine niedrigere Zugfestigkeit in Schußrichtung und eine etwas höhere Empfindlichkeit gegen Scheuerbeanspruchung und Witterungseinflüsse als die Tuche des Betriebes I aufweisen. Diese Unterschiede dürften neben den beträchtlichen Abweichungen im Stoffgewicht vermutlich in erster Linie auf die wesentlich längere Walkdauer im Betrieb II zurückzuführen sein. Im übrigen weisen aber die Mittelwerte der Versuchsgruppen der einzelnen Betriebe im Vergleich zueinander die gleiche Tendenz auf, so daß eine Gesamtmittelwertbildung der Ergebnisse beider Betriebe zulässig erscheint.

A. Untersuchung der Wollen

A u s f a l l d e r W o l l w ä s c h e (vgl. S. 40). Die gewaschene Wolle ist bei der neutralen und schwachsauren Behandlung im Vergleich zur alkalischen Wollwäsche offener, voluminöser, lebendiger, weniger verfilzt und etwas weißer. Die z. T. sehr harten Spitzen werden allerdings nicht so gut aufgelöst wie bei der alkalischen Behandlung. Infolge ihrer geringeren Quellung und der besseren Auflockerung erfordern die neutral und schwachsauer gewaschenen Wollen eine merklich kürzere Trockenzeit als die alkalisch gewaschenen Wollen.

R e a k t i o n u n d F e t t g e h a l t. Die in Zahlentafel 4 und 4a angegebenen Einzelwerte ergeben die in Zahlentafel 8 zusammengefaßten Durchschnittswerte.

Danach läßt sich bei der alkalischen Wollwäsche das Alkali aus der Wolle nicht restlos entfernen, während die neutral oder

Zahlentafel 4a. R o h w o l l e n u n d g e w a s c h e n e W o l l e n d e r I G - V e r s u c h s r e i h e

Art der Wolle	Waschverfahren	Betrieb	Reaktion gegen Lackmus	Äther-lösliches	Alkohol-lösliches	Gesamt-fett-gehalt
				Fettgehalt in %		
Deutsche Wolle	Seife-Soda-Waschverfahren	I	schwach alkalisch	1,8	0,8	2,6
		II	schwach alkalisch	1,2	0,9	2,1
	IG-Waschverfahren, schwachsauer	I	neutral	0,6	1,0	1,6
		II	neutral	0,4	0,7	1,1
Kap-Wolle	Seife-Soda-Waschverfahren	I	schwach alkalisch	2,0	0,7	2,7
		II	alkalisch	1,0	1,0	2,0
	IG-Waschverfahren, schwachsauer	I	neutral	0,4	0,8	1,2
		II	schwach sauer	0,4	0,8	1,2
Montevideo-Wolle	Seife-Soda-Waschverfahren	I	schwach alkalisch	3,0	0,8	3,8
		II	schwach alkalisch	1,2	1,0	2,2
	IG-Waschverfahren, schwachsauer	I	neutral	0,3	0,8	1,1
		II	schwach sauer	0,2	0,8	1,0

Zahlentafel 5. R o h w e i ß e F e r t i g t u c h e

Waschverfahren	Walkverfahren	Reaktion gegen Lackmus	Betrieb	Äther-lösliches	Alkohol-lösliches	Gesamt-fett-gehalt
				Fettgehalt in %		
Seife-Soda-Waschverfahren (A)	Seife-Soda (A)	schwach	I	0,1	0,8	0,9
		alkalisch	II	0,2	0,8	1,0
	Hansa-neutral (N)	Spur	I	0,4	0,8	1,2
		alkalisch	II	0,2	0,9	1,1
	Hansa-schwachsauer (S)	Spur	I	0,2	0,9	1,1
		alkalisch	II	0,2	0,9	1,1
	Schwefelsäure (SS)	Spur	I	0,1	0,7	0,8
		alkalisch	II	0,2	0,8	1,0
Hansa-Waschverfahren, neutral (N)	Seife-Soda (A)	schwach	I	0,1	1,0	1,1
		alkalisch	II	0,2	1,0	1,2
	Schwefelsäure (SS)	Spur	I	0,1	1,0	1,1
		alkalisch	II	0,1	1,1	1,2
Hansa-Waschverfahren, schwachsauer (S)	Hansa-neutral (N)	schwach	I	0,1	0,7	0,8
		alkalisch	II	0,2	1,3	1,5
		neutral	I	0,1	1,0	1,1
	Hansa-schwachsauer (S)		II	0,2	1,3	1,5
Hansa-Waschverfahren (ZS)	Hansa, schwachsauer (S)	schwach	I	0,6	0,5	1,1
		alkalisch	II	0,1	0,8	0,9
Böhme-Fettchemie-Waschverfahren, schwachsauer (B)	Seife-Soda (A)	schwach	I	0,3	0,7	1,0
		alkalisch	II	0,4	1,1	1,5
	Böhme-Fettchemie, neutral (B)	schwach	I	0,8	0,8	1,6
		alkalisch	II	0,1	0,8	0,9

2. Wollschädigung

Zahlentafel 6. Rohwollen und gewaschene Wollen

Waschverfahren	Betrieb	Diazo-Reaktion nach Pauly[1]			Diazotitrationsverfahren nach Groß (mg Diazotat)		
		Deutsche Wolle[2]	Kap-Wolle	Monte-video-Wolle	Deutsche Wolle	Kap-Wolle	Monte-video-Wolle
Rohwolle	—	3—4	5—6	5—6	2,6	2,2	1,3
Seife-Soda-Waschverfahren	I	2—3	3—4	4	2,5	3,1	2,2
	II	4—5	4—5	4—5	2,7	2,3	2,8
Hansa-Waschverfahren, neutral	I	4—5	4—5	4	1,8	1,4	1,5
	II	4	5—6	4—5	2,4	2,2	1,4
Hansa-Waschverfahren, schwachsauer	I	3	5—6	4—5	1,9	1,6	1,6
	II	4	6	5—6	2,6	1,6	3,1
Böhme-Fettchemie-Waschverfahren, schwachsauer	I	4	4—5	4—5	2,5	1,5	1,4
	II	4	5—6	4—5	2,2	1,1	2,1

Zahlentafel 6a. Rohwollen und gewaschene Wollen der IG-Versuchsreihe

Waschverfahren	Betrieb	Diazo-Reaktion nach Pauly[1]			Diazotitrationsverfahren nach Groß (mg Diazotat)		
		Deutsche Wolle[2]	Kap-Wolle	Monte-video-Wolle	Deutsche Wolle	Kap-Wolle	Monte-video-Wolle
Seife-Soda-Waschverfahren	I	3—4	4—5	3—4	3,6	2,3	2,3
	II	3	3	4	2,5	—	—
IG-Waschverfahren, schwachsauer	I	3—4	4—5	4—5	1,6	1,6	1,9
	II	4	6	4—5	3,4	2,5	1,2

[1] Beurteilung nach 6 Graden der Schädigung:
1—2 = starke Rotfärbung.
3—4 = merkliche Rotfärbung.
5—6 = leichte Rotfärbung.
[2] Die Muster waren sehr spitzig und ungleichmäßig im Schädigungsgrad.

Zahlentafel 7. Rohweiße Fertigtuche

Wasch-ver-fahren	Walk-ver-fahren	Betrieb	Diazo-Reaktion nach Pauly[1]					
			Einzelwerte			Mittelwerte		
			Anliefe-rung	bewettert 2 Mon.	bewettert 4 Mon.	Anliefe-rung	bewettert 2 Mon.	bewettert 4 Mon.
A	A	I	5	2	1—2			
		II	5	3	1—2	5	2—3	1—2
	N	I	5	2—3	1—2			
		II	5	2—3	1—2	5	2—3	1—2
	S	I	5	2—3	1—2			
		II	5—6	3	1—2	5—6	2—3	1—2
	SS	I	4—5	2—3	1—2			
		II	5	3—4	1—2	4—5	3	1—2
N	A	I	5	3	1—2			
		II	4	3	2	4—5	3	1—2
	SS	I	4—5	3	1			
		II	5	3—4	1—2	4—5	3—4	1—2
S	N	I	5	3	1—2			
		II	5	3	2	5	3	1—2
	S	I	5—6	2—3	1—2			
		II	5—6	3	1—2	5—6	2—3	1—2
ZS	S	I	5—6	3	2—3[2]			
		II	6	2—3	1—2	5—6	2—3	1—2
B	A	I	4	3	1			
		II	5	2—3	2	4—5	2—3	1—2
	B	I	5	3	2—3			
		II	5—6	3	2	5—6	3	2—3

[1] Beurteilt nach 6 Schädigungsgraden: 1—2 = starke Rotfärbung, 3—4 = merkliche Rotfärbung, 5—6 = leichte Rotfärbung.
[2] Beurteilung erschwert, da fast ohne Filz.

schwachsauer gewaschenen Wollen eine unschädliche neutrale oder schwachsaure Reaktion aufweisen.

Der Restfettgehalt der Waschwollen ist bei der — allerdings sehr vorsichtig geführten — alkalischen Wollwäsche merklich höher als bei den übrigen Waschverfahren, die unter sich keine wesentlichen Unterschiede zeigen. Der besonders niedrige Restfettgehalt der nach dem IG-Waschverfahren gewaschenen Wolle ist offenbar auf die höhere Waschtemperatur zurückzuführen.

Wollschädigung. Eine Zusammenfassung der in Zahlentafel 6 und 6a wiedergegebenen Einzelwerte führt zu den in Zahlentafel 9 verzeichneten Durchschnittswerten.

Hieraus geht hervor, daß nur bei der alkalischen Wäsche eine geringe Wollschädigung eintritt.

B. Untersuchung der Tuche
a) Ausfall der Walke

Sämtliche Walkverfahren ergaben brauchbare Tuche (vgl. S. 43). Ein Einfluß des Wollwaschverfahrens war nur bei den alkalisch gewaschenen Wollen zu erkennen; die daraus hergestellten Tuche walkten meist nicht so lange wie die Tuche aus neutral bzw. schwachsauer gewaschenen Wollen. Die Art des Walkverfahrens ergab nur bei der Säurewalke eine geringe Verkürzung der Walkdauer. Merklich größeren Einfluß auf die Walkdauer hat die Färbung der Tuche; die rohweißen Tuche walkten schneller als die feldgrauen, während die marineblauen die längsten Walkzeiten aufwiesen. Die Gerberbildung beim Auswaschen war allgemein bei den synthetischen Waschmitteln anfangs schlechter als bei alkalischer Auswäsche.

Die Reaktion der Fertigtuche war durchweg neutral bis schwach alkalisch. Der Restfettgehalt (vgl. Zahlentafel 5) betrug durchschnittlich 1,1 % und erreicht nur in einzelnen durch die Kontrollversuchsreihe im anderen Betrieb nicht bestätigten Fällen Werte von

Zahlentafel 8

Waschverfahren	Reaktion gegen Lackmus	Fettgehalt in %		
		Äther-lösliches	Alkohol-lösliches	Gesamt-fett-gehalt
Rohwolle	—	16,6	2,2	18,8
Seife-Soda-Waschver-fahren	neutral bis schwach-alkalisch	2,5	1,5	4,0
Hansa-Waschverfahren, neutral	neutral	0,9	0,9	1,8
Hansa-Waschverfahren, schwachsauer	neutral bis schwach-sauer	0,9	1,1	2,0
Böhme-Fettchemie-Waschverfahren, schwachsauer	neutral	0,8	1,0	1,8
IG-Versuchsreihe				
Seife-Soda-Waschver-fahren	schwach-alkalisch	1,7	0,9	2,6
IG-Waschverfahren, schwachsauer	neutral bis schwach-sauer	0,4	0,8	1,2

1,5 bis 1,6%. Sämtliche Tuche kamen einwandfrei gewalkt und gewaschen heraus.

Die mit der Diazoreaktion nach Pauly nachgewiesene W o l l s c h ä d i g u n g (vgl. Zahlentafel 7) ist in allen Fällen als sehr gering anzusprechen. Bei den alkalisch und stark sauer gewalkten Stücken scheint die Schädigung etwas stärker zu sein als bei den übrigen Tuchen.

Zahlentafel 9

Waschverfahren	Diazo-Reaktion [1] nach P a u l y	Diazotitrations-verfahren nach G r o s s mg Diazotat
Rohwolle	4—5	2,0
Seife-Soda-Waschverfahren . . .	3—4	2,6
Hansa-Waschverfahren, neutral .	4—5	1,8
Hansa-Waschverfahren, schwach-sauer	4—5	2,1
Böhme-Fettchmie-Waschverfah-ren, schwachsauer	4—5	1,8
I G - V e r s u c h s r e i h e		
Seife-Soda-Waschverfahren . . .	3—4	2,7
IG-Waschverfahren, schwachsauer	4—5	2,0

[1] Beurteilung nach 6 Schädigungsgraden:
    1—2 = starke Rotfärbung
    3—4 = merkliche Rotfärbung
    5—6 = leichte Rotfärbung.

b) Einzelbeurteilung des Einflusses der Wasch- und Walk-verfahren auf die Tragfähigkeit der Tuche

1. A u s w e r t u n g d e r Z u s a m m e n s t e l l u n g e n i n Z a h l e n t a f e l 1 u n d 2

Für die Beurteilung der G e b r a u c h s t ü c h t i g - k e i t der Tuche sind die im Anlieferungszustand feststell- baren Eigenschaften allein nicht ausschlaggebend. Es muß zwar von Anfang an ein Mindestmaß der die Güte kenn- zeichnenden Eigenschaften vorhanden sein, liegen diese aber über diesem Mindestmaß, so sind die zwischen ver- schiedenen Tuchen auftretenden Unterschiede keineswegs immer so zu deuten, daß die höchsten Werte auch eine Gewähr für die bessere Gebrauchstüchtigkeit geben. Die allgemeinen Erfahrungen gehen vielmehr dahin, daß auch die Größe der Veränderungen mitbewertet werden muß, welche die Tucheigenschaften durch zusätzliche Bean-

spruchungen erfahren, wie sie im praktischen Gebrauch auftreten. Als solche Gebrauchsbeanspruchungen sind bei Tuchen in erster Linie Scheuerung und Witterungsein- flüsse anzusehen. Dabei ist es durchaus denkbar und durch ausreichende Erfahrung belegt, daß die durch besondere Umstände bedingten ausgezeichneten Eigenschaften eines Tuches im Anlieferungszustand durch die zusätzliche Be- anspruchung eine stärkere Minderung erfahren können, als bei einem Tuch mit anfänglich etwas weniger guten Eigen- schaften, das somit eine bessere Tragfähigkeit besitzt. Der Grundsatz der Mitbewertung des Einflusses einer zusätz- lichen Beanspruchung ist besonders bei solchen Unter- suchungen wichtig, bei denen — wie im vorliegenden Falle — eine Beurteilung von Schädigungen erfolgen soll, die infolge der besonderen Sorgfalt bei der Tuchherstellung im Anlieferungszustand nur im kleinsten Ausmaße oder nicht erkennbar vorhanden sein können und sich erst durch eine verschieden starke Weiterentwicklung bei Zusatzbean- spruchungen differenzieren.

Dementsprechend wurden für die Beurteilung des Ein- flusses der Wasch- und Walkverfahren auf die Tragfähig- keit der Versuchstuche die in den Zahlentafeln 1 und 2 wiedergegebenen Mittelwerte der Prüfergebnisse der Ver- suchsgruppen herangezogen und die für die Gütebewertung wichtigen Eigenschaften:

Berstfestigkeit, bemessen nach der Berstreißlänge (km) } im Anlieferungszu-stand,

Gewichtsverlust beim Scheuern in mg/100 cm²

Festigkeitsverlust beim Scheuern in % der Berstfestigkeit vor dem Scheuern } nach 2 Monaten und 4 Monaten Bewet-terung,

Festigkeitsverlust durch Bewettern und Scheuern in % der Berstfestigkeit im Anlieferungszustand, der besseren Übersichtlichkeit halber auch graphisch in den B.ldern 1—26 dargestellt. Die Darstellungen wurden hier- bei getrennt nach Farbe und Färbeverfahren vorgenommen. Da auch wegen der großen Zahl der zu vergleichenden Kom- bination von Wasch- und Walkverfahren und dem z. T. übereinstimmenden Verlauf der Linienzüge nicht alle Ver- suchsgruppen jeweils in einem Bilde vereinigt werden konn- ten, sind überall leicht schraffiert die Streuungsbereiche innerhalb der oberen und unteren Grenzen der Linienzüge

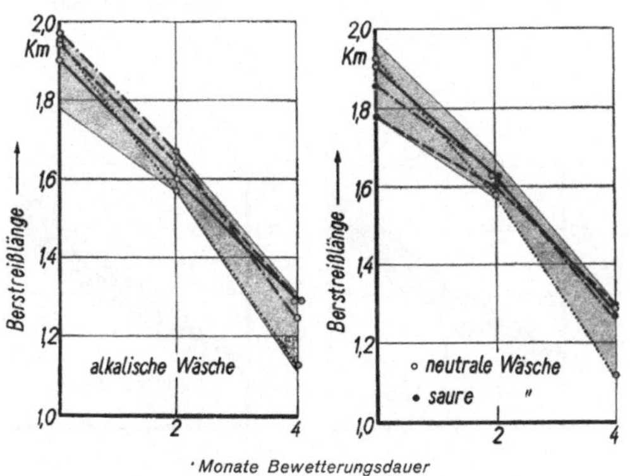

Bild 1. Berstfestigkeit: rohweiße Tuche

——— alkalische Walke,   —·— neutrale Walke,
— — schwachsaure Walke, ... starksaure Walke

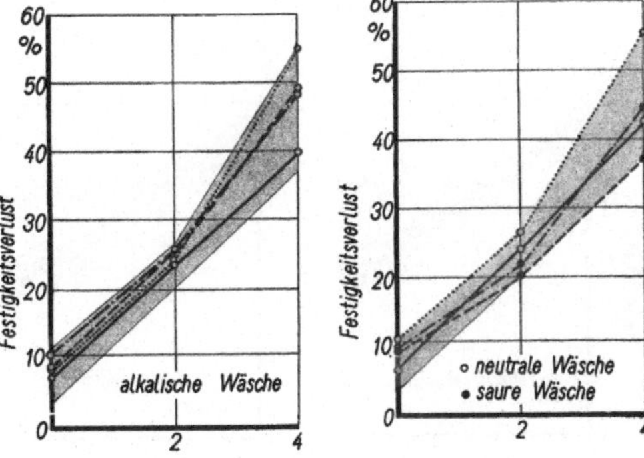

Bild 2. Festigkeitsverlust durch Bewettern und Scheuern: rohweiße Tuche

——— alkalische Walke   —·— neutrale Walke,
— —· schwachsaure Walke, ... starksaure Walke

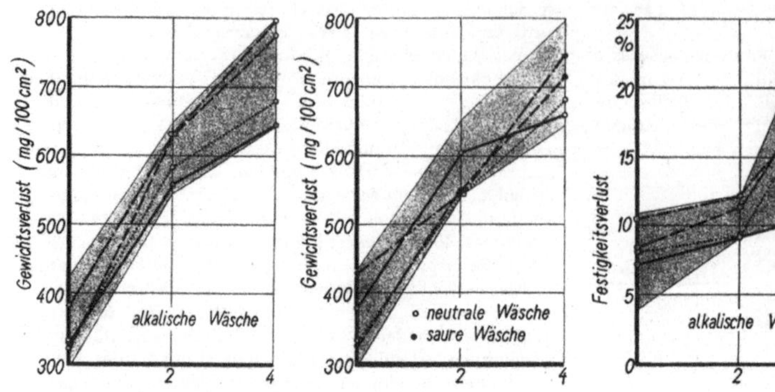

Bild 3. Gewichtsverlust beim Scheuern: rohweiße Tuche
—— alkalische Walke,   —·— neutrale Walke,
— — schwachsaure Walke, ... starksaure Walke

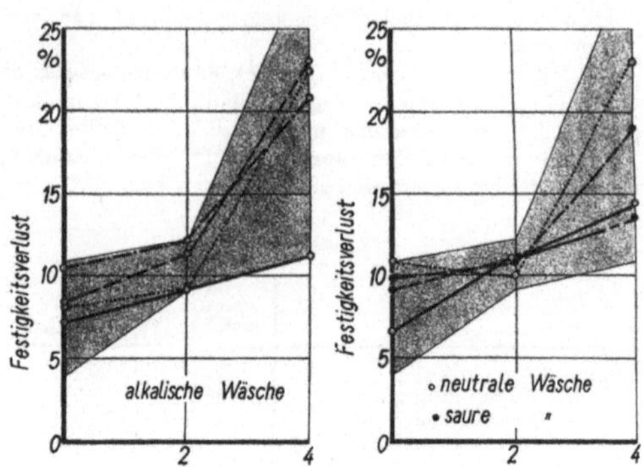

Bild 4. Festigkeitsverlust beim Scheuern: rohweiße Tuche
—— alkalische Walke,   —·— neutrale Walke,
— — schwachsaure Walke, ... starksaure Walke

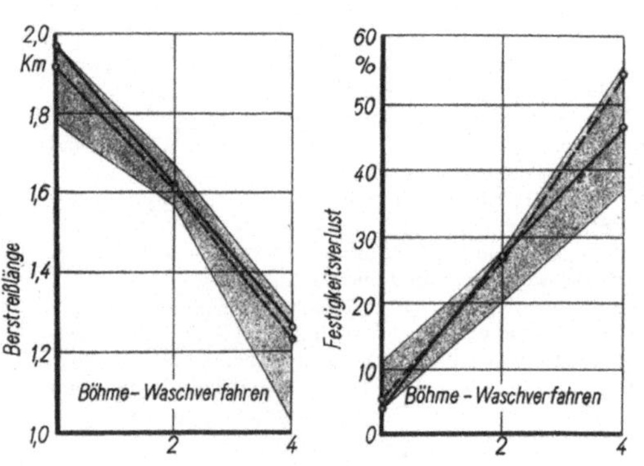

Bild 5. Berstfestigkeit und Festigkeitsverlust durch Bewettern
und Scheuern: rohweiße Tuche
—— alkalische Walke,   — — saure (Böhme-) Walke

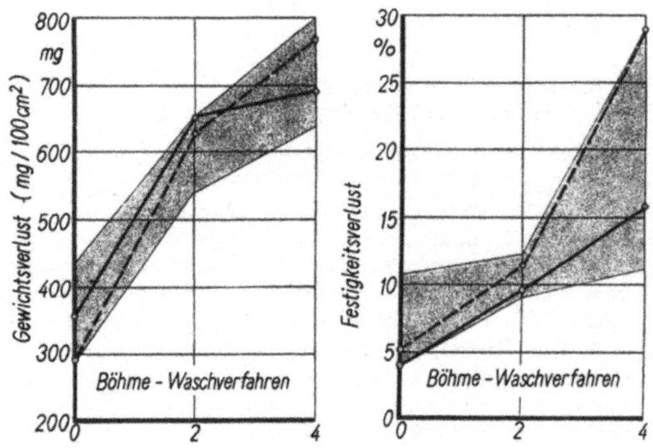

Bild 6. Gewichtsverlust und Festigkeitsverlust beim Scheuern:
rohweiße Tuche
—— alkalische Walke,   — — saure (Böhme-) Walke

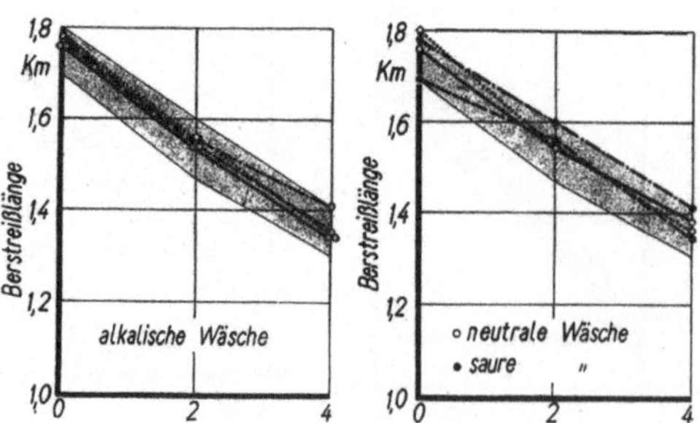

Bild 7. Berstfestigkeit:
feldgrau-küpengefärbte Tuche
—— alkalische Walke,   —·— neutrale Walke,
— — schwachsaure Walke, ... starksaure Walke

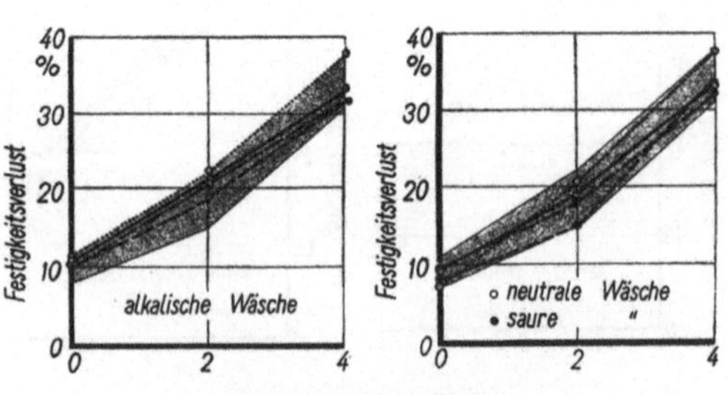

Bild 8. Festigkeitsverlust durch Bewettern und Scheuern:
feldgrau-küpengefärbte Tuche
—— alkalische Walke,   —·— neutrale Walke,
— — schwachsaure Walke, ... starksaure Walke

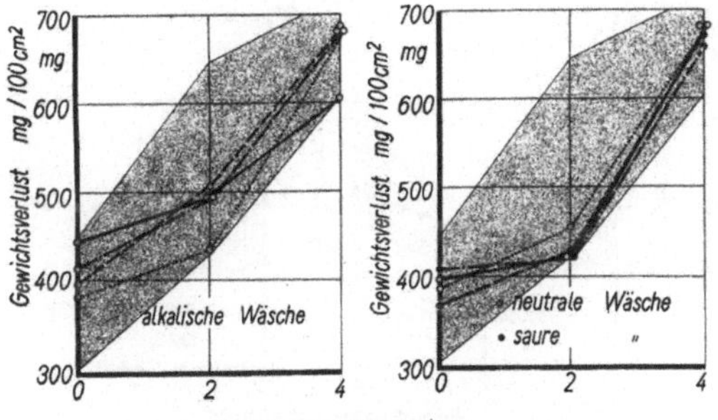

Bild 9. Gewichtsverlust beim Scheuern:
feldgrau-küpengefärbte Tuche

——— alkalische Walke,   —·— neutrale Walke,
— — schwachsaure Walke, ... starksaure Walke

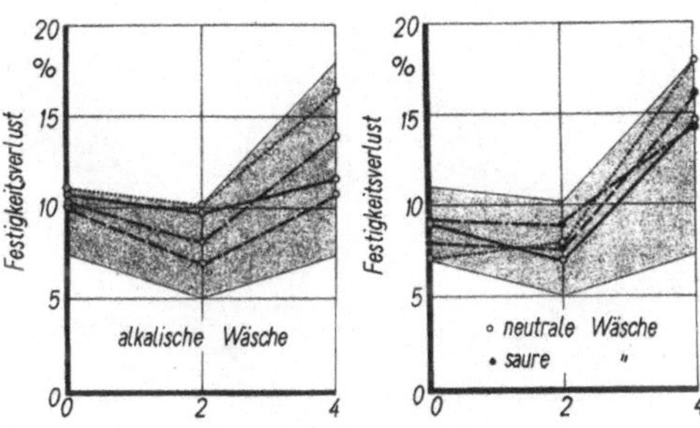

Bild 10. Festigkeitsverlust beim Scheuern:
feldgrau-küpengefärbte Tuche

——— alkalische Walke,   —·— neutrale Walke,
— — schwachsaure Walke, ... starksaure Walke

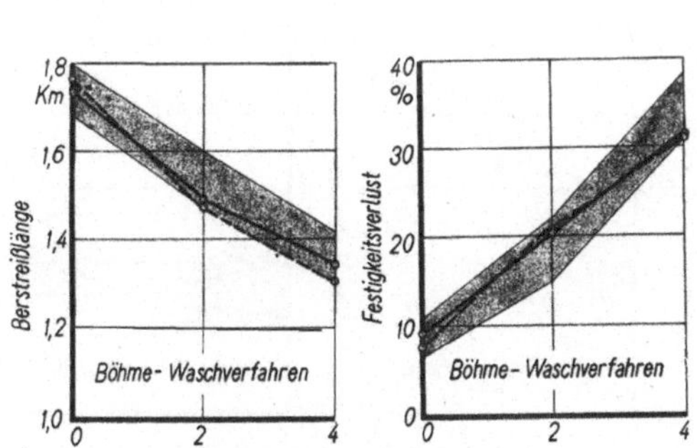

Bild 11. Berstfestigkeit und Festigkeitsverlust durch Bewettern
und Scheuern: feldgrau-küpengefärbte Tuche

——— alkalische Walke,   — — saure (Böhme-) Walke

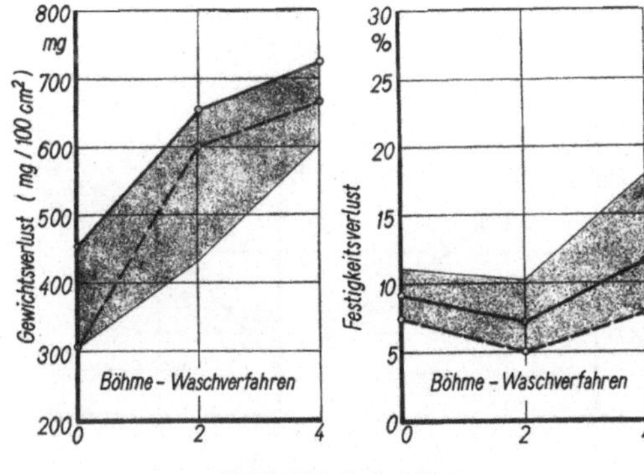

Bild 12. Gewichtsverlust und Festigkeitsverlust beim Scheuern:
feldgrau-küpengefärbte Tuche

——— alkalische Walke,   — — saure (Böhme-) Walke

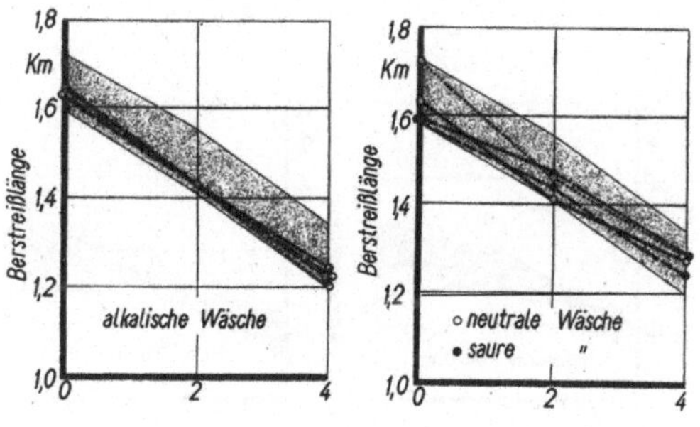

Bild 13. Berstfestigkeit: feldgrau-chromgefärbte Tuche

——— alkalische Walke,   —·— neutrale Walke,
— — schwachsaure Walke, ... starksaure Walke

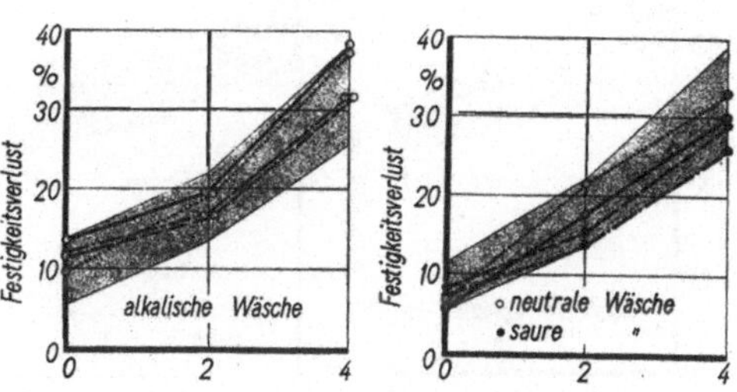

Bild 14. Festigkeitsverlust durch Bewettern und Scheuern:
feldgrau-chromgefärbte Tuche

——— alkalische Walke,   —·— neutrale Walke,
— — schwachsaure Walke, ... starksaure Walke

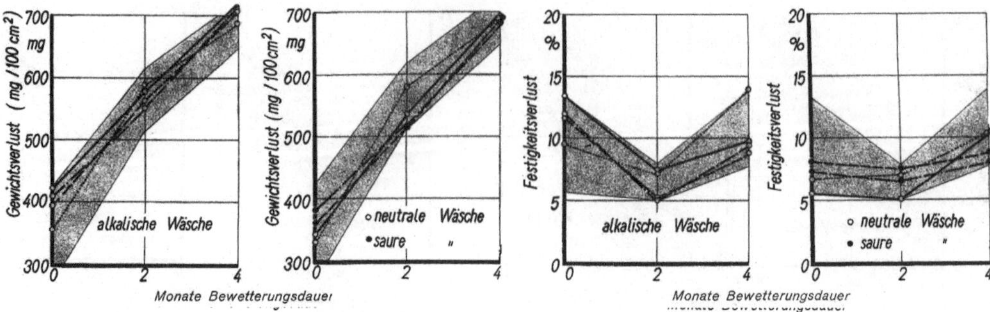

Bild 15. Gewichtsverlust beim Scheuern:
feldgrau-chromgefärbte Tuche

Bild 16. Festigkeitsverlust beim Scheuern:
feldgrau-chromgefärbte Tuche

—— alkalische Walke,   —·— neutrale Walke,
— — schwachsaure Walke, ... starksaure Walke

—— alkalische Walke,   —·— neutrale Walke
— — schwachsaure Walke, ... starksaure Walke

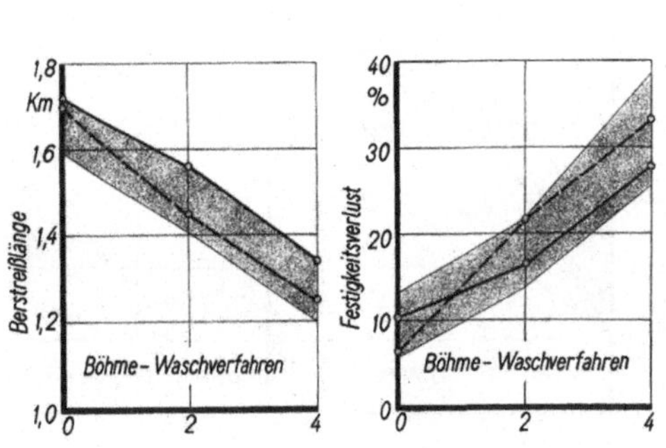

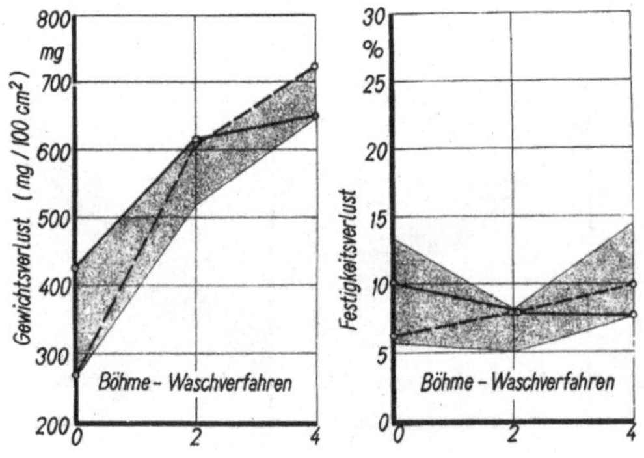

Bild 17. Berstfestigkeit und Festigkeitsverlust durch Bewettern
und Scheuern: feldgrau-chromgefärbte Tuche

—— alkalische Walke,   — — saure (Böhme-) Walke

Bild 18. Gewichtsverlust und Festigkeitsverlust beim Scheuern:
feldgrau-chromgefärbte Tuche

—— alkalische Walke,   — — saure (Böhme-) Walke

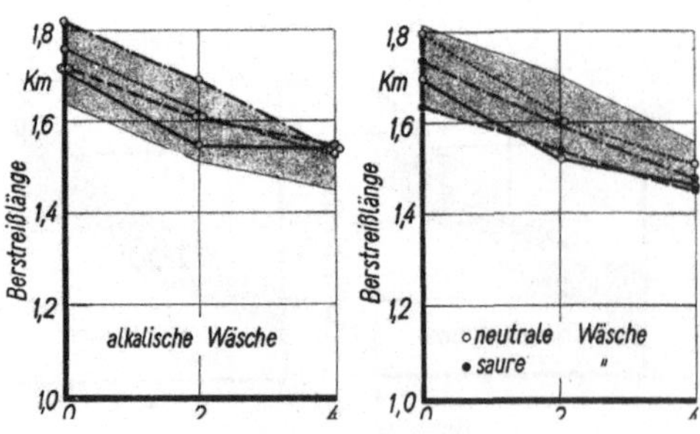

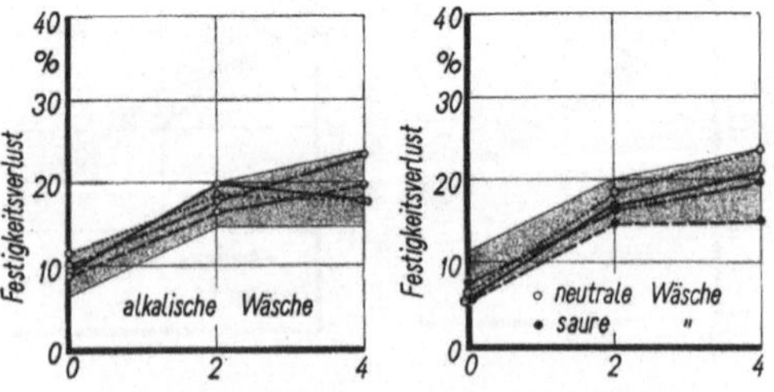

Bild 19. Berstfestigkeit: marineblau-küpengefärbte Tuche

—— alkalische Walke,   —·— neutrale Walke,
— — schwachsaure Walke, ... starksaure Walke

Bild 20 Festigkeitsverlust durch Bewettern und Scheuern:
marineblau-küpengefärbte Tuche

—— alkalische Walke,   —·— neutrale Walke,
— — schwachsaure Walke, ... starksaure Walke

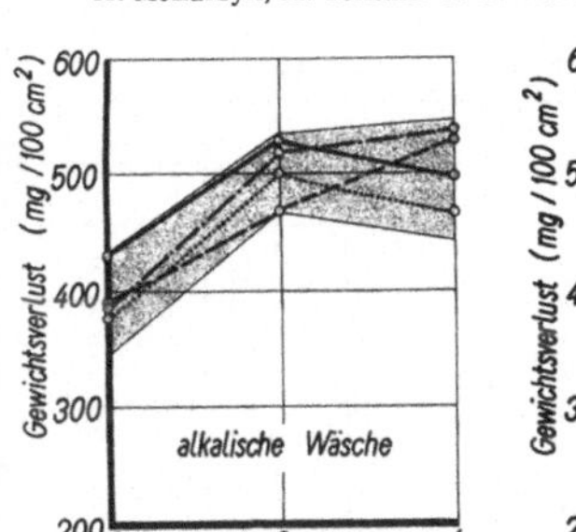
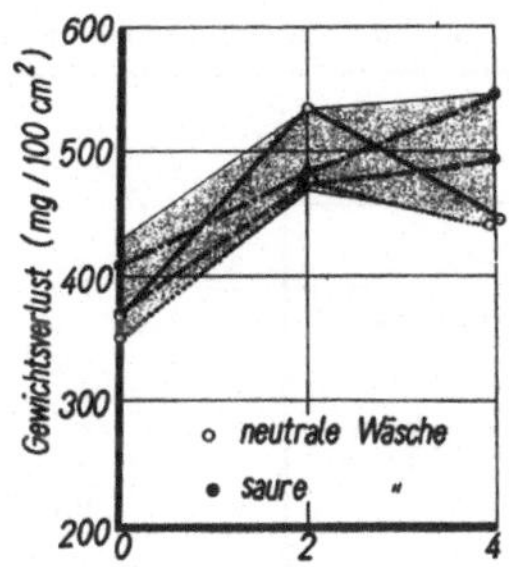

Monate Bewetterungsdauer

Bild 21. Gewichtsverlust beim Scheuern.
marineblau-küpengefärbte Tuche

—— alkalische Walke,   —·— neutrale Walke,
— — schwachsaure Walke, ... starksaure Walke

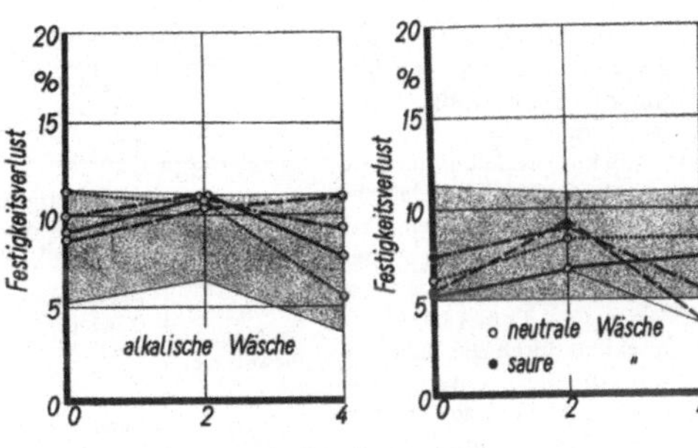

Monate Bewetterungsdauer

Bild 22. Festigkeitsverlust beim Scheuern:
marineblau-küpengefärbte Tuche

—— alkalische Walke,   —·— neutrale Walke,
— — schwachsaure Walke, ... starksaure Walke

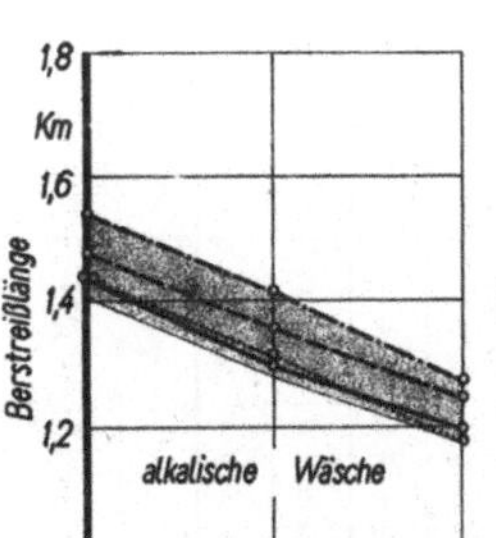
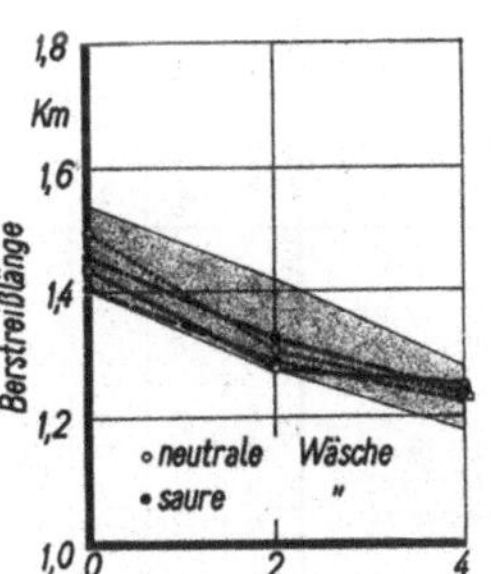

Monate Bewetterungsdauer

Bild 23. Berstfestigkeit: marineblau-chromgefärbte Tuche

—— alkalische Walke,   —·— neutrale Walke,
— — schwachsaure Walke, ... starksaure Walke

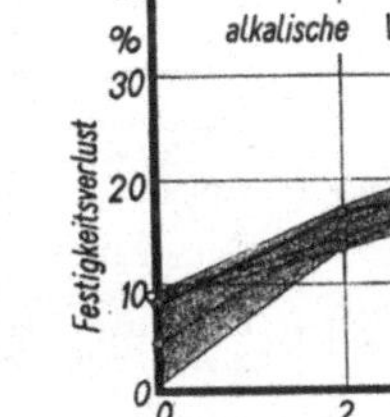
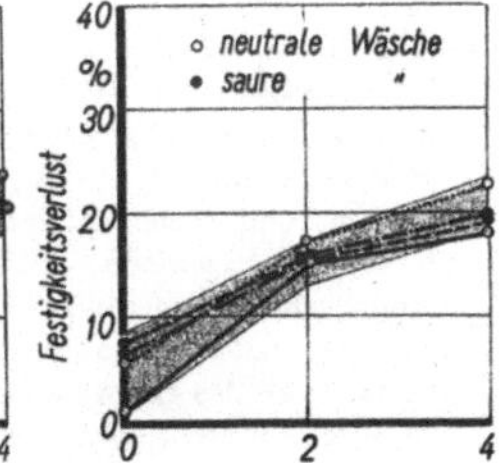

Monate Bewetterungsdauer

Bild 24. Festigkeitsverlust durch Bewettern und Scheuern:
marineblau-chromgefärbte Tuche

—— alkalische Walke,   —·— neutrale Walke
— — schwachsaure Walke, ... starksaure Walke

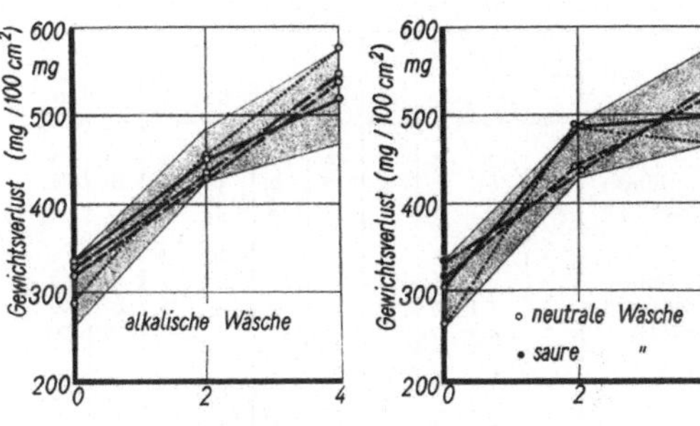

Monate Bewetterungsdauer

Bild 25. Gewichtsverlust beim Scheuern: marineblau-chromgefärbte Tuche

—— alkalische Walke,   —·— neutrale Walke,
— — schwachsaure Walke, ... starksaure Walke

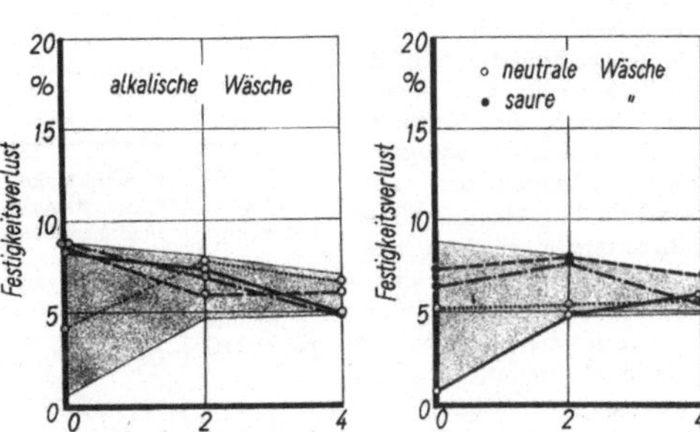

Monate Bewetterungsdauer

Bild 26. Festigkeitsverlust beim Scheuern: marineblau-chromgefärbte Tuche

—— alkalische Walke,   — — neutrale Walke,
— — schwachsaure Walke, ... starksaure Walke

der betreffenden Versuchsgruppe eingetragen worden, um die Beurteilung zu erleichtern.

Beim Vergleich der graphischen Darstellungen ist zunächst zu bemerken, daß die nach den angegebenen Gesichtspunkten zu bewertende Tragfähigkeit merklich durch die beim Bewettern einen entsprechenden Lichtschutz gewährende Farbe bzw. Farbtiefe beeinflußt wird, und daß auch ein gewisser Einfluß des Färbeverfahrens vorhanden ist. Für den Einfluß der Wäsche und Walke ist dagegen eine Eindeutigkeit, wie sie sich durch gleiche Reihenfolge der Bewertung der Verfahren bei rohweißen, feldgrauen und marineblauen küpen- und chromgefärbten Tuchen ergeben müßte, nicht festzustellen. Die Linienzüge der verschiedenen Wasch- und Walkverfahren liegen verhältnismäßig dicht beisammen, und soweit etwas größere Unterschiede vorhanden sind, erscheint bald das eine, bald das andere Verfahren als das günstigere. Die durch die verschiedenen Wasch- und Walkverfahren hervorgerufenen Unterschiede sind also offenbar kleiner als die durch fabrikationstechnische Streuungen bedingten, die ja nach den früheren Feststellungen (S. 8) trotz größter Sorgfalt bei der Herstellung merklich sind. Lediglich für das Böhme-Fettchemie-Wasch- und Walkverfahren (BA, BB) läßt sich aussagen, daß die danach hergestellten Versuchstuche anfänglich besonders gute Eigenschaften aufweisen, die aber durch das Bewettern einen bedeutend stärkeren Rückgang erleiden als bei den übrigen Tuchen.

Auch die Bestimmung der durch Bewettern eingetretenen zusätzlichen Wollschädigung (Zahlentafel 7) bei den rohweißen Tuchen gibt keinen Aufschluß darüber, welchem Wasch- und Walkverfahren der Verzug zu geben wäre. Ebenso läßt die Beurteilung der Verände-

Zahlentafel 10a. Punktbewertung der rohweißen Tuche

Waschverfahren		A				N		S		B	
Walkverfahren		A	N	S	SS	A	SS	N	S	A	B
I (Anlieferung)	Berstfestigkeit	8	2	4	3	7	5	9	10	1	6
	Gewichtsverlust. } beim	4	9	2	5	8	6	10	3	7	1
	Festigkeitsverlust } Scheuern	4	9	6	5	3	10	8	7	1	2
II (2 Monate bewettert)	Berstfestigkeit	7	1	2	10	3	9	4	8	5	6
	Gewichtsverlust. } beim	4	9	8	5	6	1	2	3	10	7
	Festigkeitsverlust } Scheuern	1	10	9	2	5	4	6	8	3	7
	Gesamt-Festigkeitsverlust .	3	8	6	5	4	10	2	1	9	7
III (4 Monate bewettert)	Berstfestigkeit	4	7	2	9	3	10	5	1	6	8
	Gewichtsverlust. } beim	1	10	9	3	2	4	7	6	5	8
	Festigkeitsverlust } Scheuern	1	6	9	7	3	8	5	2	4	10
	Gesamt-Festigkeitsverlust .	2	6	7	9	3	10	4	1	5	8
Summe I		16	20	12	13	18	21	27	20	9	9
Summe II		15	28	25	22	18	24	14	20	27	27
Summe III		8	29	27	28	11	32	21	10	20	34
Gesamtsumme		39	77	64	63	47	77	62	50	56	70

Zahlentafel 10b. Punktbewertung der feldgrau-küpengefärbten Tuche

Waschverfahren		A				N		S		B	
Walkverfahren		A	N	S	SS	A	SS	N	S	A	B
I (Anlieferung)	Berstfestigkeit	8	3	6	2	5	1	4	10	9	7
	Gewichtsverlust. } beim	9	8	5	3	6	2	7	4	10	1
	Festigkeitsverlust } Scheuern	9	8	7	10	4	1	5	3	6	2
II (2 Monate bewettert)	Berstfestigkeit	8	5	7	2	6	4	1	3	9	10
	Gewichtsverlust. } beim	7	6	9	4	2	5	1	3	10	8
	Festigkeitsverlust } Scheuern	9	7	2	10	3	6	8	5	4	1
	Gesamt-Festigkeitsverlust .	9	7	4	10	3	6	2	1	5	8
III (4 Monate bewettert)	Berstfestigkeit	8	2	5	6	3	4	1	7	9	10
	Gewichtsverlust. } beim	1	9	7	8	6	5	2	4	10	3
	Festigkeitsverlust } Scheuern	3	5	2	9	7	10	6	8	4	1
	Gesamt-Festigkeitsverlust .	6	4	3	9	7	10	5	8	2	1
Summe I		26	19	18	15	15	4	16	17	25	10
Summe II		33	25	22	26	14	21	12	12	28	27
Summe III		18	20	17	32	23	29	14	27	25	15
Gesamtsumme		77	64	57	73	52	54	42	56	78	52

Zahlentafel 10c. Punktbewertung der feldgrau-chromgefärbten Tuche

Waschverfahren		A				N		S		B	
Walkverfahren		A	N	S	SS	A	SS	N	S	A	B
I (Anlieferung)	Berstfestigkeit	5	7	8	4	6	1	9	10	2	3
	Gewichtsverlust. } beim	9	8	7	4	3	2	6	5	10	1
	Festigkeitsverlust } Scheuern	10	9	8	6	1	3	4	5	7	2
II (2 Monate bewettert)	Berstfestigkeit	7	9	8	6	10	3	2	5	1	4
	Gewichtsverlust. } beim	6	4	5	8	3	7	2	1	10	9
	Festigkeitsverlust } Scheuern	8	1	3	6	2	8	4	5	10	9
	Gesamt-Festigkeitsverlust .	7	4	5	7	6	9	1	2	3	10
III (4 Monate bewettert)	Berstfestigkeit	7	8	9	10	4	3	2	6	1	5
	Gewichtsverlust. } beim	9	8	7	3	6	4	2	5	1	10
	Festigkeitsverlust } Scheuern	6	5	3	10	9	8	2	4	1	7
	Gesamt-Festigkeitsverlust .	10	6	5	9	4	7	1	3	2	8
Summe I		24	24	23	14	10	6	19	20	19	6
Summe II		28	18	21	27	21	27	9	13	24	32
Summe III		32	27	24	32	23	22	7	18	5	30
Gesamtsumme		84	69	68	73	54	55	35	51	48	68

Zahlentafel 10d. Punktbewertung der marineblau-küpengefärbten Tuche

Waschverfahren:		A				N		S	
Walkverfahren:		A	N	S	SS	A	SS	N	S
I (Anlieferung)	Berstfestigkeit	5	1	6	3	7	2	4	8
	Gewichtsverlust . . ⎱ beim	8	5	6	4	2	1	7	3
	Festigkeitsverlust . ⎰ Scheuern	6	7	5	8	1	3	4	2
II (2 Monate bewettert)	Berstfestigkeit	6	1	3	2	8	4	5	7
	Gewichtsverlust . . ⎱ beim	7	6	1	5	8	3	4	2
	Festigkeitsverlust . ⎰ Scheuern	7	8	5	6	1	2	3	4
	Gesamt-Festigkeitsverlust . .	8	5	3	6	4	7	2	1
III (4 Monate bewettert)	Berstfestigkeit	3	2	1	4	6	5	8	7
	Gewichtsverlust . . ⎱ beim	5	7	6	3	2	1	8	4
	Festigkeitsverlust . ⎰ Scheuern	5	7	8	2	4	6	3	1
	Gesamt-Festigkeitsverlust . .	2	7	5	3	6	8	4	1
	Summe I	19	13	18	15	10	6	15	13
	Summe II	28	20	12	19	21	16	14	14
	Summe III	15	23	20	12	18	20	23	13
	Gesamtsumme	62	56	50	46	49	42	52	40

Zahlentafel 10e. Punktbewertung der marineblau-chromgefärbten Tuche

Waschverfahren:		A				N		S	
Walkverfahren:		A	N	S	SS	A	SS	N	S
I (Anlieferung)	Berstfestigkeit	7	1	3	5	6	2	4	8
	Gewichtsverlust . . ⎱ beim	7	6	5	2	3	1	8	4
	Festigkeitsverlust . ⎰ Scheuern	6	8	7	2	1	3	4	5
II (2 Monate bewettert)	Berstfestigkeit	6	1	2	4	8	5	3	7
	Gewichtsverlust . . ⎱ beim	5	2	1	6	7	8	3	4
	Festigkeitsverlust . ⎰ Scheuern	5	4	3	6	1	2	7	8
	Gesamt-Festigkeitsverlust . .	7	2	1	4	3	8	6	5
III (4 Monate bewettert)	Berstfestigkeit	7	1	2	8	3	5	4	6
	Gewichtsverlust . . ⎱ beim	3	7	6	8	2	1	5	4
	Festigkeitsverlust . ⎰ Scheuern	2	1	6	7	5	4	3	8
	Gesamt-Festigkeitsverlust . .	4	5	6	8	1	7	3	2
	Summe I	20	15	15	9	10	6	16	17
	Summe II	23	11	7	20	19	23	19	24
	Summe III	16	14	20	31	11	17	15	20
	Gesamtsumme	59	40	42	60	40	46	50	61

Zahlentafel 11. Durchschnittswerte der IG-Versuche.

Versuchsgruppen	Wäsche	A		S	
	Walke	A	S	A	S
Anlieferungszustand					
Stoffgewicht g/m²		488	509	496	492
Berstfestigkeit { Berstreißlänge km		1,73	1,84	1,63	1,79
Stoffdehnung %		31,8	33,4	32,5	32,0
Scheuerfestigkeit { Gewichtsverlust mg/100 cm²		334	326	376	328
Festigkeitsverlust %		5,7	6,4	7,1	4,9
Veränderung der Stoffoberfläche[1]		3,3	3,7	2,4	3,3
Nach 2 Monaten Bewetterung					
Berstfestigkeit { Berstreißlänge km		1,46	1,51	1,43	1,49
Stoffdehnung %		35,2	36,7	37,8	36,8
Scheuerfestigkeit { Gewichtsverlust mg/100 cm²		632	645	615	638
Festigkeitsverlust %		7,4	7,0	10,9	12,9
Festigkeitsverlust durch Bewettern und Scheuern %		20,8	24,0	22,1	27,4
Nach 4 Monaten Bewetterung					
Berstfestigkeit { Berstreißlänge km		1,33	1,38	1,33	1,37
Stoffdehnung %		33,1	34,8	34,8	34,8
Scheuerfestigkeit { Gewichtsverlust mg/100 cm²		640	659	619	637
Festigkeitsverlust %		16,0	14,5	14,4	17,1
Festigkeitsverlust durch Bewettern und Scheuern %		35,3	35,8	30,1	36,3

[1] Bedeutung der Zahlen vgl. S 61, unter der Zahlentafel.

rung der Stoffoberfläche (Zahlentafel 3) durch Bewettern und Scheuern hauptsächlich nur den Einfluß des Färbeverfahrens erkennen.

2. Versuch einer Auswertung nach einem Punktsystem

Von der Überlegung ausgehend, daß die Häufigkeit des Vorkommens besonders guter Werte für die die Tragfähigkeit bestimmenden Eigenschaften einen Anhalt für die Bewertung des Einflusses der Wasch- und Walkverfahren geben könnte, wurde nach folgendem Verfahren eine Auswertung versucht. Getrennt nach Farbe und Färbeverfahren wurde für die einzelnen Eigenschaften die Reihenfolge der Kombinationen von Wasch- und Walkverfahren ihrer Güte nach bestimmt, wobei mit 1 der beste und mit 10 der schlechteste Wert bezeichnet wurde. In den Tabellen 10a—e ist die Zusammenstellung unter Verwendung der Kurzzeichen für die Wasch- und Walkverfahren (S. 44) wiedergegeben. Die Summen für die Güte-Reihenfolge der Eigenschaften im Anlieferungszustand, nach zwei und nach vier Monaten Bewetterung und die Gesamtsumme sind dabei so zu bewerten, daß die niedrigsten Zahlen als Bestwerte anzusehen sind. Die Summenwerte geben jedoch nur die Reihenfolge und keineswegs das richtige Verhältnis der

Wasch-verfahren	Walk-verfahren	Durchschnittliche Punktzahl	
		rohweiß, feldgrau und marineblau	rohweiß, feldgrau
A	A	64	67
	N	61	70
	S	56	63
	SS	63	70
N	A	48	51
	SS	55	62
S	N	48	46
	S	52	52
B	A	—	61
	B	—	63

Güte der einzelnen Wasch-Walkverfahren-Kombinationen wieder. Es sind jeweils die drei günstigsten Werte durch Fettdruck kenntlich gemacht.

Die Aufstellung läßt erkennen, daß in den nach Farbe und Färbeverfahren geordneten Gruppen weder in den einzelnen Eigenschaften noch in den Summen für Anlieferungs- und Bewetterungszustand die gleiche Reihenfolge der Wasch- und Walkverfahren zu finden ist. Ebensowenig stimmt die Reihenfolge überein, wenn man die Gesamtsummen dieser Gruppen vergleicht. Damit werden die früheren Ausführungen (S. 56) bestätigt, und es bleibt nur noch der Versuch übrig, durch Mittelwertbildung der Gesamtsummen der Tabellen einen besseren Durchschnitt als Anhaltspunkt für das günstigste Wasch- und Walkverfahren zu gewinnen (Zahlentafel S. 57 unten rechts).

Danach scheinen die Kombinationen Hansa-Waschverfahren neutral—alkalische Walke (NA) und Hansa-Waschverfahren schwachsauer — Hansa-Walkverfahren neutral (SN) bzw. schwachsauer (SS) den günstigsten Einfluß auf die Tragfähigkeit der Tuche zu haben. Wie groß dieser Einfluß ist, läßt sich allerdings aus diesen Zahlen nicht ableiten.

Aus den bisherigen Ausführungen muß geschlossen werden, daß der Umfang des Beobachtungsmaterials trotz der schon erfolgten Mittelwertbildung noch eine zu sehr ins Einzelne gehende Ordnung aufweist und daher für eine klare Deutung einer noch stärkeren Zusammenfassung bedarf (vgl. Abschn. V B c).

3. Auswertung der I. G.-Versuche

Die mit den Hauptversuchen nicht unmittelbar vergleichbaren und daher für sich auszuwertenden zusätzlichen I. G.-Versuche haben zu Prüfergebnissen geführt, die in Zahlentafel 11 zu Durchschnittswerten zusammengefaßt sind.

Die Ergebnisse sind in den Bildern 27, 28 graphisch dargestellt und lassen im allgemeinen einen nur sehr geringfügigen Einfluß des Wasch- und Walkverfahrens erkennen.

Die alkalische Wollwäsche führt zu etwas besseren Festigkeitswerten im Anlieferungszustand, der geringe Unterschied gleicht sich jedoch im Laufe der Bewetterung wieder aus. Auch die Widerstandsfähigkeit gegen Scheuerbeanspruchung ist bei alkalischer Wollwäsche im Anlieferungszustand um ein Geringfügiges besser als bei der schwachsauren Wäsche, wird aber bei längerer Bewetterung etwas schlechter.

Der Einfluß des Walkverfahrens zeigt sich in durchweg besseren Festigkeitswerten bei schwachsaurer Walke, durch die auch eine etwas bessere Widerstandsfähigkeit gegen Scheuern im Anlieferungszustand erzielt wird, die aber im bewetterten Zustand etwas ungünstiger als bei alkalischer Walke wird.

Die Einflüsse alkalischer und schwachsaurer Behandlung in der Wäsche und Walke überschneiden sich also, ein Zeichen dafür, daß die zu erwartenden Unterschiede in der Gebrauchstüchtigkeit der Tuche nur sehr gering sein können. Im Ganzen betrachtet, kann jedoch ausgesagt werden, daß die Kombination alkalische Wäsche — alkalische Walke (AA) zu etwas ungünstigerer Tragfähigkeit führt als die anderen Wasch- und Walkverfahren-Kombinationen. Von diesen unter sich praktisch gleichwertigen Kombinationen scheint sich bei schwachsaurer Wäsche und alkalischer Walke (SA) trotz der schlechteren Anfangswerte insofern ein kleiner Vorteil zu ergeben, als die bei längerer Bewetterung eintretenden Veränderungen am geringsten sind.

c) Zusammenfassende Beurteilung der Tragfähigkeit der Versuchstuche

Nach den vorangegangenen Feststellungen mußte die in der Zusammenfassung zu Mittelwerten noch vorhandene Streuung der Ergebnisse, die offenbar größer war als die zu erwartenden Einflüsse der Wasch- und Walkverfahren, durch Bildung größerer Gruppen ausgeschaltet werden, um eindeutige Schlüsse ziehen zu können. Zu diesem Zweck wurden systematisch die einzelnen zu betrachtenden Einflüsse aus den übrigen dadurch herausgeschält, daß eine Mittelwertbildung nur für den zu untersuchenden Einfluß unter Nichtbeachtung der anderen erfolgte. Auf diesem Wege wurden für die nachstehenden großen Gruppen die zur Auswertung erforderlichen Mittelwerte gewonnen:

Untersuchung des Einflusses	Durch Ausschaltung von
1. der Wäsche und Walke	Farbe und Färbeverfahren
2. des Waschverfahrens	Walkverfahren, Farbe und Färbeverfahren
3. des Walkverfahrens	Waschverfahren, Farbe und Färbeverfahren
4. der Farbe und des Färbeverfahrens	
5. des Färbeverfahrens	Wasch- und Walkverfahren Wasch- und Walkverfahren, Farbe.

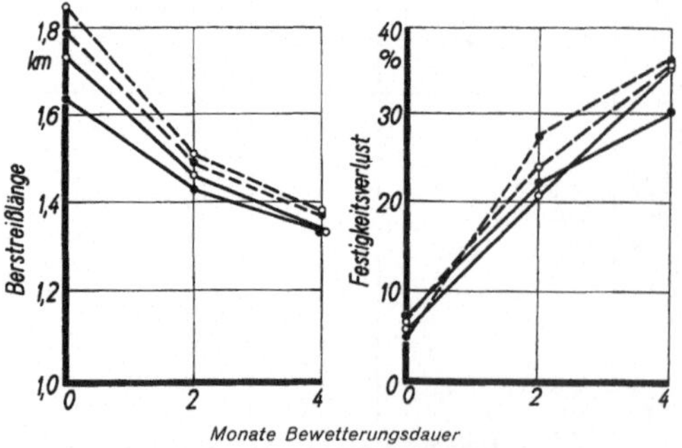

Bild 27. Berstfestigkeit und Festigkeitsverlust durch Bewettern und Scheuern: neugrau-küpengefärbte Tuche

° alkalische Wäsche,   ———— alkalische Walke,
• saure Leonil-Wäsche   — — saure Leonil-Walke

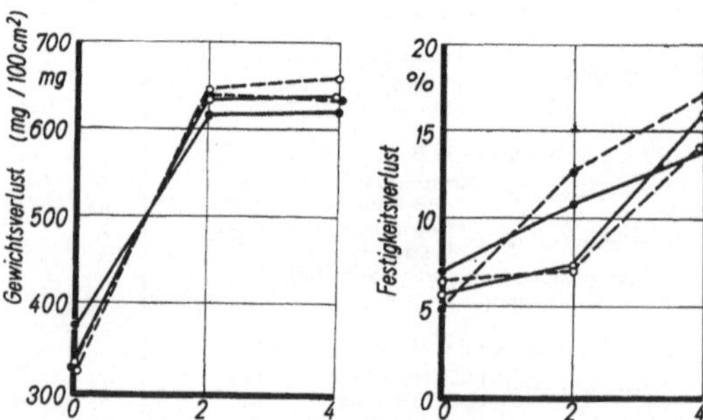

Bild 28. Gewichtsverlust und Festigkeitsverlust beim Scheuern: neugrau-küpengefärbte Tuche

° alkalische Wäsche,   ———— alkalische Walke,
• saure Leonil-Wäsche,   — — saure Leonil-Walke

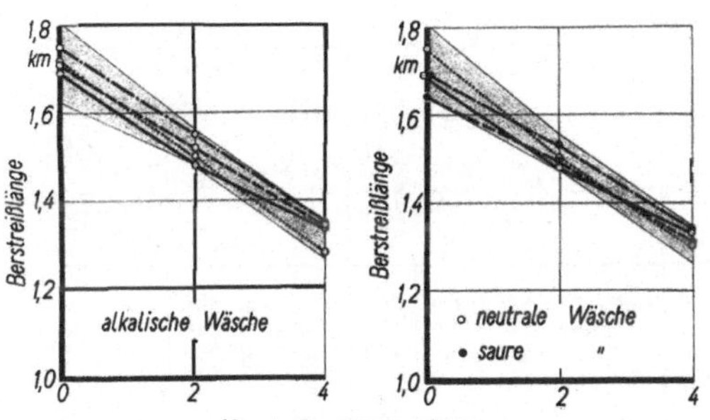

Bild 29. Gesamtauswertung: 1. Einfluß der Wäsche und Walke
Berstfestigkeit

—— alkalische Walke,	—·— neutrale Walke.
— — schwachsaure Walke,	.... starksaure Walke

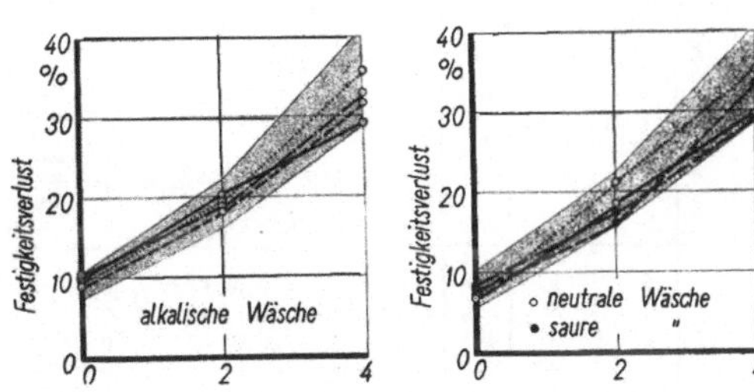

Bild 30. Gesamtauswertung: 1. Einfluß der Wäsche und Walke
Festigkeitsverlust durch Bewettern und Scheuern

—— alkalische Walke,	—·— neutrale Walke,
— — schwachsaure Walke,	.... starksaure Walke

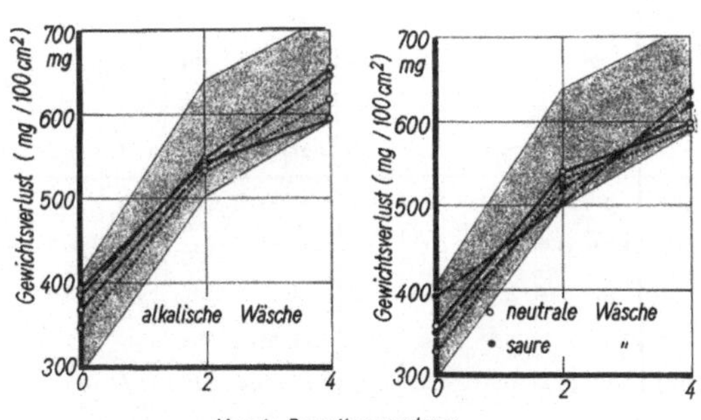

Bild 31. Gesamtauswertung: 1. Einfluß der Wäsche und Walke
Gewichtsverlust beim Scheuern

—— alkalische Walke,	—·— neutrale Walke,
— — schwachsaure Walke,	.... starksaure Walke

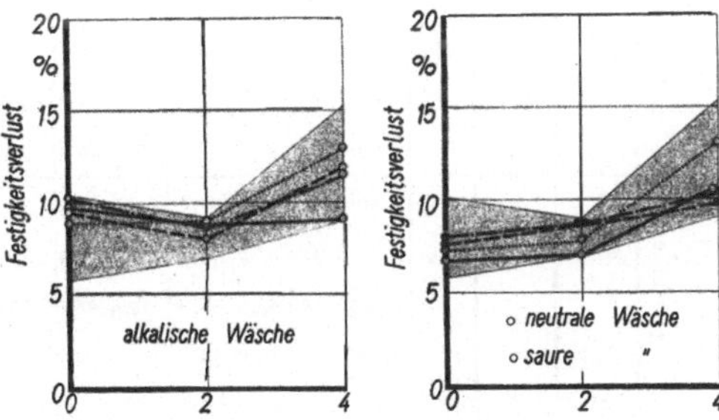

Bild 32. Gesamtauswertung: 1. Einfluß der Wäsche und Walke
Festigkeitsverlust beim Scheuern

—— alkalische Walke,	— — neutrale Walke,
— — schwachsaure Walke,	.... starksaure Walke

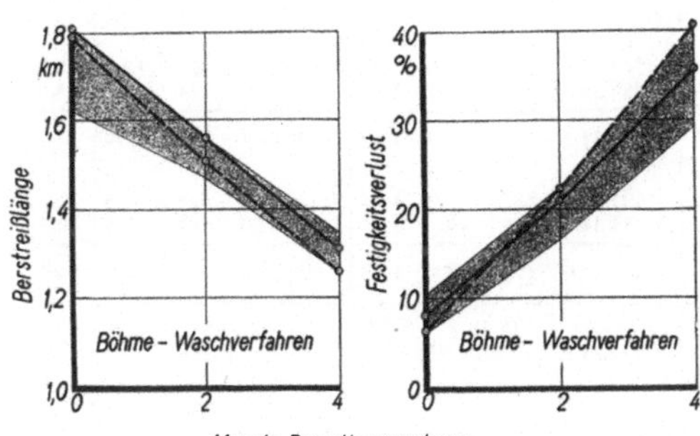

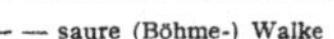

Bild 33. Gesamtauswertung: 1. Einfluß der Wäsche und Walke. Berstfestigkeit und Festigkeitsverlust durch Bewettern und Scheuern

—— alkalische Walke,	— — saure (Böhme-) Walke

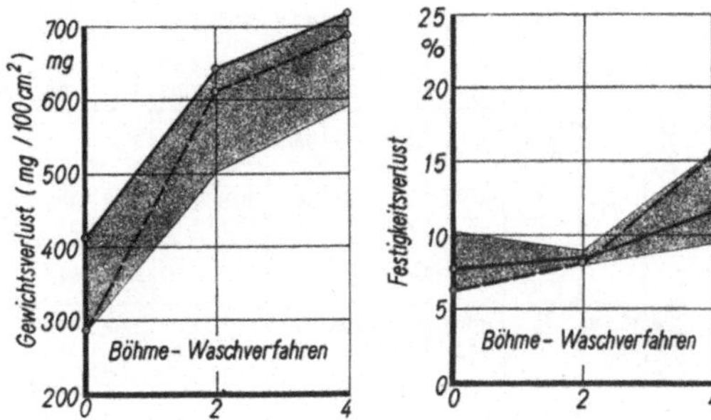

Bild 34. Gesamtauswertung: 1. Einfluß der Wäsche und Walke.
Gewichtsverlust und Festigkeitsverlust beim Scheuern

—— alkalische Walke,	— — saure (Böhme-) Walke

Zahlentafel 12. Gesamtauswertung des Einflusses der Wäsche und Walke

Anlieferungszustand:

Untersuchter Einfluß	Wäsche	Walke	Quadratmetergewicht g/m²	Reißlänge Kette km	Reißlänge Schuß km	Bruchdehnung Kette %	Bruchdehnung Schuß %	Berstreißlänge km	Stoffdehnung %	Gewichtsverlust mg/100 cm²	Festigkeitsverlust %
1. Wäsche und Walke	A	A	483	1,52	1,33	43,5	50,8	1,69	30,3	391	9,8
	A	N	469	1,60	1,31	42,5	49,5	1,75	30,2	385	10,3
	A	S	485	1,52	1,33	43,3	50,1	1,71	30,4	364	9,5
	A	SS	492	1,58	1,42	43,3	52,5	1,72	29,7	346	8,9
	N	A	477	1,52	1,35	43,8	53,1	1,69	31,1	357	6,6
	N	SS	485	1,65	1,37	43,8	52,7	1,75	30,0	327	7,2
	S	N	478	1,56	1,32	42,9	50,3	1,69	31,6	392	8,0
	S	S	486	1,47	1,33	42,4	50,0	1,62	31,0	350	7,6
	ZS	S	477	1,77	1,46	40,1	50,6	1,80	27,9	425	6,9
	B	A	481	1,70	1,40	42,3	52,8	1,81	29,8	411	7,8
	B	B	485	1,64	1,35	42,8	50,0	1,79	29,8	288	6,3
2. Wäsche	A	A, N S, SS	482	1,56	1,35	43,2	50,7	1,72	30,2	372	9,6
	N	A, SS	482	1,58	1,36	43,8	52,9	1,72	30,6	342	6,9
	S	N, S	482	1,52	1,32	42,6	50,2	1,66	31,3	371	7,8
	B	A, B	483	1,67	1,30	42,6	51,4	1,80	29,8	350	7,0
3. Walke	A,N,B	A	480	1,58	1,36	43,2	52,2	1,73	30,4	386	8,1
	A, S	N	474	1,58	1,32	42,7	49,9	1,72	30,9	388	9,2
	A, S	S	486	1,50	1,33	42,9	50,0	1,66	30,7	357	8,6
	A, N	SS	489	1,62	1,40	43,6	52,6	1,74	29,8	336	8,0
	B	B	485	1,64	1,35	42,8	50,0	1,79	29,8	288	6,3

Nach 2 Monaten Bewetterung / Nach 4 Monaten Bewetterung:

Untersuchter Einfluß	Wäsche	Walke	Berstreißlänge km (2 Mon.)	Stoffdehnung % (2 Mon.)	Gewichtsverlust mg/100 cm² (2 Mon.)	Festigkeitsverlust % (2 Mon.)	Festigkeitsverlust durch Bewettern und Scheuern % (2 Mon.)	Berstreißlänge km (4 Mon.)	Stoffdehnung % (4 Mon.)	Gewichtsverlust mg/100 cm² (4 Mon.)	Festigkeitsverlust % (4 Mon.)	Festigkeitsverlust durch Bewettern und Scheuern % (4 Mon.)
1. Wäsche und Walke	A	A	1,48	35,0	541	8,9	20,1	1,32	33,4	596	9,1	29,0
	A	N	1,55	35,3	546	8,7	18,9	1,34	32,6	656	11,6	32,6
	A	S	1,52	34,9	539	8,0	18,1	1,33	33,1	646	11,9	31,6
	A	SS	1,50	33,7	532	9,0	19,8	1,28	31,6	618	13,0	35,5
	N	A	1,48	37,0	537	7,0	18,4	1,33	34,4	596	10,5	29,6
	N	SS	1,50	36,5	529	7,8	21,1	1,30	32,0	592	13,1	35,4
	S	N	1,53	36,0	501	8,6	17,2	1,34	33,4	633	10,4	29,0
	S	S	1,49	35,5	520	8,6	16,0	1,31	32,7	619	9,8	33,4
	ZS	S	1,51	32,0	584	8,8	23,3	1,29	29,9	668	15,6	39,5
	B	A	1,50	30,2	641	8,3	21,0	1,31	30,6	688	11,7	35,9
	B	B	1,51	35,4	612	8,2	22,3	1,26	30,3	719	15,6	40,8
2. Wäsche	A	A, N S, SS	1,51	34,7	540	8,6	19,8	1,32	32,7	629	11,4	32,0
	N	A, SS	1,49	36,8	533	7,4	19,8	1,32	33,2	594	11,8	32,0
	S	N, S	1,51	35,8	510	8,6	16,9	1,32	33,0	626	10,1	28,4
	B	A, B	1,54	35,8	626	8,2	21,7	1,28	30,4	704	13,6	39,2
3. Walke	A,N,B	A	1,50	36,1	573	8,1	20,2	1,32	32,8	627	10,4	31,8
	A, S	N	1,54	35,6	524	8,6	18,0	1,34	33,0	644	11,0	30,8
	A, S	S	1,50	35,2	530	8,3	19,2	1,32	32,9	632	10,8	28,9
	A, N	SS	1,50	35,1	530	8,4	21,2	1,29	31,8	605	13,0	37,2
	B	B	1,51	35,4	612	8,2	22,3	1,26	30,3	719	13,6	40,8

Zahlentafel 13. Gesamtauswertung des Einflusses der Farbe und des Färbeverfahrens

Anlieferungszustand:

Untersuchter Einfluß	Farbe	Färbeverfahren	Quadratmetergewicht g/m²	Reißlänge Kette km	Reißlänge Schuß km	Bruchdehnung Kette %	Bruchdehnung Schuß %	Berstreißlänge km	Stoffdehnung %	Gewichtsverlust mg/100 cm²	Festigkeitsverlust %
4. Färbung	W	R	476	1,80	1,54	43,2	52,1	1,91	31,1	346	8,0
	F	K	484	1,63	1,40	44,0	52,7	1,76	31,2	394	9,2
	F	Cr	478	1,51	1,25	42,6	51,1	1,65	29,5	368	9,1
		Mittel K/Cr	481	1,57	1,32	43,3	51,9	1,70	30,4	381	9,2
	M	K	488	1,57	1,38	44,4	50,9	1,74	31,2	385	7,9
	M	Cr	488	1,26	1,14	41,4	48,5	1,46	29,1	311	7,0
		Mittel K/Cr	488	1,42	1,26	42,9	49,7	1,60	30,2	348	7,4
5. Färbeverfahren	F u. M (Mittel)	K	486	1,60	1,39	44,2	51,8	1,75	31,2	388	8,6
	F u. M (Mittel)	Cr	483	1,38	1,20	42,0	49,8	1,56	29,3	340	8,0

Nach 2 Monaten Bewetterung / Nach 4 Monaten Bewetterung:

Untersuchter Einfluß	Farbe	Färbeverfahren	Berstreißlänge km (2 Mon.)	Stoffdehnung % (2 Mon.)	Gewichtsverlust mg/100 cm² (2 Mon.)	Festigkeitsverlust % (2 Mon.)	Festigkeitsverlust durch Bewettern und Scheuern % (2 Mon.)	Berstreißlänge km (4 Mon.)	Stoffdehnung % (4 Mon.)	Gewichtsverlust mg/100 cm² (4 Mon.)	Festigkeitsverlust % (4 Mon.)	Festigkeitsverlust durch Bewettern und Scheuern % (4 Mon.)
4. Färbung	W	R	1,62	35,0	593	10,6	24,1	1,24	28,3	716	19,2	47,6
	F	K	1,54	36,4	572	7,9	19,3	1,36	33,6	676	13,5	38,6
	F	Cr	1,45	34,5	565	6,7	19,1	1,25	32,0	694	9,7	31,3
		Mittel K/Cr	1,50	35,5	568	7,3	18,2	1,30	32,8	685	11,6	32,3
	M	K	1,59	37,5	498	9,6	17,8	1,51	36,4	494	7,3	19,5
	M	Cr	1,33	34,4	452	6,8	15,1	1,23	33,5	528	5,8	20,5
		Mittel K/Cr	1,46	36,0	475	8,2	17,5	1,37	35,0	511	6,6	20,0
5. Färbeverfahren	F u. M (Mittel)	K	1,56	37,0	535	3,8	18,8	1,44	35,0	585	10,4	26,3
	F u. M (Mittel)	Cr	1,39	34,4	508	6,8	16,0	1,24	32,8	611	7,8	26,9

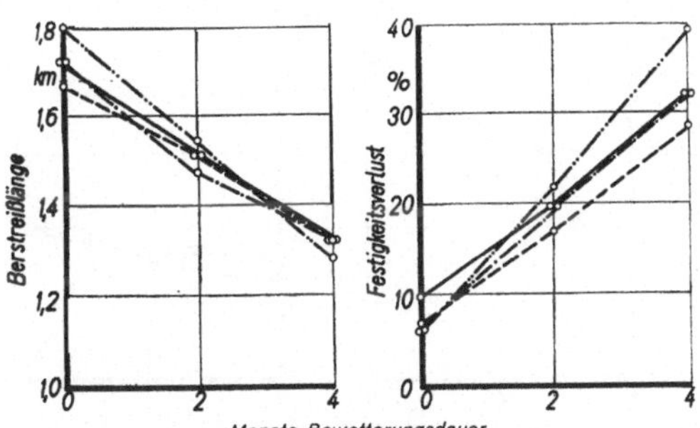

Bild 35. Gesamtauswertung: 2. Einfluß der Wäsche. Berstfestigkeit und Festigkeitsverlust durch Bewettern und Scheuern

——— alkalische Wäsche,   —·— neutrale Wäsche
— — saure Wäsche,   —··— Böhme-Wäsche

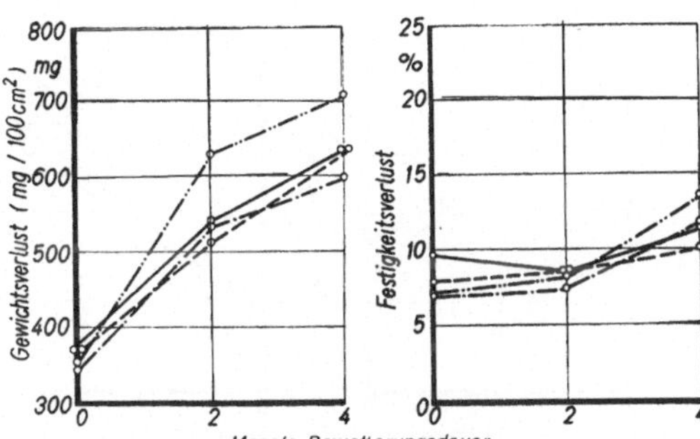

Bild 36. Gesamtauswertung: 2. Einfluß der Wäsche
Gewichtsverlust und Festigkeitsverlust beim Scheuern

——— alkalische Wäsche,   — — neutrale Wäsche,
— — saure Wäsche,   ···— Böhme-Wäsche

Diese Art der Auswertung führte zu folgenden aufschlußreichen Ergebnissen.

1. Einfluß der Wasch- und Walkverfahren

In der Zahlentafel 12 sind unter 1. Durchschnittswerte für die einzelnen Kombinationen der Wasch- und Walkverfahren angegeben, die durch Mittelwertbildung aus den Prüfergebnissen sämtlicher rohweißer, feldgrauer und marineblauer Tuche gewonnen worden sind. Durch diese Ausschaltung der Farbe und des Färbeverfahrens stellen die jetzt zum Vergleich der Wasch- und Walkverfahren zur Verfügung stehenden Werte das Mittel aus den Prüfungsergebnissen von jeweils 19 (bei ZSS, BA, BB aus je 11) Tuchen dar, also aus einer so großen Zahl, daß nunmehr weit sicherere Aussagen über den Einfluß der Wasch- und Walkverfahren gemacht werden können. Die graphische Darstellung dieser Werte in den Bildern 29—34 gibt hierüber einen anschaulichen Aufschluß.

In der Berstfestigkeit liegen die meisten Versuchsgruppen im Anlieferungszustand dicht beisammen und zeigen einen gleichmäßigen Linienzugverlauf in Abhängigkeit von der Bewetterung. Abgesehen von diesen sich lediglich im natürlichen Streubereich bewegenden und daher nicht besonders zu berücksichtigenden Unterschieden ergeben sich nur größere Abweichungen für die Versuchsgruppen Böhme-Fettchemie-Waschverfahren / Böhme-Fettchemie-Walkverfahren bzw. alkalische Walke (BB und BA) sowie alkalische Wäsche / Säurewalke (ASS) und neutrale Wäsche/Säurewalke (NSS), die trotz anfänglich guter Festigkeit merklich stärker als die anderen Versuchsgruppen beim Bewettern an Festigkeit verlieren. Den günstigsten Verlauf weist die Versuchsgruppe alkalische Wäsche / Hansa-Walkverfahren neutral (AN) auf.

Der Gewichtsverlust beim Scheuern ist im Anlieferungszustand auffallend gut bei der Versuchsgruppe Böhme-Waschverfahren / Böhme-Walkverfahren (BB) und auch noch beim alkalischen bzw. Hansa-Waschverfahren neutral in Kombination mit der Säurewalke (ASS bzw. NSS) recht günstig. Bei diesem Verfahren, in besonders starkem Maße aber bei den beiden Böhme-Fettchemie-Versuchsgruppen (BA, BB) tritt durch das Bewettern eine im Vergleich zu den anderen, sich praktisch gleich verhaltenden Versuchsgruppen ein merklich größerer Gewichtsverlust beim Scheuern ein. Auch im Festigkeitsverlust beim Scheuern ergibt sich ein ähnliches Verhalten.

Über den Einfluß der Wasch- und Walkverfahren auf die beim Scheuern (im Anlieferungszustand) eintretende Veränderung der Stoffoberfläche geben die nachstehenden Mittelwerte einen gewissen Aufschluß.

Wasch-verfahren	Walk-ver-fahren	Wert-zahl [1]	Wasch-verfahren	Walk-ver-fahren	Wert-zahl [1]	Wasch-verfahren	Walk-ver-fahren	Wert-zahl [1]
A	A	3,2	N	A	3,0	B	A	2,5
	N	3,1		SS	3,0	B	B	4,4
	S	3,3	S	N	3,0	ZS	S	2,0
	SS	3,3	S	S	3,1			

[1] Nach dem Augenschein beurteilt. Es bedeuten:

1 = Bindung klar sichtbar, vollständig kahl,
2 = Bindung fast ganz sichtbar.
3 = Bindung größtenteils sichtbar,
4 = Bindung etwas sichtbar,
5 = keine merkliche Veränderung.

Danach ergaben sich für die alkalische Wäsche, gleichgültig für welches Walkverfahren, etwas (an sich sehr geringfügig) bessere Werte für die Ausbildung und Erhaltung der Filzdecke als bei der neutralen und sauren Wollwäsche mit den zugehörigen Waschverfahren. Besonders günstig erscheint wiederum das Böhme-Wasch- und Walkverfahren (BB), während sich die Filzdecke beim zellwollhaltigen Tuch (ZSS) und bei der Versuchsgruppe Böhme-Wäsche/alkalische Walke (BA) bei Scheuerbeanspruchung am stärksten verändert.

Der für das Gesamtverhalten als besonders kennzeichnend anzusehende Festigkeitsverlust durch Bewettern und Scheuern bestätigt die oben gemachten Ausführungen, so daß abschließend die Kombinationen alkalische Wäsche/Säurewalke (ASS), Hansa-Wäsche neutral/Säurewalke (NSS), Böhme-Waschverfahren/alkalische Walke (BA) und Böhme-Waschverfahren/Böhme-Walke (BB) verhältnismäßig ungünstig abschneiden. Von den übrigen Versuchsgruppen, die sich nur wenig voneinander unterscheiden, erscheinen am besten die Kombinationen Hansa-Wäsche neutral/alkalische Walke (NA), Hansa-Wäsche sauer/Hansa-Walke neutral (SN) und die alkalische Wäsche und Walke (AA), doch ist dieser Aussage keine besondere Bedeutung beizumessen, da die betr. Linienzüge der graphischen Darstellung noch im normalen Streugebiet liegen.

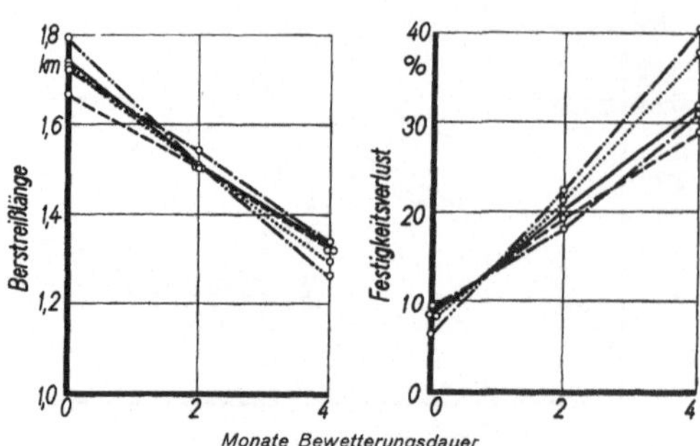

Bild 37. Gesamtauswertung: 3. Einfluß der Walke
Berstfestigkeit und Festigkeitsverlust durch Bewettern und Scheuern

—— alkalische Walke,   —·— neutrale Walke,
— — schwachsaure Walke, ... starksaure Walke
—··— Böhme-Walke

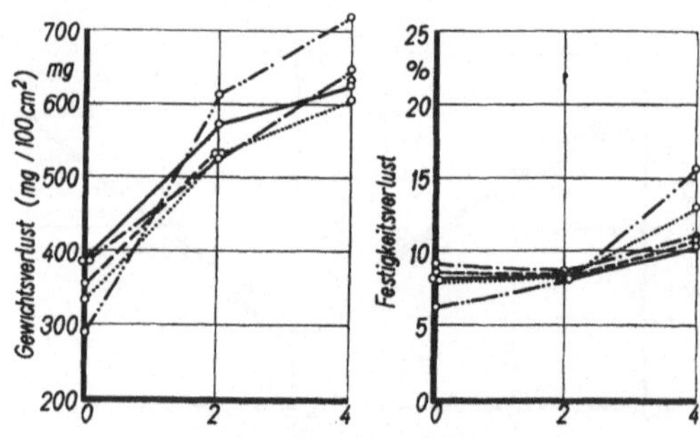

Bild 38. Gesamtauswertung: 3. Einfluß der Walke
Gewichtsverlust und Festigkeitsverlust beim Scheuern

—— alkalische Walke,   —·— neutrale Walke,
— — schwachsaure Walke, ... starksaure Walke
—··— Böhme-Walke

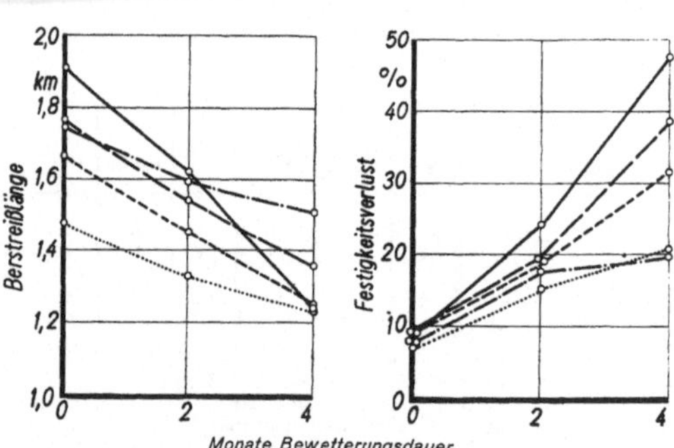
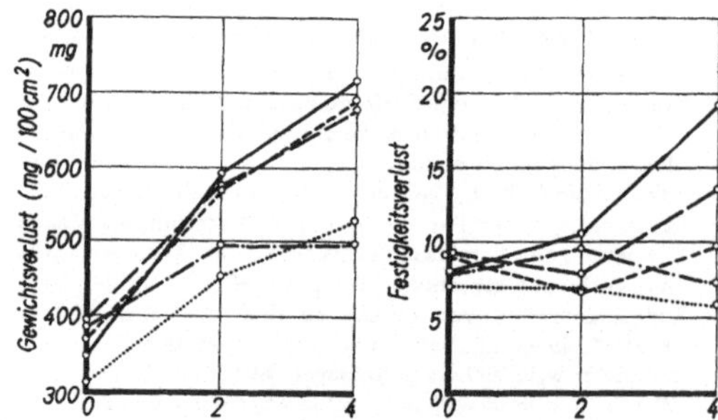

Bild 39. Gesamtauswertung: 4. Einfluß der Färbung
Berstfestigkeit und Festigkeitsverlust durch Bewettern und Scheuern

—— Rohweiß,
— — Feldgrau-Küpenfärbung,   —·— Marineblau-Küpenfärbung,
----- Feldgrau-Chromfärbung, ... Marineblau-Chromfärbung

Bild 40. Gesamtauswertung: 4. Einfluß der Färbung
Gewichtsverlust und Festigkeitsverlust beim Scheuern

—— Rohweiß,
— — Feldgrau-Küpenfärbung,   —·— Marineblau-Küpenfärbung,
----- Feldgrau-Chromfärbung, ... Marineblau-Chromfärbung

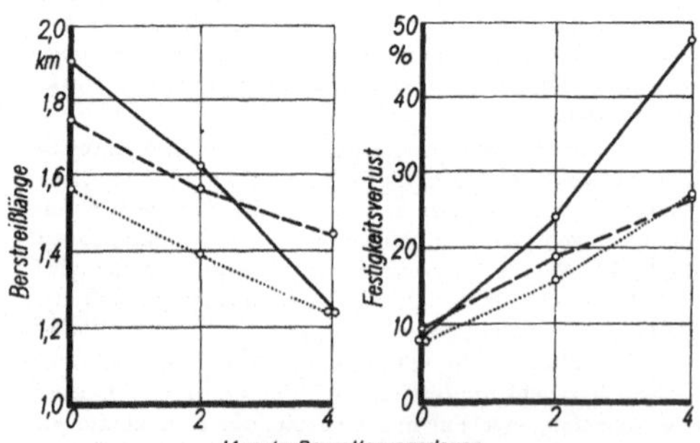
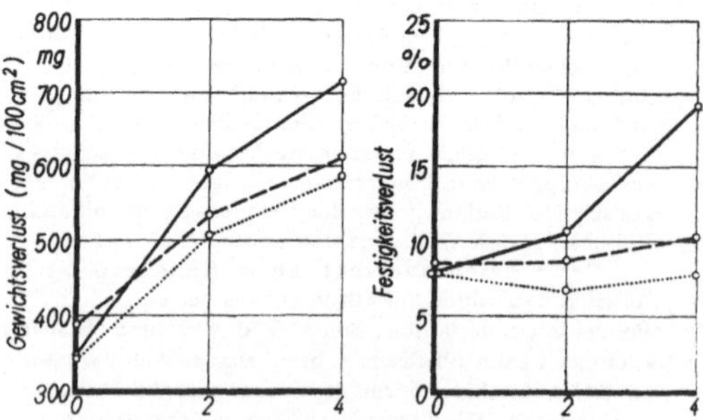

Bild 41. Gesamtauswertung: 5. Einfluß des Färbeverfahrens
Berstfestigkeit und Festigkeitsverlust durch Bewettern und Scheuern

—— Rohweiß,
— — Küpenfärbung   } ohne Rücksicht auf Farbton
.... Chromfärbung

Bild 42. Gesamtauswertung: 5. Einfluß des Färbeverfahrens
Gewichtsverlust und Festigkeitsverlust beim Scheuern

—— Rohweiß,
— — Küpenfärbung   } ohne Rücksicht auf Farbton
.... Chromfärbung

Über den Einfluß der Zellwollbeimischung auf die Tucheigenschaften kann noch hinzugefügt werden, daß sie sich zwar günstig auf die Zug- und Berstfestigkeit im Anlieferungszustand auswirkt, aber auch zu einem größeren Gewichts- und Festigkeitsverlust durch Bewettern und Scheuern führt. Im Ganzen betrachtet ist die Tragfähigkeit der zellwollhaltigen Tuche geringer als bei den reinwollenen Tuchen.

2. Einfluß des Waschverfahrens

Durch Mittelwertbildung für alle Versuchsgruppen mit gleichartigen Waschverfahren wurden die Einflüsse der Farbe, des Färbeverfahrens und der Walke ausgeschaltet. Die in der Zahlentafel 12 unter 2. aufgeführten Mittelwerte der Prüfergebnisse (A = 76, N und S = 38, B = 22 Tuche) sind in den Bildern 35 und 36 dargestellt.

Die alkalische, die neutrale und die saure Wäsche liefern Tuche von praktisch gleicher Berstfestigkeit im Anlieferungszustand und auch im Verlaufe der Bewetterung. Dagegen übertrifft das Böhme-Waschverfahren die übrigen anfangs merklich in der Berstfestigkeit, während es nach viermonatiger Bewetterung durch einen besonders starken Abfall den niedrigsten Wert aufweist. Das gleiche Bild zeigt sich auch beim Gewichts- und Festigkeitsverlust durch Scheuern. Besonders auffällig ist dabei der sehr erhebliche gewichtsmäßige Scheuerverlust nach dem Bewettern, der auf eine starke photochemische Veränderung der Wollhaare an der Stoffoberfläche schließen läßt. Da die nach diesem Verfahren gewaschene Wolle praktisch ungeschädigt ist und die Fertigtuche im Anlieferungszustand besonders gute Eigenschaften aufweisen, muß die starke photochemische Schädigung beim Bewettern auf Ursachen zurückzuführen sein, die noch durch weitere vorgesehene Versuche geklärt werden müssen.

Im Gesamtverhalten der Tuche, das durch den Festigkeitsverlust durch Bewettern und Scheuern gekennzeichnet wird, erweist sich infolgedessen das Böhme-Waschverfahren ebenfalls als das ungünstigste. Von den übrigen Waschverfahren verhält sich die saure Wäsche am günstigsten, während die alkalische und neutrale Wäsche nur wenig schlechter abschneiden.

3. Einfluß der Walke

Durch Ausschalten von Wäsche, Farbe und Färbeverfahren ergeben sich für die jeweiligen Walkverfahren kennzeichnende Mittelwerte, die in der Zahlentafel 12 unter 3. aufgeführt und in den Bildern 37 und 38 graphisch dargestellt sind (A = 49, NS = und SS 48, B = 11 Tuche). Während im Anlieferungszustand die nach dem Böhme-Verfahren gewalkten Tuche eine besonders gute Berstfestigkeit haben und die übrigen, insbesondere die schwachsauer gewalkten Tuche, etwas weniger fest sind, zeigt nach der Bewetterung die Böhme-Walke die niedrigsten Werte. Ein stärkerer Festigkeitsabfall beim Bewettern ist auch bei den starksauer gewalkten Tuchen eingetreten, wogegen die schwachsauer gewalkten Tuche den geringsten Verlust erleiden. Auch im Gewichts- und Festigkeitsverlust beim Scheuern ergeben die nach dem Böhme-Walkverfahren gewalkten Tuche eine bedeutend stärkere Zunahme nach dem Bewettern als die übrigen Versuchstuche.

Dasselbe ist bei der Gesamtwertung für den Festigkeitsverlust durch Bewettern und Scheuern festzustellen. Außer dem Böhme-Walkverfahren erscheint hier auch die schwefelsaure Walke als ungünstig, während

von den übrigen sich nur wenig unterscheidenden Walkverfahren die saure und die neutrale Walke am besten abschneiden.

4. Einfluß der Farbe und des Färbeverfahrens

Nach Ausschaltung des Wasch- und Walkverfahrens wurden die nur auf Farbe und Färbeverfahren bezogenen Mittelwerte (WR = 30, FK und FCr = 40, MK und MCr = 32 Tuche) in der Zahlentafel 13 unter 4. eingetragen und in den Bildern 39 und 40 dargestellt. Die beste Festigkeit im Anlieferungszustand, zugleich aber auch den stärksten Festigkeitsverlust beim Bewettern weisen die rohweißen Tuche auf. Die küpengefärbten, feldgrauen und marineblauen Tuche haben im Anlieferungszustand eine bessere Festigkeit als die chromgefärbten, wobei Festigkeitsunterschiede von etwa 6% bei Feldgrau und 16% bei Marineblau auftreten. Im Verlaufe der Bewetterung ist der Festigkeitsabfall bei den küpen- und chromgefärbten Tuchen annähernd gleich. Bemerkenswert ist dabei, daß die rohweißen Tuche stärker als die feldgrauen und diese stärker als die marineblauen durch Bewettern an Festigkeit verlieren, womit die Abhängigkeit des Lichtschutzes einer Färbung von ihrer Farbtiefe wiederum bestätigt wird. In gleicher Weise zeigt sich die Auswirkung des Lichtschutzes der Färbung auch im Gewichts- und Festigkeitsverlust beim Scheuern. Dabei ist zu erkennen, daß die Chromfärbung nicht nur im Anlieferungszustand weniger scheuerempfindlich ist, sondern auch bei gleicher Farbtiefe den besseren Lichtschutz gewährt. Die bessere Widerstandsfähigkeit der Chromfärbung gegen Scheuerbeanspruchungen lassen auch die Durchschnittswerte für die Veränderung der Stoffoberfläche beim Scheuern im Anlieferungszustand erkennen.

Farbe	Färbeverfahren	Wertzahl[1]
W	R	2,9
F	K	3,0
F	Cr	3,9
M	K	2,2
M	Cr	3,9

[1] Bedeutung der Wertzahl vgl. S. 61.

Die Zahlen zeigen eine gewisse Überlegenheit der Chromfärbung.

Im Festigkeitsverlust durch Bewettern und Scheuern werden die oben gemachten Feststellungen in besonders klarer Weise bestätigt.

5. Einfluß des Färbeverfahrens

Um die im vorhergehenden Abschnitt gefundene Bestätigung der Ergebnisse früherer im Amt ausgeführter Untersuchungen (vgl. Literaturangaben S. 1) noch weiter zu sichern, wurde der Einfluß des Färbeverfahrens nach Ausschaltung der Farbe durch Bildung der in der Zahlentafel 13 unter 5. angegebenen Mittelwerte nochmals untersucht. Die auch in den Bildern 41 und 42 graphisch dargestellten Ergebnisse stellen die Mittelwerte aus je 72 küpen- und chromgefärbten Tuchen dar, so daß die große Zahl eine Gewähr für eindeutige Schlüsse bietet.

Obwohl das Chromieren etwas geringere Festigkeitswerte (etwa 10%) zur Folge hat, erweist es sich doch im Gewichts- und Festigkeitsverlust beim Scheuern günstiger als die Küpenfärbung. Auch die bei Scheuerbeanspruchung eintretende Veränderung der Stoffoberfläche ist bei den chromgefärbten Tuchen nicht nur im Anlieferungszustand, sondern auch nach dem Bewettern (S. 48) durchweg geringer als bei den küpengefärbten Tuchen, die besonders bei den marineblauen auch ein starkes Weißscheuern zeigen.

In der Gesamtbewertung nach dem Festigkeitsverlust durch Bewettern und Scheuern ist der Unterschied zwischen küpen- und chromgefärbten Tuchen zwar nicht sehr beträchtlich, aber immerhin erkennbar zugunsten der Chromfärbung vorhanden.

VI. Schlußfolgerungen

Auf Grund der Versuchsergebnisse kann nunmehr zu den auf S. 49 aufgestellten Hauptfragen abschließend wie folgt Stellung genommen werden:

1. Die Wollwäsche läßt sich mit geeigneten Waschmitteln im neutralen und schwachsauren Bade (p_H 6—7 bzw. 4,5—6) ohne Schwierigkeiten ausführen. Der mit diesen Waschmitteln erzielbare Wascheffekt ist — bei geringerer Wollschädigung und niedrigerem Restfettgehalt — durchschnittlich besser als bei der üblichen alkalischen Wäsche. Als besondere Vorteile der neutralen und sauren Wäsche ist zu erwähnen, daß die gewaschene Wolle offener, voluminöser, lebendiger, weniger verfilzt und etwas heller in der Farbe ist. Wegen des geringeren Quellungsgrades erfordert die neutral bzw. sauer gewaschene Wolle auch eine kürzere Trockendauer. Durch die neutrale bis schwachsaure Reaktion wird der Gefahr einer bakteriellen Schädigung vorgebeugt. Zwischen den untersuchten neutralen bzw. schwachsauren Waschverfahren der Hansa-Werke, der Böhme-Fettchemie und der I. G. Farben bestehen dabei praktisch keine Unterschiede.

2. Auch die Walke läßt sich in allen untersuchten p_H-Bereichen (zwischen p_H 2 und p_H 11) ohne Schwierigkeiten durchführen, lediglich bei der neutralen und schwachsauren Auswäsche waren etwas höhere Waschmittelmengen erforderlich.

Die Tragfähigkeit der Tuche wird durch die Art des Waschverfahrens nicht wesentlich beeinflußt; die schwachsaure Wollwäsche übt offenbar den günstigsten Einfluß aus. Von den Walkverfahren wirken sich das Böhme-Verfahren und die starksaure Walke merklich schlechter, das schwachsaure und neutrale Walkverfahren etwas besser als der Durchschnitt aus.

Die überraschend geringen Unterschiede zwischen den alkalischen Wasch- und Walkverfahren und den neutralen bzw. schwachsauren sind zweifellos auf die besonders schonende alkalische Behandlung zurückzuführen, die vielleicht nicht immer mit dieser Sorgfalt in den Betrieben durchgeführt werden kann. Bei der alkalischen Wäsche und Walke kann ein Überschreiten der Konzentration und Temperatur zu größeren, die Tragfähigkeit stark beeinträchtigenden Schädigungen führen, während beim Waschen im neutralen und schwachsauren Gebiet auch bei weniger sorgfältigem Arbeiten keine merklichen Schädigungen zu erwarten sind. Dazu kommt der Umstand, daß für die Seife-Soda-Wäsche und -Walke bereits langjährige Erfahrungen vorliegen, während für die neuen Wasch- und Walkverfahren diese erst gewonnen werden müssen. Der tatsächliche Vorteil der neutralen und schwachsauren Wäsche und Walke ist daher sehr wahrscheinlich größer, als er sich in den vorliegenden Untersuchungsergebnissen darstellt.

3. Von weit größerem Einfluß als die Wasch- und Walkverfahren haben sich Färbung und Färbeverfahren erwiesen. Da sich die Tragfähigkeit mit zunehmender Farbtiefe verbessert und auch die Chromfärbung sich günstiger auswirkt als die Küpenfärbung, erscheint es zur Erhaltung des Wollmaterials besonders wichtig, die weiße Wolle in Melangen durch leicht gefärbte oder chromierte zu ersetzen.

DIE VERBESSERUNG DER TRAGFÄHIGKEIT VON LIEFERUNGSTUCHEN DURCH DIE VERWENDUNG VON WOLLSCUTZMITTELN BEIM FÄRBEN, UNTER BESONDERER BERÜCKSICHTIGUNG DER REISSWOLL-BEIMISCHUNG UND DER CHROMFÄRBUNG[1]

Von H. Sommer und O. Viertel

Die Frage der Verwendung von Wollschutzmitteln bei der Ausrüstung von Tuchen ist von besonderer Bedeutung bei der Mitverarbeitung von Reißwolle, die je nach ihrer Beschaffenheit und Güte die Tucheigenschaften merklich beeinflussen kann. Die an sich bereits mehr oder weniger stark geschädigte Reißwolle erleidet bekanntlich in der Ausrüstung, vor allem bei alkalischer Behandlung, wie z. B. beim Färben auf der Küpe oder beim Walken, infolge ihrer starken Quellbarkeit und der dadurch bedingten Auflockerung des inneren Gefüges eine gegenüber gesunder Wolle merklich größere, zusätzliche Schädigung, die sich in einer entsprechend verringerten Tragfähigkeit auswirken muß. Diese Schädigung läßt sich grundsätzlich durch sog. Wollschutzmittel, die der Farb- bzw. Walkflotte zugegeben werden, in gewissen Grenzen halten. Solche Wollschutzmittel könnten insbesondere beim Färben von Reißwolle mit Chromfarben, das einerseits den Vorteil einer zur Verringerung der Quellbarkeit beitragenden Härtung (Gerbung) der Wollfaser hat, andererseits aber mit einer unvermeidlichen Schädigung der Wolle verbunden ist, von besonderer Bedeutung sein.

Da einwandfreie Feststellungen darüber bisher noch nicht vorlagen, ergab sich die Aufgabe, durch Versuche die Größe der durch Verwendung von Wollschutzmitteln beim Färben und Walken erzielbaren Verbesserung der Tragfähigkeit bei reinwollenen und reißwollhaltigen Tuchen zu ermitteln.

I. Versuchsplan

Voraussetzung für eine eindeutige Auswertung der Versuchsergebnisse war die Verwendung einheitlichen Wollmaterials bei der Herstellung der Vergleichstuche. Da es sich um die Auswirkung einer Vorschädigung der Wolle auf die Gebrauchstüchtigkeit handelt, die sich größenmäßig nach der Vorbeschaffenheit des Wollmaterials richtet, wurden zwei Parallelreihen von Versuchstuchen vorgesehen:

1. aus gesunder Schurwolle von etwa A/B-Feinheit von völlig einwandfreier Beschaffenheit;
2. aus einer Mischung von Schurwolle und Reißwolle zu etwa gleichen Teilen.

Herzustellen waren Tuche ohne Strich, 700 g/lfd. m schwer,

    a) rohweiß,
    b) fliegergrau,

in Stücken von etwa 36 m Länge. Die Herstellung der Versuchstuche sollte zur Selbstkontrolle in gleicher Weise in zwei Betrieben vorgenommen werden. Zur einheitlichen Durchführung der Versuche war auf folgendes Rücksicht zu nehmen:

Wollwäsche: Die gesamte Schurwolle sollte zweckmäßig in einem Betriebe möglichst schonend gewaschen oder bereits gewaschen bezogen werden.

Abziehen der Reißwolle: Die Reißwolle sollte nach dem am meisten gebräuchlichen alkalischen Hydrosulfit-Verfahren abgezogen werden.

Färben: Die fliegergraue Färbung sollte

    1. als Küpenfärbung,
    2. als Nachchromierungsfärbung

nach von den betr. Farbenfabriken für Chromfarben bzw. für Küpenfarben herausgegebenen Färbevorschriften ausgeführt werden. In Parallelversuchen sollte jeweils

    a) ohne Wollschutzmittel,
    b) mit Wollschutzmittel

gefärbt werden. Als Wollschutzmittel wurde für die Chromfärbung Egalisal, für die Küpenfärbung und die Walke Lamepon gewählt[2].

Spinnen:

	Metr. Nummer	Drehung	Drehungskonstante
Kettgarn	10	S 475/m	1,5
Schußgarn	9,5	Z 310/m	1,4

Zur Ausschaltung der Maschineneinflüsse sollten in jedem Betrieb alle Partien möglichst auf den gleichen Spindeln gesponnen werden. Als Schmälze war 8 % Olein zu verwenden.

Weben:

Breiter Stuhl (16/4),
2600 Kettfäden + 2 × 24 Leistenfäden,
Blattbreite 231 cm,
125 Schüsse auf 10 cm Rohware.

Ausrüstung: wie für Streichgarntuche üblich. Bei der Walke sollten Vergleichsversuche mit und ohne Wollschutzmittel vorgenommen werden. Es waren folgende Parallelreihen vorzusehen.:

Art der Färbung	Wollschutzmittel-Zusatz	
	beim Färben	beim Walken
Küpenfärbung . .	—	—
	Lamepon	
	Lamepon	Lamepon
Chromfärbung . .	—	—
	Egalisal	—
	Egalisal	Lamepon
Roweiß	—	—
	—	Lamepon

Die Prüfung der Versuchstuche sollte sich auf die Bestimmung der Wollschädigung und der Tragfähigkeit im Anlieferungszustand und nach einer zusätzlichen Beanspruchung durch Witterungseinflüsse erstrecken.

Die Herstellung der Versuchstuche erfolgte

    a) bei einer namhaften Feintuchfabrik im Rheinland (Betrieb I),
    b) im Versuchsbetrieb einer Höheren Textilfachschule (Betrieb II).

---

[1] Ausgeführt in den Jahren 1938/1939.
[2] Außer den genannten Wollschutzmitteln auf Eiweißbasis kommen noch Leim, Protektol (aus Sulfitablauge, z. B. für Wolle Protektol II N) in Frage. Ihre Einbeziehung in den Arbeitsplan ist unterblieben, um den Umfang der Untersuchungen nicht zu groß werden zu lassen.

II. Herstellung der Versuchstuche

1. Beschaffung des Wollmaterials

a) Schurwolle: Die Beschaffung der gesamten für die Versuchstuche benötigten Schurwolle in der Zusammenstellung:

25% Deutsche Wolle (A/B-Feinheit),
30% Kap-Wolle (AA-Feinheit),
30% Austral-Wolle,
15% spanische und chilenische Wolle,
100%

wurde vom Betrieb I vorgenommen, der auch die Wollwäsche des gesamten Prüfmaterials — mit Ausnahme der bereits gewaschen bezogenen deutschen Wolle — im eigenen Betrieb in möglichst schonender Weise ausgeführt hat.

b) Reißwolle: Die Reißwolle wurde von einer bekannten Reißwollfabrik bezogen. Für die reißwollhaltigen Versuchstuche war folgende Mischung vorgesehen:

50% der obigen Schurwollmischung,
25% neue Golfers, unkarbonisiert und droussiert,
12% Zephir, abgezogen, droussiert,
13% Tibet, abgezogen, droussiert.
100%.

2. Abziehen der Reißwolle

Die eine Hälfte der Reißwolle wurde ohne Zusatz von Egalisal, die andere Hälfte mit Zusatz von Egalisal als Wollschutzmittel abgezogen. Das Abziehen erfolgte nach folgender Vorschrift:

Art der Reißwolle	Flotten-ver-hältnis	Zusätze	Behandlungsweise
160 kg Zephir, mit Salzsäure karbonisiert u. gut gespült	1 : 20	2,5 kg Dekrolin 1 l Ameisensäure	Kochend eingehen, Dampf nach 5 min abstellen, nach 20 min ausschlagen; anschließend im Rundspülbottich fließend kalt spülen
160 kg Golfers neu, unkarbonisiert 1. Abzug	1 : 20	5% Soda 3% Hydrosulfit Nachsatz: 2 kg Soda, 1 kg Hydrosulfit	Bei 55° eingehen, 1 Std. lang behandeln; nochmals 1 Std. lang behandeln, anschließend auf der Rundspülmaschine spülen.
2. Abzug	1: 20	2 kg Dekrolin 2 l Säure Nachsatz: 2 kg Dekrolin	Kochend eingehen, 15 min behandeln; nach weiteren 15 min ausschlagen, anschließend auf der Rundspülmaschine fließend kalt spülen
160 kg Tibet		Das Abziehen erfolgt in der gleichen Weise wie bei Zephir	

Beim Abziehen unter Verwendung von Wollschutzmitteln erfolgte bei sonst gleicher Arbeitsvorschrift ein Zusatz von 3% Egalisal.

3. Färben der Wolle und Reißwolle

Das Färben der gesamten Reißwolle wurde anschließend an das Abziehen in der Reißwollfabrik vorgenommen, wo gleichzeitig auch die Küpenfärbung der Schurwolle für Betrieb I durchgeführt wurde. Die übrige Schurwolle wurde in Betrieb I und Betrieb II getrennt gefärbt.

Über das Färben der Reißwolle in der Reißwollfabrik und das Färben der Schurwolle im Betrieb I wurden folgende Angaben gemacht.

A. Färben in der Reißwollfabrik

Die gesamte Reißwolle (Zephir, Tibet, Golfers) wurde im gleichen Farbton nach derselben Vorschrift in Partien zu je 50 kg gefärbt.

a) Chromfärbung:

	Zephir	Tibet	Golfers	
Farbansatz:	1,65%	1,2%	1,65%	Eriochromgrau AB 2 L
	0,05%	0,05%	0,05%	Eriochromrot G

2% Rhodan-Ammonium
1% Ammoniak.

Zusatz: 1% Ameisensäure.

Nachchromierung: 1% Kaliumbichromat.

Färbevorschrift: Mit der Reißwolle wurde bei 35° eingegangen, in 15 min zum Kochen getrieben und 30 min gekocht. Nach Zusatz der Ameisensäure wurde weitere 10 min behandelt, dann auf etwa 80° abkühlen gelassen, Kaliumbichromat zugesetzt und nochmals 30 min gekocht. Anschließend wurde zuerst warm, dann kalt klargespült.

Für die Versuchsreihe mit Wollschutzmitteln wurde die Färbung der Reißwolle in der gleichen Weise, jedoch unter Zusatz von 3% Egalisal durchgeführt.

b) Küpenfärbung:
Farbansatz: 3,5% Helindonrot BB,
0,6% Helindonbraun CV,
1,2% Indigo.

2% Perlleim,
3% Natriumhydrosulfit,
3% Ammoniak.

Gefärbt wurde etwa 30 min bei 45—50°. Die einzelnen Partien wurden etwas unterschiedlich im Farbton gehalten, um in der Spinnerei ein besseres Melangieren zu ermöglichen.

c) Küpenfärbung der Schurwolle für Betrieb I.
Farbansatz: 1,6% Helindonrot BB,
1,7% Helindonbraun CV,
1,0% Indigo.

2% Perlleim,
3% Natriumhydrosulfit,
3% Ammoniak.

Gefärbt wurde etwa 30 min bei 45—50°. Eine Wiederholung der Versuche unter Zusatz von Wollschutzmitteln (Lamepon) wurde nicht vorgenommen.

B. Färben in Betrieb I

Sämtliche 4 Schurwollen wurden im Verhältnis
30% Austral-Wolle,
30% Kap-Wolle,
25% Deutsche Wolle,
15% Chile-Wolle
vorher gemischt und gewolft und dann in Partien zu je 15 kg mit Nachchromierungsfarbstoffen gefärbt.

Hellschiefer:

	1. Partie	2. Partie	
Farbansatz:	1,65%	1,75%	Eriochromgrau AB 2 L
	0,05%	0,04%	Eriochromorange 2 RL konz.,
	0,1%	0,1%	Eriochromrot G

5% Essigsäure,
1,3% Ameisensäure,
1,3% Ammoniak.

Nachchromierung: 0,8% Kaliumbichromat.

Färbevorschrift: Gefärbt wurde auf dem Apparat im Flottenverhältnis 1 : 25—30. Die Wolle wurde bei 50° eingestoßen, nach 30 min auf 75° und nach 45 min auf 95° erhitzt. Nach einer Kochdauer von 30 min wurde der Dampf abgestellt und innerhalb 10 min auf etwa 85° abkühlen gelassen. Nach Zusatz von Kaliumbichromat wurde nochmals 30 min gekocht, dann auf dem Apparat etwas abgekühlt und in der Rundspülmaschine gespült.

Blauschiefer:

	1. Partie	2. Partie	
Farbansatz:	1,65%	0,8%	Eriochromgrau AB 2 L
	—	0,05%	Eriochromrot G

5% Essigsäure,
1,5% Ameisensäure,
1,5% Ammoniak.

Färbevorschrift wie unter a).

Schwarz.

Farbansatz: 4% Eriochromschwarz T supra,
4% Essigsäure.

Zusatz: 1% Ameisensäure.

Nachchromierung: 1,5% Kaliumbichromat.

Färbevorschrift: Mit der Wolle wurde bei 75° in den Apparat (Flottenverhältnis 1 : 20—30) eingegangen und 10 min bei dieser Temperatur behandelt. Dann wurde in 20 min auf Kochtemperatur getrieben und 30 min gekocht. Nach Zugabe der Ameisensäure wurde der Dampf abgestellt und weitere 25 min. behandelt. Anschließend wurde Kaliumbichromat zugesetzt und nochmals 30 min gekocht, dann auf dem Apparat etwas abgekühlt und auf der Rundspülmaschine gespült.

Für die Versuchsreihe mit Wollschutzmittel wurden die Färbungen in der gleichen Weise, jedoch unter Zusatz von 3%, für die Schwarzfärbung von 5% Egalisal durchgeführt.

C) Färben im Betrieb II

Die Ausführung des Färbens litt etwas unter der ungenügenden technischen Ausrüstung des Betriebes II für derartige Versuche.

Da die meisten Versuchspartien 10—20 kg betrugen und mittlere Apparate zum Färben solcher Mengen fehlten, mußte entweder 5 kg-weise auf einem kleinen V 2 A-Apparat gefärbt werden oder in einem großen Holzapparat (Packsystem), in dem kein gutes Flottenverhältnis eingehalten werden konnte, und bei dem der Pumpendruck für die geringe Wollmenge sehr stark war. Für das Spülen der Wolle war keine geeignete Spülmaschine vorhanden; getrocknet wurde in einem veralteten Kastentrockner, bei dem die Temperatur nicht gut regulierbar war.

Die Färbeversuche der einzelnen Wollmischungen mit und ohne Wollschutzmittel wurden stets auf demselben Apparat durchgeführt, um gleiche Versuchsbedingungen einzuhalten. Die Farbrezepte wurden den einzelnen Färbungen entsprechend in der Farbstoffzusammensetzung etwas variiert, während die Färbevorschrift (Zusätze, Temperatur, Zeit) gleichgehalten wurden.

Zur Erzielung einer besseren Melange wurde die gesamte Wolle nicht für alle Farbtöne gleichmäßig gemischt wie in Betrieb I, sondern folgende Mischung festgelegt:

16,0%	Austral-Wolle	— weiß	
14,0%	Austral-Wolle	— hellschiefer	
30,0%	Kap-Wolle	— hellschiefer	Mischung I
7,5%	Chile-Wolle	— hellschiefer	
7,5%	spanische Wolle	— blauschiefer	
12,5%	deutsche Wolle	— blauschiefer	Mischung II
12,5%	deutsche Wolle	— schwarz.	

100%.

a) Chromfärbung.

Hellschiefer: gefärbt in drei Partien zu 5 kg (Wollmischung I).

Farbansatz:	1.	2.	3. Partie	
	1,1%	1%	1,06%	Eriochromgrau AB 2 L
	0,03%	0,03%	0,03%	Eriochromorange 2 Rl. konz.
	—	0,01%	0,03%	Eriochromrot G

5% Essigsäure,
2% Ameisensäure,
1% Ammoniak.

Nachchromierung: 0,6% Kaliumbichromat.

Färbevorschrift: Eingehen bei 50° in 30 min auf 45° und in weiteren 15 min auf 95° erhitzen, 30 min vorsichtig kochen; 10 min abkühlen auf 85—90°, nach Chromzusatz nochmals 10 min bei 95° behandeln, anschließend langsam spülen.

Hellschiefer: gefärbt in 6 Partien zu 5,5 kg mit 3% Egalisal als Wollschutz (Wollmischung I).

Farbansatz	1.	2.	3.	4.	5.	6. Partie	
	%	%	%	%	%	%	
	1,05	1,0	1,0	1,05	1,05	1,0	Eriochromgrau AB2L
	0,03	0,03	0,03	0,02	0,02	0,01	Eriochromorange 2 RL konz.
	0,02	0,02	0,02	0,02	0,02	0,04	Eriochromrot G

5% Essigsäure,
2% Ameisensäure,
1% Ammoniak.

3% Egalisal.

Nachchromierung: 0,6% Kaliumbichromat.
Färbevorschrift: wie bei Hellschiefer ohne Wollschutz.

Blauschiefer: 10 kg (Wollmischung II).

Da die Wolle starke Mengen Seifenreste enthielt, wurde sie einmal mit Wasser von etwa 50° durchgespült.

Farbansatz: 1,6% Eriochromblauschwarz R,
1,2% Eriochromblau 2 GK,
1,3% Eriochromviolett B.

5% Essigsäure,
2% Ameisensäure,
1,5% Ammoniak.

Nachchromierung: 1,5% Kaliumbichromat.

Färbevorschrift: wie bei Hellschiefer.

Schwarz: 10 kg (deutsche Wolle). Da die Wolle Seifenreste enthielt, wurde sie einmal mit Wasser von 50° gut durchgespült.

Farbansatz: 3,5% Eriochromschwarz T supra.

> 4,5% Essigsäure.
> 1,25% Ameisensäure.

Nachchromierung: 1,5% Kaliumbichromat.

Färbevorschrift: Eingehen bei 75°, 10 min bei 75° belassen, dann in 20 min auf 95° erhitzen und 30 min auf 95° halten. Nach Zusatz von Ameisensäure weitere 20 min bei 95° behandeln, 10 min auf 80° abkühlen, nach Chromzusatz nochmals 30 min bei 95° behandeln und anschließend spülen. — Da die Wolle auf dem Apparat nicht klar gespült war, wurde sie nochmals im Kessel gut mit fließendem Wasser gespült.

Für die Versuchsreihe mit Wollschutzmittel wurde Blauschiefer und Schwarz in der gleichen Weise, jedoch unter Zusatz von 5% Egalisal gefärbt.

b) Küpenfärbung.

Hellschiefer: 2 × 8 kg (Wollmischung I).

Farbansatz: 1. Partie: 2. Partie:

> 1%   0,9% Indigo MLB 60%,
> 1,5%   1,4% Helindonbraun VC,
> 0,9%   1,0% Helindonrot BB.

> 3% Leim,
> 3% Natriumhydrosulfit,
> 3% Ammoniak.

Färbevorschrift: Eingehen in die Flotte (etwa 1 : 20) bei 55°, nach 30 min abquetschen und mit kaltem Wasser spülen; anschließend 10 min kochend absäuern mit 2% Schwefelsäure, spülen, schleudern und trocknen.

Blauschiefer: 18 kg (Wollmischung II).

Farbansatz: 1. Zug 5,5% Indigo MLB Küpe 60%,
> 3% Helindonrot BB Küpe Pulver,
> 1% Helindonbraun VC Küpe Pulver,

> 3% Leim,
> 3% Natriumhydrosulfit,
> 3% Ammoniak.

2. Zug: Zusatz 1% Ammoniak.

Färbevorschrift: wie bei Hellschiefer; 2 Züge je 30 min bei etwa 50°.

Schwarz: 12 kg (deutsche Wolle).

Farbansatz: 1. Zug 9% Helindonschwarz T Küpe fest
> 1% Helindonschwarz 3 B Küpe fest,
> 3% Ammoniumsulfat

> 3% Leim,
> 3% Natriumhydrosulfit,
> 1% Ammoniak.

2. Zug Zusatz 1% Natriumhydrosulfit.

Färbevorschrift: wie bei Hellschiefer; 2 Züge je 30 min bei etwa 55°.

Für die Versuchsreihe mit Wollschutzmittel wurden

die Küpenfärbungen in der gleichen Weise, jedoch an Stelle des Leimes mit 3% Lamepon durchgeführt. Das Absäuern erfolgte mit 2% Ameisensäure während 15 min bei 60°.

4. Spinnen und Weben

Beim Spinnen und Weben wurden die im Arbeitsplan gegebenen Vorschriften eingehalten.

5. Ausrüstung

Von der üblichen Ausführung der Ausrüstung wurden nach dem Arbeitsplan Abweichungen lediglich in der Walke vorgenommen, und zwar wurde ein Teil der Tuche unter Zusatz von Lamepon als Wollschutzmittel gewalkt.

Es wurde jeweils ein Stück Tuch von 32—52 m Rohlänge in Drei-Strang-Form auf der Zylinderwalke gewalkt. Zugegeben wurden durchschnittlich auf ein Stück Tuch:

Betrieb I	Betrieb II
12 l Sodalösung 4° Bé	20—25 l Sodalösung 3,5° Bé
2,5 l Seifenlösung 1 : 20	(ohne Seifenzusatz)
10 l Wasser.	

Bei der Versuchsreihe mit Wollschutzmittel wurde außerdem 0,5% Lamepon, bezogen auf das Rohgewicht der Stücke, in einer Verdünnung von 1 : 10 zugesetzt.

Die Wäsche wurde entweder einzeln oder an zwei Stücken zusammen vorgenommen. Zugegeben wurde je Stück Tuch:

Betrieb I

Zum 1. Gerber: 16 l Sodalösung 4° Bé,
Zum 2. Gerber: 16 l Sodalösung 4° Bé und ½ l Ammoniak.
Zum Absäuern: 0,5 l Essigsäure 30 %ig.

Betrieb II

Zum 1. Gerber: 16—20 l Sodalösung 3,5° Bé
Zum 2. Gerber: 16—20 l Sodalösung 3,5° Bé
Zum Absäuern: 0,5 l Essigsäure 30 %ig

Bei der Versuchsreihe mit Wollschutzmittel wurden zum 2. Gerber anstatt Sodalösung 0,5% Lamepon zugesetzt.

Die in der folgenden Zahlentafel angegebenen Walkzeiten wurden, da die Walkdauer infolge sehr unterschiedlicher Stücklängen keinen Schluß auf die tatsächliche Walkgeschwindigkeit zuließ, auf eine Stücklänge von 40,0 m umgerechnet.

Probenbezeichnung			Walkdauer in Minuten			
	Wollschutz beim		Betrieb I		Betrieb II	
Art der Färbung	Färben	Walken	Schurwolltuche	Reißwolltuche	Schurwolltuche	Reißwolltuche
Rohweiß	—	—	205	225	125	100
	—	Lamepon	185	175	115	105
	Egalisal beim Abziehen	—	—	190	—	—
		Lamepon	—	205	—	—
Küpenfärbung	—	—	235	200	135	130
	—	Lamepon	255	175	125	140
	Lamepon	Lamepon	—	—	140	—
Chromfärbung	—	—	255	190	150	130
	Egalisal	—	275	170	140	130
	Egalisal	Lamepon	235	135	145	130

III. Probematerial

In der angegebenen Weise wurden von den beiden Betrieben 31 Versuchstuche hergestellt, die nach ihrer Herstellungsweise gekennzeichnet in der Tafel S. 69 aufgeführt sind.

In den nachfolgenden Zahlentafeln der Untersuchungsergebnisse sind der Raumersparnis wegen nur die Kurzbezeichnungen der Versuchstuche angegeben.

Außerdem standen für die Untersuchung Muster der rohweißen und gefärbten Wollen sowie der zur Herstellung der Tuche verwendeten Garne zur Verfügung.

Proben-bezeichnung Betrieb I	Proben-bezeichnung Betrieb II	Spinnmaterial	Art der Färbung	Wollschutz beim Färben	Wollschutz beim Walken	Kurz-bezeichnung
11	21		rohweiß	—	—	SO/N
12	22		,,	—	Lamepon	SO/L
—	24		Küpe	Lamepon	Lamepon	SKL/L
15	23	100% Schurwolle	,,	—	—	SK/N
16	26		,,	—	Lamepon	SK/L
17	27		Chrom	—	—	SCr/N
18	28		,,	Egalisal	—	SCrE/N
19	29		..	Egalisal	Lamepon	SCrE/L
111	—	50% Schurwolle 50% Reißwolle mit Egalisal abgezogen	rohweiß	—	—	REO/N
112	—		,,	—	Lamepon	REO/L
113	213		,,	—	—	RO/N
114	214		,,	—	Lamepon	RO/L
115	215		Küpe	—	—	RK/N
116	216	50% Schurwolle 50% Reißwolle	,,	—	Lamepon	RK/L
117	217		Chrom	—	—	RCr/N
118	218		,,	Egalisal	—	RCrE/N
119	219		,,	Egalisal	Lamepon	RCrE/L

Erklärung der Kurzbezeichnungen

Spinnmaterial:

Schurwolle . . . . = S
Reißwolle. . . . . = R
Reißwolle mit Egalisal abgezogen = RE

Art der Färbung:

rohweiß . . . . = O
Chrom . . . . = Cr
Chrom mit Egalisal . . . . = CrE
Küpe . . . . = K
Küpe mit Lamepon . . . . . . = KL

Walke:

Walke mit Lamepon. . . . . . = L
Walke ohne Lamepon . . . . . = N

IV. Prüfergebnisse

Dem Arbeitsplan entsprechend erstreckte sich die Prüfung

1. bei den gewaschenen und gefärbten Wollen auf Wollschädigung,

2. bei den Garnen auf Garnnummer, Zugfestigkeit, Drehung und Fettgehalt,

3. bei den Tuchen im Anlieferungszustand und nach einer Bewetterung von ein und drei Monaten auf äußere Beschaffenheit (Griff, Aussehen usw.), Wollschädigung, Fettgehalt und Tragfähigkeit (Zug-, Berst- und Scheuerversuch).

Die Bewetterung wurde vorgenommen, um eine bei der Herstellung etwa eingetretene Schädigung zusätzlich weiterzuentwickeln und in ihrer Auswirkung auf die Tragdauer zu beurteilen. Sie erfolgte in der Weise, daß 50 × 50 cm große Stoffabschnitte auf Holzgestellen unter einem Winkel von 45.° zur Waagerechten geneigt und genau nach Süden gerichtet den Einflüssen von Licht und Wetter frei ausgesetzt wurden.

Die den photochemischen Effekt bestimmende wirksame Lichtmenge wurde in Normal-Bleichstunden gemessen (eine Normalbleichstunde = Wirkung einer Stunde Junimittagssonne bei völlig wolkenlosem Himmel und senkrechtem Strahleneinfall in Berlin-Dahlem). Sie betrug in der Versuchszeit August bis Dezember 1938

bei den Versuchstuchen von	Normalbleichstunden bei einer Bewetterungsdauer von 1 Monat	3 Monaten
Betrieb I	95	200
Betrieb II a) Schurwolltuche . . .	95	200
b) reißwollhaltige Tuche	85	150

Bei den reißwollhaltigen Tuchen des Betriebes II konnte wegen verspäteten Eingangs erst im Herbst mit der Bewetterung begonnen und daher die für den Vergleich notwendige Normalbleichstundenzahl der zweiten Bewetterungsstufe nicht erreicht werden. Um eine gemeinsame Auswertung des gesamten Untersuchungsmaterials vornehmen zu können, sind daher die Prüfergebnisse der bewetterten Proben dieser Reihe durch graphische Extrapolation auf den Zustand für 200 Normalbleichstunden umgerechnet worden.

Die einen Monat bewetterten Tuche wurden ohne besondere Vorbehandlung, die drei Monate bewetterten nach einer leichten Wäsche zur Entfernung der durch den photochemischen Abbau entstandenen verleimenden Substanzen der Prüfung unterworfen. Hierzu wurden die Tuche in einem 35° warmen, 3 g Seife und 0,5 g Soda im Liter dest. Wasser enthaltenden Waschbad 5 min lang behandelt, gut gespült und an der Luft getrocknet. Die durch Bewettern und Waschen eingetretene Flächenschrumpfung wurde bei der Berechnung der Prüfergebnisse der Berstversuche berücksichtigt.

1. Wollschädigung

Zur Bestimmung der Wollschädigung wurden die Diazoreaktion nach Pauly sowie die Diazotitrationsmethode nach Gross, v. Roll und Schreiber (Melliand Textilberichte 1939, S. 557) versuchsweise herangezogen.

Es zeigte sich dabei, daß diese Bestimmungsverfahren, die an sich nur bei ungefärbtem Material durchführbar sind, in allen Fällen versagten, wo Wollschutzmittel auf Eiweißbasis zur Anwendung gekommen sind. Da diese Wollschutzmittel selber auf diese Reaktionen ansprechen, war der Nachweis einer Minderung der Schädigung in der

Fabrikation durch Anwendung solcher Schutzmittel nicht zu erbringen.

Andere chemische Bestimmungsverfahren, die sich auf die Ermittlung der abgebauten Wollsubstanz gründen, wie z. B. die Bichromatzahl, versagten aus den gleichen Gründen.

Der Einfluß der Wollschutzmittel auf die Größe der Schädigung läßt sich daher im vorliegenden Falle nur aus der mehr oder weniger großen Widerstandsfähigkeit der Versuchstuche gegen mechanische Beanspruchungen bestimmen.

2. Garneigenschaften

Die Ergebnisse der Garnprüfung auf Nummer, Zugfestigkeit, Drehung und Fettgehalt sind in Zahlentafel 1 zusammengestellt.

3. Beurteilung der äußeren Beschaffenheit der Versuchstuche

Im Anlieferungszustand sind merkliche Unterschiede in der Ausbildung der Filzdecke zwischen den vergleichbaren Proben mit und ohne Schutzbehandlung kaum vorhanden. Die ohne Wollschutzmittel gewalkten Tuche sind in der Filzdecke etwas gleichmäßiger und geschlossener; die gefärbten Tuche, die mit Schutzmittel gewalkt worden sind, erscheinen durch die ungleichmäßige Verteilung der weißen Wolle etwas unruhiger. Bei den mit Wollschutzmittel gewalkten rohweißen und küpengefärbten Tuchen ist der Griff etwas härter, bei den chromgefärbten Tuchen etwas weicher als bei den Vergleichstuchen ohne Wollschutz in der Walke.

Bei der Beurteilung des Abscheuerns nach dem Augenschein ergaben sich im Anlieferungszustand bei den Schurwoll-Tuchen nur sehr geringe und wohl meist zufällige Unterschiede zwischen den ohne und mit Wollschutzmittel hergestellten Proben. Bei den rohweißen, reißwollhaltigen Tuchen erwiesen sich die mit Wollschutzmittel gewalkten als etwas weniger abgescheuert. Bei den küpen- und chromgefärbten Tuchen waren merkliche Un-

Zahlentafel 2. Zugfestigkeitseigenschaften der Tuche im Anlieferungszustand

Proben-bezeichnung	Quadratmetergewicht g	Zugfestigkeitseigenschaften [1]					
		Bruchlast kg		Bruchdehnung %		Reißlänge [2] km	
		Kette	Schuß	Kette	Schuß	Kette	Schuß
11 SO/N	488	80,2	60,5	43,4	51,4	1,83	1,38
12 SO/L	488	76,6	66,4	44,5	53,4	1,74	1,51
15 SK/N	482	77,2	59,1	43,1	51,0	1,78	1,36
16 SK/L	477	77,1	56,1	41,9	49,2	1,80	1,31
17 SCr/N	506	73,8	61,9	44,9	50,0	1,62	1,36
18 SCrE/N	465	73,7	54,3	46,3	49,5	1,76	1,30
19 SCrE/L	463	75,0	58,7	43,6	51,4	1,80	1,41
111 REO/N	486	53,6	50,4	42,8	47,1	1,22	1,15
112 REO/L	451	57,0	46,2	37,1	46,0	1,40	1,14
113 RO/N	483	52,7	48,3	42,8	45,1	1,21	1,11
114 RO/L	470	56,5	42,6	39,9	44,6	1,34	1,01
115 RK/N	487	50,9	46,4	41,2	46,1	1,16	1,06
116 RK/L	488	51,8	47,1	42,2	45,2	1,18	1,07
117 RCr/N	492	55,4	49,3	42,2	47,0	1,25	1,11
118 RCrE/N	482	57,8	45,1	42,0	49,5	1,35	1,04
119 RCrE/L	477	56,6	46,8	41,7	47,9	1,32	1,09
21 SO/N	551	68,8	76,5	52,4	60,9	1,39	1,54
22 SO/L	541	68,0	72,8	52,4	63,9	1,40	1,50
25 SK/N	550	60,3	65,2	46,4	57,5	1,22	1,32
23 SK/L	544	61,3	66,2	48,1	57,8	1,25	1,35
24 SKL/L	552	59,5	66,3	48,9	57,5	1,20	1,33
27 SCr/N	532	63,8	61,4	50,0	55,6	1,33	1,28
28 SCrE/N	541	63,9	63,7	48,2	54,7	1,31	1,31
29 SCrE/L	532	62,7	62,9	48,0	55,5	1,31	1,31
213 RO/N	497	51,0	47,0	44,2	51,7	1,14	1,05
214 RO/L	525	51,5	49,3	46,7	49,8	1,09	1,04
215 RK/N	515	45,0	44,0	47,1	50,6	0,97	0,95
216 RK/L	535	46,0	42,1	45,9	50,5	0,95	0,87
217 RCr/N	518	46,3	42,3	44,3	52,0	0,99	0,91
218 RCrE/N	511	45,3	42,2	49,0	52,9	0,98	0,92
219 RCrE/L	510	46,4	39,9	47,6	53,0	1,01	0,87

[1] Versuchsbedingungen: Rel. Luftfeuchtigkeit: 65%. Raumtemperatur: 20°. Versuchsgerät: Zugfestigkeitsprüfer Bauart Schopper. Meßbereich: 0—250 kg. Mittlere Zerreißdauer: etwa 60 sec. Freie Einspannlänge: 300 mm. Breite der Probestreifen: 90 mm, bei der Prüfung auf halbe Breite zusammengelegt, wie nebenstehende Skizze zeigt (⎓).
Mittel aus je 5 Einzelwerten.
[2] Berechnet aus Bruchlast und Quadratmetergewicht.

terschiede durch die Anwendung von Wollschutzmitteln nicht festzustellen; wie bei allen früheren Untersuchungen haben sich die chromgefärbten Tuche als widerstandsfähiger gegen Abscheuern erwiesen.

Nach dem Bewettern waren anfangs keine Unterschiede zu finden; erst nach einer Bewetterungsdauer von drei Monaten zeigte sich bei allen rohweißen Proben ein deutlich besseres Verhalten der mit Wollschutzmittel gewalkten Tuche, während bei den gefärbten Tuchen wie im Anlieferungszustand der Einfluß der Färbeweise deutlicher war als der eines etwa zugesetzten Wollschutzmittels. Nur bei den reißwollhaltigen Tuchen konnte ein

Zahlentafel 1. Garneigenschaften

	Kurzzeichen	Metr. Feinheitsnummer		Zugfestigkeitseigenschaften						Zahl der [3] Drehungen auf 1 m		Fettgehalt [4] %
				Bruchlast [1] g		Bruchdehnung [1] %		Reißlänge [2] km				
		Kette	Schuß	Kette	Schuß	Kette	Schuß	Kette	Schuß	Kette	Schuß	
Betrieb I	SO	10,5	11,0	485	447	23,8	21,0	4,62	4,06	274	241	6,2
	SK	11,1	11,3	542	456	25,7	21,9	4,88	4,04	349	281	6,0
	SCr	10,2	11,1	433	424	25,8	20,9	4,34	3,82	451	288	6,0
	SCrE	10,3	11,0	441	407	24,7	19,8	4,28	3,70	455	275	5,8
	RO	10,3	10,9	362	320	21,8	20,7	3,51	2,94	423	306	9,2
	REO	11,0	11,9	403	347	22,9	19,6	3,66	2,92	460	289	9,6
	RK	11,8	10,8	410	308	21,8	16,8	3,47	2,85	435	329	9,7
	RCr	11,3	10,8	392	274	22,6	15,6	3,47	2,54	431	321	8,6
	RCrE	11,9	11,2	408	303	19,6	16,4	3,43	2,70	478	319	9,4
Betrieb II	SO	9,5	10,8	485	538	25,3	23,9	5,11	4,98	442	461	4,8
	SK	8,7	10,4	438	504	25,2	25,5	5,06	4,85	492	437	5,6
	SCr	9,7	10,4	431	454	21,9	19,3	4,46	4,36	496	401	4,7
	SCrE	10,5	11,5	501	527	23,9	22,5	4,77	4,58	501	470	4,8
	RO	10,1	11,7	367	373	17,1	17,9	3,63	3,19	526	409	6,9
	RK	9,9	11,4	316	381	17,0	19,0	3,20	3,34	449	435	6,4
	RCr	9,9	10,8	337	338	19,6	15,1	3,41	3,13	537	414	6,3
	RCrE	9,8	10,2	344	272	17,0	15,2	3,52	2,67	529	386	7,9

[1] Versuchsbedingungen: Rel. Luftfeuchtigkeit 65%, Raumtemperatur 20°. Versuchsgerät: Zugfestigkeitsprüfer Bauart Schopper. Meßbereich: 0—2 kg. Vorspannung: 10 g. Mittlere Zerreißdauer: etwa 20 sec. Freie Einspannlänge: 5 mm. Mittel aus je 20 Einzelwerten.
[2] Berechnet aus Bruchlast und Gewicht der geprüften Fäden.
[3] Mittel aus je 10 Einzelwerten, Meßlänge 5 cm.
[4] Bestimmt durch Ätherextraktion. Mittelwert aus den Bestimmungen von Kett- und Schußgarn.

Zahlentafel 3. Berst- und Scheuerfestigkeit der Tuche vor und nach dem Bewettern
Betrieb I

Proben-bezeichnung	Bewette-rungs-dauer	Qua-drat-meter-gewicht [1]	Vor dem Scheuern				Nach dem Scheuern [2]				Ge-wichts-verlust durch Scheu-ern
			Berstfestigkeit [3]			Festig-keits-verlust durch Be-wettern [4]	Berstfestigkeit [3]			Festig-keitsver-lust durch Bewet-tern und Scheuern [4]	
			Stoff-festig-keit	Stoff-deh-nung	Berst-reiß-länge		Stoff-festig-keit	Stoff-deh-nung	Berst-reiß-länge		
	Monate	g/m²	kg/cm	%	km	%	kg/cm	%	km	%	%
11/SO/N	0	488	9,88	34,3	2,02	—	9,00	33,9	1,84	8,9	396
	1	496	10,16	35,0	2,05	—1,5	9,42	34,1	1,93	4,4	340
	3	534	8,70	31,3	1,63	19,3	8,66	34,3	1,62	19,8	598
12/SO/L	0	488	9,65	31,3	1,98	—	8,91	33,0	1,82	8,1	336
	1	493	10,33	35,6	2,10	—6,0	9,57	35,2	1,94	2,0	309
	3	546	8,72	30,5	1,60	19,2	8,38	33,2	1,53	22,7	595
15/SK/N	0	481	9,32	35,0	1,94	—	8,49	34,5	1,76	9,3	413
	1	485	9,43	36,7	1,94	0	9,10	38,3	1,88	3,1	315
	3	539	8,35	32,6	1,55	20,1	7,90	34,5	1,46	24,7	502
16/SK/L	0	475	9,14	34,1	1,92	—	8,39	35,4	1,77	7,8	384
	1	479	9,40	36,0	1,96	—2,1	8,87	36,5	1,85	3,6	329
	3	529	8,31	31,9	1,57	18,2	7,65	31,9	1,45	24,5	527
17/SCr/N	0	506	9,38	31,9	1,85	—	8,63	34,5	1,71	7,6	403
	1	509	9,75	38,3	1,92	—3,8	9,01	36,9	1,77	4,3	305
	3	564	8,58	32,8	1,52	17,8	7,77	33,0	1,38	25,4	507
18/SCrE/N	0	462	9,12	34,7	1,97	—	8,04	34,7	1,74	11,7	436
	1	467	9,20	37,4	1,97	0	8,47	36,2	1,81	8,1	292
	3	518	8,38	31,9	1,62	17,8	7,30	31,5	1,41	28,4	492
19/SCrE/L	0	462	9,01	32,1	1,95	—	8,42	35,8	1,82	6,7	370
	1	467	9,54	36,7	2,04	—4,6	8,90	37,6	1,91	2,1	318
	3	518	8,66	32,8	1,67	14,4	7,61	31,9	1,47	24,6	468
111/REO/N	0	485	7,05	30,1	1,45	—	6,44	32,8	1,33	8,3	520
	1	494	7,85	33,7	1,59	—9,6	7,03	34,7	1,42	2,1	467
	3	552	6,46	29,3	1,17	19,3	5,63	28,6	1,02	29,6	652
112/REO/L	0	449	7,20	31,3	1,60	—	6,68	31,5	1,49	6,9	419
	1	460	7,82	32,1	1,70	—6,2	7,18	32,4	1,56	2,5	383
	3	587	6,38	32,4	1,09	31,9	5,92	28,9	1,01	36,9	649
113/RO/N	0	483	7,04	32,8	1,46	—	6,08	29,9	1,26	13,7	512
	1	494	7,55	32,8	1,53	—4,8	6,84	33,5	1,38	5,5	385
	3	623	6,34	32,4	1,02	30,1	5,98	29,9	0,96	34,2	637
114/RO/L	0	471	7,18	35,4	1,52	—	6,44	32,8	1,37	9,9	418
	1	483	7,54	32,6	1,56	—2,6	7,01	32,8	1,45	4,6	402
	3	622	5,89	30,9	0,95	37,5	5,83	29,9	0,94	38,2	657
115/RK/N	0	487	6,95	34,1	1,43	—	6,03	34,1	1,24	13,3	519
	1	497	7,64	34,1	1,54	—7,7	7,11	34,7	1,43	0	380
	3	634	6,16	32,1	0,97	32,2	6,08	31,7	0,96	32,9	633
116/RK/L	0	488	6,95	34,1	1,42	—	6,11	33,5	1,25	12,0	501
	1	500	7,49	34,3	1,50	—5,6	6,82	33,7	1,36	4,2	420
	3	624	6,15	31,5	0,98	31,0	5,84	31,3	0,94	33,8	663
117/RCr/N	0	492	7,22	33,2	1,47	—	6,66	34,1	1,35	8,2	452
	1	506	8,02	33,0	1,58	—7,5	7,41	35,0	1,46	6,8	351
	3	648	6,69	31,9	1,04	29,2	6,48	32,8	1,01	31,3	577
118/RCrE/N	0	482	7,38	34,1	1,53	—	6,34	33,2	1,31	14,4	454
	1	497	7,74	32,1	1,56	—2,0	6,92	32,8	1,39	9,2	388
	3	626	6,46	31,9	1,03	32,7	6,25	31,3	1,00	34,6	591
119/RCrE/L	0	475	7,25	33,5	1,53	—	6,20	32,6	1,30	15,0	516
	1	486	7,76	32,6	1,60	—4,6	7,34	35,2	1,51	1,3	358
	3	630	6,44	31,9	1,02	33,3	6,49	31,9	1,03	32,7	538
Betrieb II											
21/SO/N	0	550	9,42	35,0	1,71	—	8,75	35,6	1,59	7,0	381
	1	554	9,68	38,3	1,75	—2,3	8,98	39,2	1,62	5,3	387
	3	602	8,50	38,5	1,41	17,5	8,01	40,6	1,33	22,2	663
22/SO/L	0	540	8,90	33,2	1,65	—	8,13	32,4	1,50	9,1	452
	1	550	9,25	36,0	1,68	—1,8	8,63	37,6	1,57	4,8	373
	3	591	8,09	33,7	1,37	17,0	7,75	37,2	1,31	20,6	585

Proben-bezeichnung	Bewet-terungs-dauer	Qua-drat-meter-gewicht [1]	Vor dem Scheuern				Nach dem Scheuern [2]				
			Berstfestigkeit [3]			Festig-keits-verlust durch Be-wettern	Berstfestigkeit [3]			Festig-keitsver-lustdurch Bewet-tern und Scheuern [4]	Ge-wichts-verlust durch Scheu-ern
			Stoff-festig-keit	Stoff-Deh-nung	Berst-reiß-länge		Stoff-festig-keit	Stoff-Deh-nung	Berst-reiß-länge		
	Monate	g/m²	kg/cm	%	km	%	kg/cm	%	km	%	%
24/SK/L	0	549	8,22	34,1	1,50	—	7,59	35,6	1,38	8,0	450
	1	549	8,84	36,9	1,61	—7,3	7,95	38,1	1,45	3,3	358
	3	609	7,71	33,7	1,27	15,3	7,39	36,9	1,21	19,3	597
25/SK/N	0	544	8,19	31,9	1,51	—	7,62	33,7	1,40	7,3	452
	1	544	8,65	35,8	1,59	—5,3	7,89	35,6	1,45	4,0	336
	3	601	7,79	33,7	1,30	13,9	7,36	35,6	1,22	19,2	536
26/SR/L	0	541	8,35	32,4	1,54	—	7,62	32,1	1,41	8,4	461
	1	542	8,79	35,8	1,62	—5,2	8,00	35,9	1,48	3,9	322
	3	601	7,78	33,9	1,29	16,2	7,53	36,9	1,25	18,8	558
27/SCr/N	0	530	8,62	33,2	1,62	—	8,03	33,9	1,52	6,8	328
	1	531	8,79	37,4	1,66	—2,5	8,14	39,2	1,53	5,6	340
	3	593	7,81	33,9	1,32	18,5	7,38	36,2	1,24	23,4	517
28/SCr/EN	0	541	8,78	31,5	1,62	—	8,16	32,3	1,51	6,8	354
	1	543	8,98	36,2	1,63	—0,6	8,72	36,5	1,61	0,6	298
	3	604	8,03	32,1	1,33	17,9	7,63	34,5	1,26	22,2	536
29/SCr/EL	0	530	8,34	32,4	1,57	—	7,90	34,1	1,49	5,1	345
	1	532	8,75	35,6	1,64	—4,5	8,32	36,0	1,56	0,6	337
	3	593	7,84	32,4	1,32	15,9	7,46	35,6	1,26	19,7	543
213/RO/N	0	496	6,75	36,9	1,36	—	5,90	35,6	1,19	12,5	455
	1	500	6,87	36,0	1,37	—0,7	6,33	36,5	1,27	6,6	402
	3	533	6,32	36,7	1,18	13,2 (28,5)	5,55	30,5	1,04	23,5 (36,0)	612
214/RO/L	0	523	6,98	36,0	1,33	—	6,27	35,4	1,20	7,7	475
	1	521	7,64	36,7	1,47	—10,5	6,84	36,5	1,31	1,5	390
	3	576	6,77	35,4	1,18	11,3 (31,0)	6,12	32,8	1,06	20,3 (37,5)	578
215/RK/N	0	514	6,30	36,9	1,22	—	5,49	36,2	1,07	12,3	538
	1	516	6,85	39,2	1,33	—9,0	6,08	38,1	1,18	3,3	399
	3	566	6,18	37,4	1,09	10,6 (30,7)	5,58	33,7	0,98	19,7 (30,5)	567
216/RK/L	0	536	6,31	36,9	1,18	—	5,57	37,6	1,04	11,9	566
	1	537	6,94	38,3	1,29	—9,3	6,23	37,6	1,16	1,7	390
	3	593	6,13	36,2	1,03	12,7 (30,0)	5,46	32,8	0,92	22,0 (35,0)	573
217/RCr/N	0	513	6,47	35,6	1,26	—	5,64	35,8	1,10	12,7	554
	1	513	6,88	38,1	1,34	—6,3	6,10	37,2	1,19	5,6	353
	3	564	6,25	35,2	1,11	11,9 (28,5)	5,61	34,5	0,99	21,4 (31,0)	534
218/RCrE/N	0	504	6,28	35,0	1,25	—	5,45	36,5	1,08	13,6	556
	1	514	6,63	37,2	1,29	—3,2	5,83	36,9	1,13	9,6	367
	3	560	6,02	34,7	1,08	13,6 (31,0)	5,46	34,1	0,98	21,6 (31,5)	530
219/RCrE/L	0	511	6,27	33,9	1,23	—	5,49	36,0	1,07	13,0	540
	1	522	6,89	37,6	1,32	—7,3	6,14	37,8	1,18	4,1	372
	3	570	6,11	35,8	1,07	13,0 (32,0)	5,50	34,5	0,96	22,0 (34,5)	558

[1] Der Berechnung des Quadratmetergewichts der bewetterten Proben wurde das Stoffgewicht im Anlieferungs-zustand und die beim Bewettern eingetretene Flächenschrumpfung zugrunde gelegt, um auf diesem Wege bei der Berechnung der Berstreißlänge die Flächenschrumpfung auszuschalten.

[2] Berstversuch: Versuchsbedingungen: Rel. Luftfeuchtigkeit: 65%. Raumtemperatur: 20°. Versuchsgerät: Berstdruck-prüfer Bauart Schopper. Meßbereich: bis 6 Atm. Freie Prüffläche: 50 cm². Mittlere Zerplatzdauer: 20 sec. Mittel aus je 5 Einzelwerten. Die Stoffestigkeit in kg/cm wurde aus Berstdruck, Wölbhöhe und Radius der Prüffläche, die Stoff-dehnung in % aus der Wölbhöhe, die Berstreißlänge aus der Stoffestigkeit und dem Quadratmetergewicht berechnet.

[3] Scheuerversuch: Versuchsbedingungen: Rel. Luftfeuchtigkeit: 65%. Raumtemperatur: 20°. Versuchsgerät: Rund-scheuergerät Bauart Schopper. Vorspannung (Durchwölbung): 6 mm. Freie Prüffläche: etwa 50 cm². Scheuerfläche: Schmirgel-papier Nr. 1. Scheuerdruck: 1 kg. Zahl der Scheuerumdrehungen: 500. Nach je 100 Umdrehungen wurde die Scheuerrichtung gewechselt. Der während des Scheuerns entstehende Scheuerstaub wurde durch ein Gebläse entfernt. Der Gewichtsverlust wurde nach kräftigem Ausklopfen und Abbürsten der gescheuerten Proben bestimmt und auf eine Stofffläche von 100 cm² berechnet. Mittel aus je 5 Einzelwerten.

[4] Die in Klammern angegebenen Werte sind aus dem für die Bewetterungsdauer von 150 Normalbleichstunden ermittelten Werten auf 200 Normalbleichstunden umgerechnet worden (vgl. S. 69).

merklicher Vorteil für die mit Wollschutzmittel hergestellten Tuche festgestellt werden.

4. Tragfähigkeitseigenschaften der Versuchstuche

Zur Beurteilung der Tragfähigkeit wurden die Zug-festigkeit im Anlieferungszustand (Zahlentafel 2) sowie die Berst- und Scheuerfestigkeit der Tuche vor und nach dem Bewettern (Zahlentafel 3) geprüft.

V. Auswertung

Für die Beurteilung der Zweckmäßigkeit einer Verwendung von Wollschutzmitteln beim Färben und Walken in der Tuchherstellung ist von folgender Fragestellung auszugehen:

1. Inwieweit wird der technische Vorgang beim Färben und Walken und der Ausfall der Tuche durch den Zusatz von Wollschutzmitteln beeinflußt?
2. Wird durch den Zusatz von Wollschutzmitteln die beim Färben und Walken unvermeidliche Wollschädigung soweit verringert, daß sich daraus eine Verbesserung der Tragfähigkeit ergibt?
3. Wirkt sich der Wollschutz stärker bei reißwollhaltigen oder bei Schurwolltuchen aus?
4. Tritt die Verbesserung der Tragfähigkeit bei küpen- oder bei chromgefärbten Tuchen stärker in Erscheinung?

Hierbei muß für die Bewertung der Tragfähigkeit auch die Veränderung der für den Gebrauchswert wichtigen Eigenschaften durch die im Gebrauch auftretende Beanspruchung durch Scheuerung und Witterung berücksichtigt werden, durch die eine im Anfangsstadium oft nicht sicher zu erkennende Schädigung erst ihre Entwicklung erfährt.

Die nach diesen Gesichtspunkten vorgenommene Auswertung führte zu folgenden Feststellungen.

1. Beobachtungen beim Färben

Die ohne Wollschutzmittel mit Chromfarbstoffen gefärbten Wollen waren fast alle gleichmäßig durchgefärbt, die Wolle war wenig gefilzt und hatte einen offenen Griff. Bei Zusatz von Wollschutzmittel wurden Griff und Offenheit z. T. noch verbessert.

Die in der Küpe ohne Wollschutz gefärbten Wollen waren merklich zusammengefallen und z. T. spitzig, der Griff war weniger offen. Bei Zusatz von Wollschutzmittel wurde der Griff offener und voller, auch wurde ein gleichmäßigeres Durchfärben erreicht.

2. Beobachtungen beim Walken

Durch den Zusatz von Wollschutzmitteln wird in den meisten Fällen die Walkdauer (allerdings nicht sehr erheblich) verkürzt. Das etwas ungleichmäßige Aussehen der Melange in der Filzdecke ist vermutlich auf die Erhöhung der Gleitwirkung durch das Wollschutzmittel zurückzuführen.

3. Ausfall der Garne

Der Fett- bzw. Schmälzgehalt liegt bei den im Betrieb I hergestellten Garnen etwas höher (6—9%) als bei den im Betrieb II gesponnenen Garnen (5—7%).

Die Garndrehung ist bei beiden Betrieben merklich verschieden. Während der Betrieb I die Schußgarne mit einer bedeutend geringeren Drehung gesponnen hat, sind die Garndrehungen der Kett- und Schußgarne bei Betrieb II praktisch gleich groß. Zwischen den Garndrehungen der einzelnen Versuchstuche bestehen dabei auch beim gleichen Betrieb merkliche Unterschiede.

Die Festigkeit der schurwollenen Garne ist deutlich besser als die der reißwollenen Garne. Ein einwandfreier Vergleich zwischen den Garnen der verschiedenen Ver-suchstuche ist wegen der unterschiedlichen Drehung nicht möglich. Im allgemeinen zeigen die rohweißen und küpengefärbten Schurwollgarne eine etwas bessere Festigkeit als die chromgefärbten. Bei den Reißwoll-Garnen bestehen praktisch keine Unterschiede. Ein eindeutiger Einfluß der Wollschutzmittel ist nicht zu erkennen.

4. Ausfall der Tuche

Wesentliche Unterschiede in der Ausbildung der Filzdecke werden durch die Anwendung von Wollschutzmitteln nicht hervorgerufen.

Zwischen den vergleichbaren Tuchen der beiden Betriebe bestehen jedoch merkliche Abweichungen im Stoffgewicht (etwa 10%) und in der Beschaffenheit der Filzdecke. Sie sind auf die erheblich geringere Walkdauer des Betriebs II gegenüber dem Betrieb I zurückzuführen und wirken sich entsprechend auch in den die Tragfähigkeit bestimmenden Eigenschaften aus. Im allgemeinen ergibt sich für die Tuche mit kürzerer Walkdauer eine geringere Festigkeit, jedoch eine etwas bessere Tragfähigkeit.

Der Griff der mit Wollschutzmittel gewalkten rohweißen und küpengefärbten Tuche erscheint etwas härter, bei den chromgefärbten etwas weicher als bei den normal hergestellten Tuchen.

5. Zug- und Berstfestigkeit

Die Festigkeit der mit kürzerer Walkzeit hergestellten Tuche des Betriebs II ist merklich geringer als die der im Betrieb I bei längerer Walkdauer gefertigten Tuche. Im allgemeinen kann jedoch festgestellt werden, daß die rohweißen Tuche eine bessere Festigkeit als die gefärbten auf-

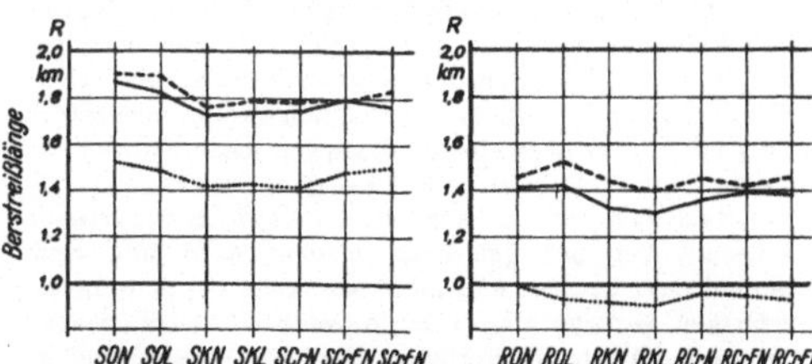

Bild 1. Veränderung der Berstfestigkeit durch Bewettern

Schurwoll-Tuche   Reißwollhaltige Tuche

—— Anlieferung
----- 1 Monat bewettert
······· 3 Monate bewettert

weisen und von diesen die chromgefärbten geringfügig fester sind als die küpengefärbten. Ein Einfluß der Wollschutzmittel auf die Festigkeitseigenschaften ist nur bei den Tuchen des Betriebes I feststellbar. Während bei den rohweißen und küpengefärbten Schurwolltuchen ein Zusatz von Wollschutzmittel bei der Walke ohne Einfluß ist, wird bei den chromgefärbten Tuchen durch den Wollschutz beim Färben eine merkliche Verbesserung erzielt. Bei den reißwollhaltigen Tuchen ist durch die Verwendung von Wollschutzmitteln (in der Walke bei den rohweißen und beim Färben bei den chromgefärbten Tuchen) eine Verbesserung der Festigkeit zu erkennen.

Durch die Einflüsse von Licht und Wetter tritt bei allen Tuchen eine zusätzliche Schädigung ein, die sich nach dreimonatiger Bewetterungsdauer bereits deutlich in der Festigkeit auswirkt. Die in der graphischen Darstellung (Bild 1) an den Mittelwerten der Versuchstuche beider Betriebe wiedergegebenen Festigkeitswerte zeigen für eine Bewetterungsdauer von einem Monat eine Erhöhung an, die auf die bei der Lichteinwirkung entstehenden und verleimend wirkenden Wollabbaustoffe zurückzuführen ist. Um die Größe der Wollschädigung voll zu erfassen, sind daher bei der zweiten Bewetterungsstufe (drei Monate) die entstandenen Wollabbaustoffe vor der Prüfung durch leichtes Waschen entfernt werden. Der Festigkeitsverlust durch Bewettern verringert sich nur bei den chromgefärbten Schurwoll-Tuchen durch die Anwendung von Wollschutzmitteln etwas, bei den reißwollhaltigen Tuchen ist diese Tendenz nicht vorhanden.

durch Wollschutzmittel beim Walken ist, wenn die Beurteilung lediglich nach dem prozentualen Festigkeitsverlust erfolgt, nicht festzustellen. Die nach dem Bewettern und Scheuern noch vorhandene Berstreißlänge läßt jedoch in Übereinstimmung mit dem Gewichtsverlust beim Scheuern und der Beurteilung des Scheuereffekts nach dem Augenschein für die Versuchstuche beider Betriebe erkennen, daß ein, wenn auch geringer, günstiger Einfluß der Wollschutzmittel bei den chromgefärbten Tuchen vorhanden ist (Bild 4). Die chromgefärbten Tuche sind im Endzustand der Bewetterung bei der Reißwoll-Versuchsreihe durchschnittlich etwas besser erhalten als die küpengefärbten Tuche; bei der Schurwoll-Versuchsreihe ist der nach der Berstreißlänge beurteilte Endzustand der bewetterten und gescheuerten küpen- und chromgefärbten Tuche etwa gleich zu bewerten.

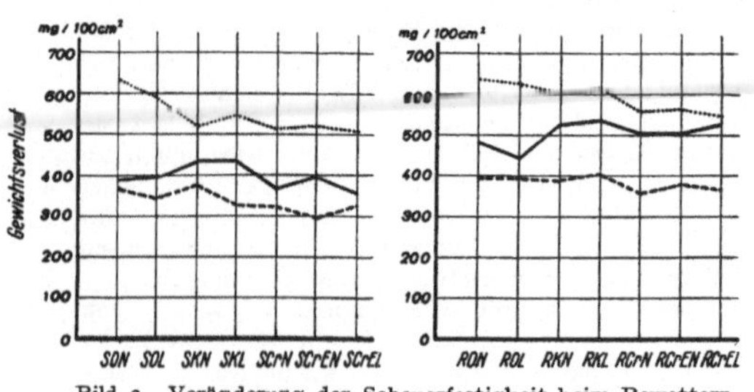

Bild 2. Veränderung der Scheuerfestigkeit beim Bewettern

Schurwoll-Tuche   Reißwollhaltige Tuche

——— Anlieferung
------ 1 Monat bewettert
.... 3 Monate bewettert

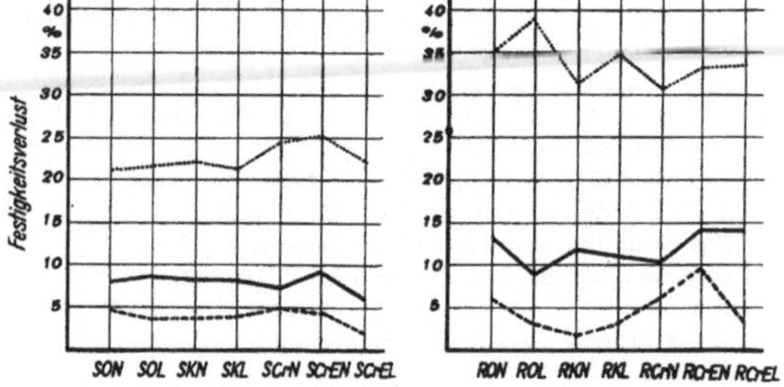

Bild 3. Festigkeitsverlust durch Bewettern und Scheuern

Schurwoll-Tuche   Reißwollhaltige Tuche

——— Anlieferung
------ 1 Monat bewettert
.... 3 Monate bewettert

6. Widerstandsfähigkeit gegen Scheuerbeanspruchung

Sowohl bei den schurwollenen als auch den reißwollhaltigen küpengefärbten Tuchen ist der Gewichtsverlust beim Scheuern etwas größer als bei den rohweißen und chromgefärbten Tuchen (Bild 2). Ein eindeutiger Einfluß der Wollschutzmittel ist hierbei nicht zu erkennen. Bei der Beurteilung des Scheuereffekts nach dem Augenschein (Erhaltung der Filzdecke) erwiesen sich die chromgefärbten Tuche durchweg als widerstandsfähiger gegen Abscheuern, als die küpengefärbten und rohweißen Tuche.

Nach längerem Bewettern ist der Gewichtsverlust beim Scheuern bei den gefärbten schurwollenen und reißwollhaltigen Tuchen, und zwar besonders bei den chromgefärbten, geringer als bei den rohweißen. Dabei ist auch ein etwas günstigeres Verhalten der mit Wollschutzmittel gewalkten Tuche bei den rohweißen und chromgefärbten Stücken festzustellen. Am auffallendsten ist das bessere Verhalten der Chromfärbungen bei den reißwollhaltigen Tuchen. Neben dem Vorteil der Chromfärbung war auch eine bessere Erhaltung der Filzdecke nach dem Bewettern und Scheuern bei den mit Wollschutzmitteln hergestellten Tuchen, in merklichem Grade jedoch nur bei den reißwollhaltigen Versuchsstücken zu beobachten.

7. Beurteilung der Tragfähigkeit nach dem Festigkeitsverlust durch Bewettern und Scheuern

Die durch eine dem praktischen Gebrauch entsprechende zusätzliche Beanspruchung (Bewettern und Scheuern) eintretende Minderung der Tragfähigkeit ist bei den Schurwolltuchen durchschnittlich geringer als bei den reißwollhaltigen Tuchen (Bild 3). Eine günstige Beeinflussung

Zusammenfassung

Die Ergebnisse der Untersuchung lassen sich gemäß der im Abschnitt V gegebenen Fragestellung wie folgt zusammenfassen.

1. Durch die Anwendung von Wollschutzmitteln, wie Egalisal und Lamepon, beim Färben der Wolle wird infolge ihrer Netz- und Egalisierwirkung ein gleichmäßigeres Durchfärben und ein offener Griff erzielt.

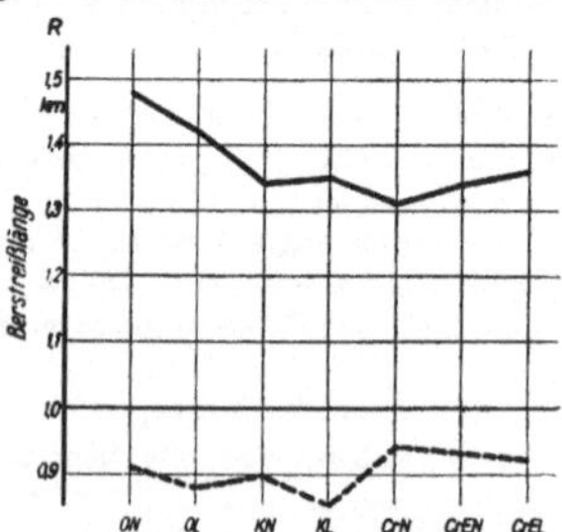

Bild 4. Berstfestigkeit nach dem Bewettern und Scheuern

Bewetterungsdauer 3 Monate
——— Schurwoll-Tuche
------ Reißwollhaltige Tuche

In der Walke wird durch den Zusatz von Lamepon die Walkdauer etwas verkürzt, ohne daß sich merkliche Unterschiede in der Ausbildung der Filzdecke ergeben.

Die chromgefärbten Tuche fallen bei Verwendung von Wollschutzmitteln etwas weicher, die küpengefärbten etwas härter im Griff aus als die im normalen Verfahren hergestellten Versuchstuche.

2. Eine Verbesserung der Tragfähigkeit der Tuche durch den Zusatz von Wollschutzmitteln beim Färben und Walken ist nicht in allen Fällen eindeutig nachzuweisen. Die Schutzwirkung scheint durchschnittlich so gering zu sein, daß sie durch die normalerweise bei betriebsmäßiger Herstellung auftretenden Streuungen teilweise überdeckt wird.

3. Eine an sich geringfügige Auswirkung des Wollschutzes auf die Tragfähigkeit ist nur bei den reißwollhaltigen Tuchen vorhanden.

4. Die etwas bessere Tragfähigkeit der chromgefärbten Tuche, insbesondere bei der Reißwoll-Versuchsreihe, ist weniger auf den Einfluß des Wollschutzmittels als auf die gerbende Wirkung des Chromierens zurückzuführen.

Diese Untersuchungsergebnisse bestätigen, daß es bei reißwollhaltigen Tuchen vorteilhaft ist, die Reißwolle mit Chromfarbstoffen zu färben, wobei die Anwendung von Wollschutzmitteln beim Färben und Walken eine gewisse Sicherung gegen eine übermäßige Schädigung geben kann.

UNTERSUCHUNGEN ÜBER DEN EINFLUSS DER FÄRBEWEISE DER ZELLWOLLE AUF DIE FARBECHTHEIT ZELLWOLLGEMISCHTER UNIFORMTUCHE[1]

Von H. **Sommer** und O. **Viertel**

Bei der Herstellung zellwollgemischter Uniformtuche ist man ursprünglich davon ausgegangen, daß zur Erzielung höchster Farbechtheit für den Zellwollanteil Indanthrenfärbung erforderlich sei. Da die Erfahrung jedoch gezeigt hat, daß bei zellwollgemischten Streichgarnen die glatteren Zellwollfasern mehr den Kern und die stärker gekräuselten Wollhaare mehr den Mantel des Garnes bilden, so daß beim Walken der Tuche die Filzdecke vornehmlich von den Wollhaaren gebildet wird, erhob sich die Frage, ob dieser Umstand nicht die Anwendung der billigeren Schwefelfärbung für die Zellwolle rechtfertige.

Durch vergleichende Untersuchung besonders herzustellender Uniformtuche sollte daher festgestellt werden, ob mit Schwefelfarben gefärbte Zellwolle den an Mischtuche bezüglich der Farbechtheit zu stellenden Anforderungen in ausreichendem Maße genügt, oder ob grundsätzlich Indanthrenfärbung gefordert werden muß.

A. Herstellung der Versuchstuche

Die Herstellung der Versuchstuche wurde nach folgenden Richtlinien vorgenommen.

Voraussetzung für den Vergleich war die Verwendung einheitlichen Woll- und Zellwollmaterials für sämtliche anzufertigenden Tuche. Als geeignete Zellwolle wurde Vistra XT vorgesehen, die in 40%iger Beimischung zu gesunder Schurwolle von A/B-Feinheit verwendet werden sollte. Die Mitverarbeitung von Reißwolle war unter allen Umständen zu vermeiden, damit eine etwa sich hieraus ergebende Minderung der Farbechtheit nicht der Zellwolle zugeschrieben werden konnte.

Um die Größe des Einflusses der Zellwollbeimischung auf die Farbechtheit der Uniformtuche eindeutiger beurteilen zu können, waren aus dem gleichen Wollmaterial auch reinwollene Vergleichstuche herzustellen.

Für die vergleichende Untersuchung wurden dementsprechend Rocktuche ohne Strich, 700 g/lfd. m, in Uni-Färbung von a) olivgrünem und b) grauviolettem Farbton angefertigt. Zur Kontrolle wurden die Versuche in zwei Betrieben durchgeführt. Im einzelnen wurde wie folgt verfahren:

Wollwäsche: Die gesamte Wolle wurde in einem der beiden Betriebe schonend gewaschen.

Färben: Das Färben der Wolle und der Zellwolle wurde in folgenden Kombinationen vorgesehen:

Wolle	Zellwolle
chromgefärbt	schwefelgefärbt
chromgefärbt	indanthrengefärbt
chromgefärbt	
küpengefärbt	schwefelgefärbt
küpengefärbt	indanthrengefärbt
küpengefärbt	—

Für die Farbe galten als Vorlage:

a) olivgrün (für feldgrau), dem Farbton der „Färbung auf Vistra für Mannschaftstuch des Reichsheeres" I. G.-Farbkarte S 5051, entsprechend;

b) grauviolett (für Fliegerblau): etwas voller als Farbton 1 der „Färbungen auf Vistra für Fliegergrau", I. G.-Farbkarte S 5357 a).

Das Färben der Wolle und Zellwolle wurde nach den von der I. G.-Farbenindustrie A.-G. bzw. den Betriebsfärbern ausgearbeiteten Vorschriften in jedem Betrieb getrennt vorgenommen. Die dabei gemachten Beobachtungen sind weiter unten mitgeteilt.

Spinnen:

	Nummer	Drehung	Drehungs-konstante α
Kettgarn	Nm 10	z 475/m	1,5
Schußgarn	Nm 9,5	s 310/m	1,0

Weben:

Breiter Stuhl (16/4);
2600 Kettfäden + 2 × 24 Fd. Leiste;
Blattbreite 231 cm.
120 Schüsse auf 10 cm Rohware.

Ausrüstung:

wie bei Streichgarntuchen üblich, ohne Strich.

Beim Färben der Wolle und der Zellwolle wurden folgende Feststellungen gemacht:

1. Betrieb A

x) Färbung auf Wolle

Sämtliche drei Wollpartien — Kap-, spanische und Brasilwolle — wurden vorher gewolft und dann in Partien zu je 40 kg gefärbt.

I. Alizarin-(Chrom-)Färbung

Gefärbt wurde im Packapparat mit Pumpe, Fassungsvermögen 50 kg.

a) Feldgrau

Ansatz		Zusatz	
2,5%	Metachromoliv Bl	2,75%	Metachromoliv BL
0,2%	Säurealizarinflavin R	0,05%	Metachrombordo
0,2%	Alizarincyanin GWA	0,07%	Metachrombrillantblau
6%	Essigsäure		
10%	Glaubersalz		
0,5%	Ameisensäure	2,5%	Essigsäure
1,4%	Kaliumbichromat	0,9%	Kaliumbichromat

b) Fliegerblau

Ansatz		Zusatz	
2,2%	Metachromoliv BL	0,15%	Metachrombrillantblau BL
0,2%	Metachrombordo BL		
0,7%	Echtbeizenblau B		
6%	Essigsäure		
10%	Glaubersalz		
0,3%	Ameisensäure		
1,3%	Kaliumbichromat	0,08%	Kaliumbichromat

Färbevorschrift: Mit der Wolle wurde bei 50° eingegangen, in 3/4 Std. zum Kochen getrieben und mit Essigsäurezusatz weitere 30 min mäßig gekocht (95°). Nach Zugabe der Ameisensäure wurde 25 min ziehen gelassen, dann auf etwa 60° abgekühlt, Kaliumbichromat zugesetzt und 35 min gekocht. Zum Schluß wurde gut gespült.

II. Küpenfärbung

Gefärbt wurde auf einem Küpenapparat mit Quetsche, Fassungsvermögen 50 kg, und zwar als zweite Partie. Die der Einstellung der Küpe dienende erste Partie wurde nicht für die Versuchstuche verwendet.

a) Feldgrau

1. Partie (Vorversuch)		2. Partie	Zusatz
1%	Indigo MLB 60%	0,75%	—
2%	Helindongelb CG	0,75%	—
3%	Helindonbraun CRD	1,75%	1%

Eigentliche Versuchspartie

4%	Leim
2%	Hydrosulfit
1%	Ammoniak
2%	Ammoniumsulfat

b) Fliegerblau

1. Partie (Vorversuch)		2. Partie	Zusatz
1,5%	Indigo MLB 60%	0,675%	—
2,3%	Helindonbraun CRD	1,675%	1,125%
1,6%	Helindonrot BB	0,875%	0,25%

Eigentliche Versuchspartie

Färbevorschrift: Mit der Wolle wurde bei etwa 55° eingegangen, 30 min behandelt, nach dem Nachsatz etwa 20 min weiter behandelt, abgequetscht und oxydiert. Anschließend wurde mit 1,5% Ameisensäure bei 50—60° abgesäuert und gespült.

β) Färbung auf Vistra XT

I. Indanthrenfärbung. Die Partien von je 25 kg wurden nach dem Indanthren-Klotzverfahren auf einem V 2 A-Apparat (System Krantz, Aachen) mit Druckpumpe, 4 Etagen, Fassungsvermögen 50 kg, gefärbt. Es wurden nur 2 Etagen bepackt; da aber sämtliche Etagen eingesetzt werden mußten, ergab sich ein sehr langes, ungünstiges Flottenverhältnis.

a) Feldgrau

Ansatz		Zusatz
5%	Indanthrengrau BG	1%
0,6%	Indanthrenbraun BR	—
1,5%	Indanthrenolivgrün B	—
1,8%	Indanthrenoliv R	—
30%	Glaubersalz	
8%	Natronlauge	
5%	Hydrosulfit	

b) Fliegerblau

Ansatz			Zusatz
5%	Indanthrengrau BG		5%
0,4%	Indanthrenbraun BR	Pulver fein	0,14%
0,2%	Indanthrenrot FBB		—
30%	Glaubersalz		
8%	Natronlauge		
5%	Hydrosulfit		

Färbevorschrift: Die gut angeteigten und bei 50° gelösten Farbstoffe wurden durch ein Sieb zugegeben. Mit der Zellwolle wurde bei 60° eingegangen und 20 min lang umgepumpt. Dann wurden 8% NaOH mit etwa 15 l Wasser verdünnt innerhalb 20 min langsam zugesetzt und weitere 15 min laufen gelassen. Anschließend wurden 5% Hydrosulfit kalt gelöst in 20 min zugegeben und wiederum 15 min umgepumpt. Schließlich erfolgte ein Zusatz von 20% Natriumsulfat in zwei Portionen, worauf nochmals 40 min laufen gelassen wurde.

Beim Nachsetzen wurde der Farbstoff vorher verküpt und langsam zugegeben.

Nach dem Färben wurde gut gespült und mit

    0,3% Igepon T,
    0,3% Kaliumbichromat,
      4% Essigsäure 20 min bei 60° nachbehandelt.

II. Schwefelfärbung. Gefärbt wurde in Partien von je 25 kg auf einem offenen Holzbottich unter Hantieren mit Färbestöcken.

a) Feldgrau

12%	Immedialoliv GN		
2,3%	Immedialgrün BT extra	kochend heiß gelöst	
1,5%	Indocarbon CLG konz. bei 50° mit Dekol angeteigt		
8%	Schwefelnatrium		
6%	Soda		gefärbt bei 90°
30%	Glaubersalz		

b) Fliegerblau

Ansatz		Zusatz
2%	Indokarbon CLG konz. bei 50° mit Dekol angeteigt	1,4%
3,2%	Schwefelnatrium	gefärbt
6,0%	Soda	bei 70°
40,0%	Glaubersalz	

Färbevorschrift: Nach dem Lösen der Farbstoffe wurde mit der Zellwolle bei etwa 50° eingegangen und in 20 min auf 90° bzw. 70° erwärmt. Je nach dem Ausziehen der Farbflotte wurde Salz zugegeben und nochmals 20—30 min hantiert, gut gespült und mit

    0,3% Igepon T,
      3% Essigsäure
20 min bei 50—60° nachbehandelt und fertig gespült.

2. Betrieb B
x) Färbung auf Wolle
I. Alizarin-(Chrom-)Färbung

Es wurden zunächst im Kessel je 12,5 kg Wolle (und zwar als Mischpartie der drei Wollpartien, Kap-, spanische und Brasil-Wolle) angesetzt:

a) Feldgrau

1. Partie	2. Partie 20,5 kg
3% Metachromoliv BL	2,2% Metachromoliv BL
0,08% Säurealizarinflavin R	0,3% Säurealizarinflavin R
	0,3% Alizarincyaningrün GWA
1,5% Kaliumbichromat	1,5% Kaliumbichromat

Das Flottenverhältnis im Kessel betrug etwa 1 : 25. In ¾ Stunde wurde zum Kochen getrieben, dann mit 6% Essigsäure-Zusatz ½ Std. sehr mäßig gekocht (95°), nach 0,5% Ameisensäure-Zusatz weitere ½ Stunde mäßig gekocht und abgeschreckt; darauf Kaliumbichromat zugegeben und ½ Stunde vorsichtig bei Kochtemperatur (90 bis 95°) gehalten. Die gefärbte Wolle war völlig offen.

Partie 1 kam im Vergleich zur Vorlage etwas zu dunkel heraus. Der Ausgleich erfolgte durch die zweite Partie, die gelblicher gehalten wurde. Die Mischung der beiden Partien ergab etwa den gewünschten Farbton.

b) Fliegerblau

Es wurden 2 Partien zu 17,5 kg nach nebenstehender Rezeptur angesetzt, die angenähert zu dem gewünschten Farbton führten. Er fiel zwar etwas bläulicher als die Vorlage aus, insbesondere auch im Vergleich zu der rötlicheren Küpenfärbung, doch wurde das Prinzip befolgt, zur Vermeidung von Woll- und Echtheitsschädigungen den Vorlageton nicht durch Zusätze „hinzuquälen". Es genügte, wenn die gewünschte Farbtiefe vorhanden war.

2,0%	Metachromoliv BL
0,9%	Echtbeizenblau B
0,2%	Metachrombordo BL
1,55%	Kaliumbichromat

II. Küpenfärbung

a) Feldgrau

Es wurden 35 kg nach nebenstehender Rezeptur (einschließlich eines nach 20 min erfolgten Zusatzes) 25 min in der Küpe bei 55° gefärbt. — Der Farbton der Küpenfärbung war gegenüber dem viel grüneren Ton der Chromfärbung stumpfer und gelblicher, doch wurde von einer nochmaligen Ausfärbung abgesehen, da ein genaues Treffen des Farbtons bei der Wollmischung und den kleinen Partien nicht möglich war.

1,3%	Indigo MLB 60%
2,3%	Helindonbraun CRD
1,7%	Helindongelb CG

b) Fliegerblau.

Die Küpe wurde für 35 kg Wolle angesetzt; vorher wurde jedoch ein Zug an einer anderen Wolle zur Korrektur der Küpe ausgefärbt. Die nachgesetzte Küpe bestand aus

1,0% Indigo MLB	Leim (nur im 1. Ansatz)	wie
1,5% Helindonrot BB	Hydrosulfit	üblich
2,0% Helindonbraun CRD	Ammoniak	

Es wurde 40 min bei 55° behandelt. Nach dem Oxydieren wurde bei 60—70° mit 1% Ameisensäure 20 min abgesäuert. Die Partie war etwas zu rötlich ausgefallen.

Färbung auf Vistra XT

Die Zellwolle (Vistra XT) wurde in 25 kg-Partien in einem Krantzschen V2A-Färbeapparat mit Propellerpumpe gefärbt. Das Fassungsvermögen des Apparates betrug in 5 Abteilungen rd. 70 kg; gepackt wurden 2 Abteilungen zu etwa 12 kg. Das Flottenverhältnis beträgt bei voller Packung 1:14, im vorliegenden Falle war es 1:17.

I. Indanthrenfärbung

a) Feldgrau

Es wurde angesetzt:

4,0% Indanthrengrau BG		Pulver fein,
0,5% Indanthrenbraun BR		Farbstoff gut angeteigt
1,2% Indanthrenolivgrün B		

mit der Zellwolle bei 60° eingegangen und 20 min laufen gelassen. Dann wurden 8% NaOH, mit 15 l Wasser ver-

dünnt, in 20 min langsam zugesetzt und weitere 15 min umgepumpt. Anschließend wurden 5% Hydrosulfit, kalt gelöst, in 20 min zugegeben und wiederum 15 min laufen gelassen.

Da die Färbung noch zu hell war, wurde ein Zusatz von 1 ½ % Indanthrenoliv R (Farbstoff vorher verküpt) dem Färbebad durch Zulauftrichter zugegeben, 20 min laufen lassen und dann 6% Glaubersalz zugesetzt. Nach ½ stündigem Umpumpen wurde gut gespült und mit

0,3%	Igepon T,
0,3%	Kaliumbichromat,
3%	Essigsäure

bei 60° 20 min lang nachbehandelt.

Die Färbung war etwas dunkel ausgefallen. Die Vergleichs-Schwefelfärbung in feldgrau wurde deshalb ebenfalls dunkler gehalten.

b) Fliegerblau.

Die Partie wurde nach der gleichen Färbevorschrift wie bei Feldgrau mit

5,0%	Indanthrengrau BG
0,4%	Indanthrenbraun BR
0,2%	Indanthrenrot FBB

angesetzt. Sie kam gut heraus und entsprach in der Farbtiefe vollkommen der Indocarbon-Färbung.

II. Schwefelfärbung

a) Feldgrau.

Angesetzt wurde:

		nachgesetzt		insgesamt
10,0%	Immedialoliv GN	—	=	10,0%
0,7%	Indocarbon CLG conc.	0,8%	=	1,5%
1,6%	Immedialgrün BT extra	0,6%	=	2,2%

Die Färbeweise war die gleiche wie bei Indocarbon.

Zahlentafel 1: Versuchstuche

Farbe	Spinnmaterial	Art der Färbung [1]	Kurzbezeichnung der Versuchstuche von Betrieb A	Betrieb B
feldgrau	Reine Wolle	Küpe	1 K	13 K
	Reine Wolle	Chrom	2 Cr	14 Cr
	60% Wolle 40% Vistra XT	Küpe/Indanthren	3 K/I	15 K/I
	60% Wolle 40% Vistra XT	Chrom/Indanthren	4 Cr/I	16 Cr/I
	60% Wolle 40% Vistra XT	Küpe/Schwefel	5 K/S	17 K/S
	60% Wolle 40% Vistra XT	Chrom/Schwefel	6 Cr/S	18 Cr/S
fliegerblau	Reine Wolle	Küpe	7 K	19 K
	Reine Wolle	Chrom	8 Cr	20 Cr
	60% Wolle 40% Vistra XT	Küpe/Indanthren	9 K/I	21 K/I
	60% Wolle 40% Vistra XT	Chrom/Indanthren	10 Cr/I	22 Cr/I
	60% Wolle 40% Vistra XT	Küpe/Schwefel	11 K/S	23 K/S
	60% Wolle 40% Vistra XT	Chrom/Schwefel	12 Cr/S	24 Cr/S
	60% Wolle 40% Vistra XT	Küpe/Schwefel	—	25 K/S
	60% Wolle 40% Vistra XT	Chrom/Schwefel	—	26 Cr/S

[1] In den Spalten mit Doppelbezeichnung gibt das erste Wort die Färbeweise des Wollanteils, das zweite die Färbeweise der Zellwolle an.

Die Färbung war gut ausgefallen und entsprach der Indanthrenfärbung.

b) Fliegerblau.

Angesetzt wurde mit

3,5% Indocarbon CLG conc.
4%   Dekol, bei 60° angeteigt
4%   Schwefelnatrium
6%   Soda

mit der Zellwolle bei 40° eingegangen, in ½ Std. auf 80° erwärmt und ½ Std. laufen gelassen. Nach gutem Spülen wurde mit

0,8% Igepon T
8%   Essigsäure

20 min bei 60° nachbehandelt und fertiggespült. Die Färbung war gut ausgefallen.

Nachträglich sind im Betrieb B noch zwei weitere fliegerblaue Mischtuche hergestellt worden, bei denen die Zellwolle nach Vorschlägen der I. G.-Farbenindustrie A.-G. mit Schwefelfarben einer besseren Lichtechtheit gefärbt wurde. Die Ausfärbung ist in diesem Falle nicht beaufsichtigt worden. Die verwendeten Farbstoffe für die Zellwollfärbung waren folgende:

2,8% Immedialechtfeldgrau B,
2,4% Immedialdunkelblau IR extra. —

Insgesamt wurden 26 Versuchstuche hergestellt. Die in den späteren Zahlentafeln verwendeten Kurzbezeichnungen für diese Tuche sind in Zahlentafel 1 zusammengestellt.

B. Prüfungsergebnisse

Die Prüfung erstreckte sich auf die physikalische und chemische Untersuchung

a) der rohen und gefärbten Wollen und Zellwollen auf
 1. Reaktion,
 2. Lichtechtheit,
b) der fertigen Tuche auf
 1. Beurteilung des Aussehens, der Farbe, des Griffes usw., vor und nach 1 und 3 Monaten Bewetterung;
 2. Farbechtheit gegen Reiben, Wasser, Schweiß, Straßenschmutz, Naßwäsche und chemisch Reinigen vor und nach 1 und 3 Monaten Bewetterung Licht- und Wetterechtheit;
 3. Verhalten gegen Gebrauchsbeanspruchung: Berstfestigkeit und Scheuerfestigkeit im Anlieferungszustand sowie nach 1 und 3 Monaten Bewetterung.

a) Untersuchung der rohen und gefärbten Wolle
und Zellwolle

Rohwollen.

Die Größe einer schon bei der Rohwolle vorhandenen Vorschädigung kann u. U. auf die Farbechtheit der Färbung von Einfluß sein. Die Untersuchung der Rohwollen ergab, daß die verwendeten Wollen von guter und einwandfreier Beschaffenheit waren und ein gut ausgeprägtes Schuppenbild besaßen. Eine geringfügige Schädigung war nur an einigen Spitzen der Brasil-Wolle und bei der spanischen Wolle festzustellen; eine Beeinflussung der Farbechtheit durch diese sich in normalen Grenzen haltende Schädigung ist nicht anzunehmen.

Gefärbte Wollen und Zellwollen.

1. Reaktion:

Die an den Krempelmustern vorgenommene Prüfung ergab, daß die chromgefärbten Wollen lackmussauer, die küpengefärbten schwach lackmussauer reagierten. Die Reaktion der gefärbten Zellwollen war ganz schwach lackmussauer.

Die an den schwefelgefärbten Zellwollen vorgenommene Stabilitätsprobe (Prüfung auf Lagerbeständigkeit) hat ergeben, daß auch unter verschärften Bedingungen eine Bildung von Schwefelsäure durch Autoxydation nicht eintritt.

2. Lichtechtheit der Krempelmuster.

Die Prüfung auf Lichtechtheit wurde nach den Vorschriften der „Echtheitskommission" ausgeführt. Die zur Hälfte mit Karton abgedeckten Krempelmuster wurden in einen Belichtungskasten mit Luftumwälzung unter Glas nach Süden ausgerichtet und um 45° gegen die Waagerechte geneigt, 100, 150 und 200 Normalbleichstunden lang belichtet und darauf gegen eine stufenweise mitbelichtete Skala blauer Typfärbungen auf Wolle verglichen (Zahlentafel 2).

b) Chemische und physikalische Untersuchung der fertigen Tuche

1. Beurteilung des Aussehens, der Farbe und des Griffes vor und nach 1 bzw. 3 Monaten Bewetterung

In der äußeren Beschaffenheit weisen die Versuchstuche im Anlieferungszustand untereinander keine wesentlichen Unterschiede auf, wenn man von der etwas mageren Filzdecke bei den Mischtuchen gegenüber den reinwollenen Tuchen absieht. Mit zunehmender Bewetterungsdauer tritt ein allmählicher Wollschwund an der dem Licht ausgesetzten Filzdecke ein, der bei den Mischtuchen merklich stärker in Erscheinung tritt als bei den reinwollenen Tuchen. Ein unterschiedliches Verhalten nach Art der Zellwollfärbung ist bei den Mischtuchen nicht festzustellen. Bei den chromgefärbten reinwollenen und Mischtuchen ist im allgemeinen die Filzdecke nach der Bewetterung etwas besser erhalten.

Der Farbton bei den feldgrauen und fliegerblauen Mischtuchen entspricht im Anlieferungszustand recht gut dem Farbton der entsprechenden reinwollenen Tuche. Im Verlaufe der Bewetterung tritt sowohl bei den reinwollenen als auch bei den Mischtuchen eine deutliche Farbänderung ein, die im allgemeinen bei den fliegerblauen Tuchen stärker ist als bei den feldgrauen und bei den chromgefärbten Tuchen stärker als bei den küpengefärbten. Während die Farbänderung bei den chromgefärbten Tuchen keine merklichen Unterschiede zwischen reinwollenen und Mischtuchen erkennen läßt, ist bei den küpengefärbten Tuchen die stärkere Farbänderung bei den Mischtuchen

Zahlentafel 2
Lichtechtheit der Krempelmuster.

Spinnmaterial	Farbe	Art der Färbung	Lichtechtheit [1]	
			Betrieb A	Betrieb B
Wolle	Fliegerblau	Chromfärbung	V	V
Wolle	Feldgrau	Chromfärbung	V	V—VI
Wolle	Fliegerblau	Küpenfärbung	V—VI	VI
Wolle	Feldgrau	Küpenfärbung'	VI	V—VI
Vistra XT	Fliegerblau	Indocarbonfärbung	V	V—VI
Vistra XT	Feldgrau	Schwefelfärbung	V—VI	V—VI
Vistra XT	Fliegerblau	Indanthrenfärbung	VI—VII	VI—VII
Vistra XT	Feldgrau	Indanthrenfärbung	VII	VI—VII

[1] Die Lichtechtheitsstufen sind wie folgt bezeichnet: I = gering, III = mäßig, V = gut, VI = sehr gut, VII = vorzüglich, VIII = hervorragend.

vorhanden, da sich offenbar die gut lichtechte Küpenfärbung unter dem Einfluß der Bewetterung besser gehalten hat als die Zellwollfärbung. Im Verhalten der Indanthren- und der Schwefelfärbung der Zellwolle hat sich für die Größe der Farbänderung beim Bewettern der Mischtuche kein Unterschied ergeben.

Im Griff sind wesentliche Verschiedenheiten bei den Versuchstuchen im Anlieferungszustand nicht festzustellen. Nach dem Bewettern wird der Griff der Mischtuche, gleichgültig ob die Zellwolle indanthren- oder schwefelgefärbt ist, etwas härter als bei den reinwollenen Tuchen.

2. Farbechtheit

a) Farbechtheit gegen Reiben, Wasser, Schweiß Straßenschmutz, Waschen und Chemisch-Reinigen

Die Prüfung auf Farbechtheit wurde an den Versuchstuchen im Anlieferungszustand und nach 1 bzw. 3 Monaten Bewetterung vorgenommen. Die Bewetterung erfolgte in der Zeit vom Juni bis September 1938 und entsprach der Einwirkung von 110 bzw. 290 Normalbleichstunden. Die Farbechtheit wurde nach den Vorschriften der Echtheitskommission geprüft, mit Ausnahme der Farbechtheit gegen Chemisch-Reinigen, deren Bestimmung nach folgender Arbeitsvorschrift durchgeführt wurde:

Die zu prüfende Tuchprobe wurde zwischen gebleichtes Baumwollgewebe und leichten Wollstoff gelegt, zusammengerollt und darauf 15 min lang in Asordin (Tetrachlorkohlenstoff) behandelt. Danach wurde die Probe zehnmal nach jedesmaligem Eintauchen in die Flotte in der Hand durchgeknetet, gut ausgedrückt und getrocknet.

Zahlentafel 3. Farbechtheit gegen Reiben, Wasser, Schweiß, Straßenschmutz, Waschen und Chemisch-Reinigen im Anlieferungszustand

Kurz-bezeichnung der Ver-suchstuche	Farbechtheit gegen					
	Reiben	Wasser	Schweiß	Straßen-schmutz	Waschen bei 40°	che-mische Rei-nigung
1 K . .	V	V	V	III—IV	V	V
2 Cr . .	IV—V	V	V	IV	V	V
3 K/I .	V	V	V	III—IV	V	V
4 Cr/I .	V	V	V	III—IV	V	V
5 K/S .	V	V	V	IV	V	V
6 Cr/S .	V	V	V	IV	V	V
7 K . .	V	V	V	IV—V	V	V
8 Cr . .	IV—V	V	V	IV	V	V
9 K/I . .	V	V	V	IV	V	V
10 Cr/I .	V	V	V	III—IV	V	V
11 K/S .	V	V	V	IV	V	V
12 Cr/S .	V	V	V	IV	V	V
13 K . .	V	V	V	IV	V	V
14 Cr . .	V	V	V	IV—V	V	V
15 K/I. .	V	V	V	IV	V	V
16 Cr/I. .	V	V	V	IV	V	V
17 K/S .	V	V	V	IV	V	V
18 Cr/S .	V	V	V	IV—V	V	V
19 K . .	V	V	V	IV	V	V
20 Cr . .	V	V	V	IV—V	V	V
21 K/I. .	V	V	V	IV	V	V
22 Cr/I .	V	V	V	IV	V	V
23 K/S .	V	V	V	IV	V	V
24 Cr/S .	V	V	V	IV	V	V
25 K/S .	V	V	V	III—IV	V	V
26 Cr/S .	V	V	V	IV	V	V

Die in Zahlentafel 3 angegebenen Ziffern bedeuten folgende Echtheitsgrade: I = gering, II = mäßig, III = genügend, IV = gut, V = sehr gut. Nach 1 bzw. 3 Monaten Bewetterung war eine Änderung der Farbechtheit gegen Wasser, Waschen bei 40° und Chemisch-Reinigen nicht eingetreten. Die Schweiß- und Alkaliechtheit zeigte bei einigen Versuchstuchen eine kaum merkliche Minderung.

Bei der Durchführung der Prüfung auf Reibechtheit trat bei den bewetterten Proben folgende Schwierigkeit auf. Nach einer Bewetterungsdauer von einem Monat findet kein Abreiben der Färbung, sondern nur des Schmutzes statt. Nach dreimonatiger Bewetterung reiben sich die Fasern sehr leicht ab, das Gewebe schreibt, die Reibfläche ist deutlich zu erkennen. Das zum Reiben benutzte weiße Gewebe ist wenig angefärbt, es weist meist abgescheuerte, kurze Wollfasern auf. Eine Prüfung auf Reibechtheit nach den Vorschriften der „Echtheitskommission" war somit bei den bewetterten Proben nicht durchführbar.

β) Licht- und Wetterechtheit

Die Lichtechtheitsprüfung erfolgte nach den Vorschriften der „Echtheitskommission" (vgl. S. 78).

Die Wetterechtheitsprüfung wurde wie folgt ausgeführt: Abschnitte der zu prüfenden Tuche wurden auf genau nach Süden ausgerichteten Gestellen mit einer Neigung von 45° zur Waagerechten befestigt und in der Zeit vom Juni bis August 1938 der unbehinderten Einwirkung von Licht und Wetter ausgesetzt.

Die Dauer der Licht- und Wetterechtheitsprüfung betrug 50, 100, 150, 200 Normalbleichstunden.

Die Ergebnisse der Licht- und Wetterechtheitsprüfung sind in Zahlentafel 4 wiedergegeben; Bedeutung der Ziffern für die Echtheitsstufe vgl. Fußnote in Zahlentafel 2.

Zahlentafel 4. Licht- und Wetterechtheit

Kurz-bezeichnung der Ver-suchstuche	Licht-echtheit	Wetter-echtheit	Kurz-bezeichnung der Ver-suchstuche	Lichtechtheit	Wetter-echtheit
1 K . .	VI	V	13 K . .	VI—(VII)	VI
2 Cr .	V—VI	V	14 Cr . .	V	V
3 K/I .	VI	V—VI	15 K/I. .	VI—(VII)	VI
4 Cr/I .	V—VI	V—VI	16 Cr/I .	V	V
5 K/S .	VI	V—VI	17 K/S .	VI—VII	VI
6 Cr/S .	V—VI	V—VI	18 Cr/S .	V	V
7 K . .	VII	VI—VII	19 K . .	VI	VI
8 Cr .	V	V	20 Cr . .	V	V
9 K/I. .	VII	VI—VII	21 K/I. .	VI	VI
10 Cr/I .	V	V	22 Cr/I .	V	V
11 K/S .	VI	V—VI	23 K/S .	VI	VI
12 Cr/S .	V	V	24 Cr/S .	V	V
			25 K/S .	VI	V—VI
			26 Cr/S .	V	V

3. Verhalten gegen Gebrauchsbeanspruchung

a) Zugfestigkeitseigenschaften im Anlieferungszustand

Bei der Zugfestigkeitsprüfung wurden folgende Versuchsbedingungen eingehalten: Rel. Luftfeuchtigkeit: 65%, Raumtemperatur: 20°. Versuchsgerät: Zugfestigkeitsprüfer Bauart Schopper, Meßbereich: 0 bis 250 kg. Mittlere Zerreißdauer: etwa 60 sec. Freie Einspannlänge: 300 mm, Breite der Probestreifen: 90 mm, bei der Prüfung auf halbe Breite zusammengelegt wie nebenstehende Skizze zeigt: (⊏⊐)

Die in Zahlentafel 5 angegebenen Werte sind Mittel aus je fünf Einzelwerten. Die Reißlänge wurde aus Bruchlast und Quadratmetergewicht berechnet.

β) Berst- und Scheuerfestigkeit im Anlieferungszustand und nach 1 bzw. 3 Monaten Bewetterung

Die Prüfung auf Berst- und Scheuerfestigkeit wurde unter folgenden Versuchsbedingungen ausgeführt:
Rel. Luftfeuchtigkeit: 65%.
Raumtemperatur: 20°.

Zahlentafel 5. Zugfestigkeitseigenschaften im Anlieferungszustand

Kurzbezeichnung der Versuchstuche	Quadratmetergewicht g	Bruchlast kg		Bruchdehnung %		Reißlänge km	
		Kette	Schuß	Kette	Schuß	Kette	Schuß
1 K ..	482	69,6	57,9	39,9	48,5	1,60	1,33
2 Cr ..	490	49,1	48,5	44,3	49,2	1,11	1,10
3 K/I..	493	66,2	59,5	53,8	53,6	1,49	1,34
4 Cr/I .	481	59,9	55,9	45,1	53,4	1,38	1,29
5 K/S .	498	62,4	59,0	42,5	54,4	1,39	1,32
6 Cr/S .	479	57,3	54,7	48,4	48,0	1,33	1,27
7 K ..	468	62,2	56,9	42,2	48,0	1,48	1,35
8 Cr ..	470	54,4	58,8	45,0	47,1	1,29	1,39
9 K/I..	479	69,5	45,7	49,3	42,7	1,61	1,06
10 Cr/I	479	65,5	60,2	45,1	50,4	1,52	1,40
11 K/S	463	68,1	53,1	41,8	49,8	1,63	1,27
12 Cr/S	495	64,0	61,1	52,5	48,6	1,44	1,37
13 K ..	480	72,0	63,9	42,3	51,2	1,67	1,48
14 Cr ..	478	65,9	57,8	40,2	48,6	1,53	1,34
15 K/I .	482	75,6	65,9	49,7	57,4	1,74	1,52
16 Cr/I	464	74,0	57,5	43,4	58,8	1,77	1,38
17 K/S	469	74,5	62,1	48,0	53,9	1,76	1,47
18 Cr/S	461	71,7	56,6	54,1	53,9	1,73	1,30
19 K ..	481	75,4	63,3	44,8	53,2	1,74	1,46
20 Cr ..	483	71,6	56,6	44,3	51,9	1,65	1,30
21 K/I.	477	68,9	62,0	47,9	63,4	1,60	1,44
22 Cr/I	479	65,5	64,0	45,8	60,2	1,52	1,48
23 K/S	476	71,7	67,3	46,9	59,6	1,67	1,57
24 Cr/S	477	69,6	62,1	42,5	52,1	1,62	1,45
25 K/S	469	65,9	58,2	45,2	57,9	1,56	1,38
26 Cr/S	467	62,5	53,2	41,1	58,0	1,49	1,26

1. Berstversuch:

Versuchsgerät: Berstdruckprüfer Bauart Schopper
Meßbereich: 0—6 Atm.
Freie Prüffläche: 50 cm²
Mittlere Zerplatzdauer: 20 sec.

Die Stoffestigkeit in kg/cm wurde aus Berstdruck, Wölbhöhe und Radius der Prüffläche, die Stoffdehnung in % aus der Wölbhöhe, die Reißlänge aus der Stoffestigkeit und dem Quadratmetergewicht berechnet. Bei der Bestimmung des Quadratmetergewichts wurde die durch Bewetterung eingetretene Flächenschrumpfung nicht berücksichtigt.

2. Scheuerversuch:

Versuchsgerät: Rundscheuergerät Bauart Schopper
Vorspannung (Durchwölbung): 6 mm
Freie Prüffläche: etwa 50 cm²
Scheuerfläche: Schmirgelpapier Nr. 1
Scheuerdruck: 1 kg
Zahl der Scheuerumdrehungen: 500

Nach je 100 Umdrehungen wurde die Scheuerrichtung gewechselt. Der während des Scheuerns entstehende Scheuerstaub wurde durch ein Gebläse entfernt. Der Gewichtsverlust wurde nach kräftigem Ausklopfen und Abbürsten der gescheuerten Proben bestimmt und auf eine Stofffläche von 100 cm² berechnet.

Die in Zahlentafel 6 wiedergegebenen Werte für die Berst- und Scheuerfestigkeit sind Mittel aus je fünf Einzelwerten.

C. Auswertung der Prüfungsergebnisse.

Bei der Beurteilung der Frage, ob für Mischtuche die Zellwolle mit der verhältnismäßig teuren Indanthrenfärbung zu versehen ist, oder ob die billigere und ein-

Zahlentafel 6. Berst- und Scheuerfestigkeit im Anlieferungszustand und nach 1 bzw. 3 Monaten Bewetterung

Kurzbezeichnung der Versuchstuche	Bewetterungsstufe	Quadratmetergewicht	Vor dem Scheuerversuch			Festigkeitsverlust durch Bewettern	Gewichtsverlust durch Scheuern	Nach dem Scheuerversuch		Festigkeitsverlust durch Bewettern und Scheuern
			Stoffestigkeit	Stoffdehnung	Berstreißlänge			Stoffdehnung	Berstreißlänge	
	Monate	g	kg/cm	%	km	%	$\frac{mg}{100\ cm^2}$	%	km	%
1 K ..	0	482	8,26	29,5	1,71	—	450	28,7	1,52	11,1
	1	519	8,25	34,1	1,59	7,0	453	34,5	1,50	12,3
	3	528	6,84	38,3	1,30	24,0	593	35,8	1,20	29,8
2 Cr .	0	490	7,00	30,9	1,43	—	455	32,6	1,30	9,1
	1	498	7,29	36,7	1,46	—2,1	389	34,5	1,34	6,3
	3	504	6,44	35,6	1,28	10,5	605	37,2	1,20	16,1
3 K/I .	0	493	8,23	38,8	1,67	—	446	38,3	1,42	15,0
	1	513	7,91	37,8	1,54	7,8	429	36,5	1,45	13,2
	3	509	6,92	40,6	1,36	18,6	569	35,8	1,17	29,9
4 Cr/I .	0	481	7,18	32,4	1,49	—	362	35,6	1,41	5,4
	1	496	7,40	35,2	1,49	0	414	33,5	1,37	8,1
	3	499	6,51	39,2	1,30	12,8	609	38,3	1,20	19,5
5 K/S .	0	498	8,20	31,7	1,65	—	432	33,9	1,55	6,1
	1	510	8,52	38,1	1,67	—1,2	402	36,9	1,60	3,0
	3	508	7,15	37,8	1,41	14,6	660	36,7	1,31	20,6
6 Cr/S .	0	479	7,44	35,8	1,55	—	430	35,8	1,36	12,3
	1	492	6,99	35,4	1,46	5,8	423	34,7	1,40	9,7
	3	502	6,44	40,1	1,28	17,4	599	36,5	1,12	27,8
7 K ..	0	468	8,10	34,1	1,73	—	376	33,9	1,61	6,9
	1	488	8,46	37,4	1,73	0	398	35,6	1,61	6,9
	3	484	7,41	36,2	1,53	11,6	669	35,2	1,40	19,1
8 Cr .	0	470	7,93	31,3	1,69	—	408	32,1	1,54	8,9
	1	491	8,07	34,7	1,64	3,0	412	35,0	1,52	10,1
	3	496	7,18	34,7	1,45	14,2	596	36,9	1,37	18,9
9 K/I .	0	479	7,90	36,7	1,65	—	367	36,5	1,49	9,7
	1	506	7,69	37,8	1,52	7,9	391	36,7	1,45	12,1
	3	503	6,77	38,8	1,34	18,8	540	34,7	1,15	30,3

Fortsetzung von Zahlentafel 6

Kurz-bezeichnung der Versuchs-tuche	Be-wette-rungs-stufe	Qua-drat-meter-gewicht	Vor dem Scheuerversuch			Festig-keits-verlust durch Be-wettern	Ge-wichts-verlust durch Scheu-ern mg	Nach dem Scheuerversuch		Festigkeits-verlust durch Bewettern und Scheuern
			Stoff-festig-keit	Stoff-dehnung	Berst-reiß-länge			Stoff-dehnung	Berst-reiß-länge	
	Monate	g	kg/cm	%	km	%	$\overline{100\ cm^2}$	%	km	%
10 Cr/I .	o	479	7,68	30,7	1,60	—	349	32,2	1,48	7,5
	1	512	7,56	36,9	1,48	7,5	380	35,6	1,40	12,5
	3	516	6,73	41,6	1,30	18,8	530	40,6	1,19	25,6
11 K/S .	o	463	7,88	31,5	1,70	—	374	30,9	1,54	9,4
	1	498	7,84	35,8	1,57	7,6	412	35,2	1,49	12,4
	3	505	6,72	38,5	1,33	21,8	555	36,9	1,22	28,2
12 Cr/S .	o	495	7,85	43,0	1,58	—	415	33,0	1,45	8,2
	1	530	7,91	34,3	1,49	5,7	458	33,9	1,39	12,0
	3	536	6,93	38,3	1,29	18,4	600	37,8	1,20	24,1
13 K . .	o	480	8,90	33,5	1,84	—	416	31,7	1,69	8,2
	1	494	9,20	30,9	1,86	—1,1	452	34,5	1,76	4,4
	3	498	8,43	36,0	1,69	8,2	632	34,5	1,52	17,4
14 Cr .	o	478	8,72	31,7	1,82	—	345	31,3	1,70	6,6
	1	490	8,80	31,1	1,80	1,4	432	32,1	1,66	7,1
	3	492	8,01	34,7	1,63	10,4	636	34,7	1,51	17,0
15 K/I .	o	482	8,63	38,5	1,78	—	377	36,2	1,47	17,4
	1	498	8,60	33,0	1,73	2,8	388	36,5	1,64	7,9
	3	503	7,48	41,1	1,49	16,3	507	39,5	1,31	26,4
16 Cr/I	o	464	7,79	33,7	1,66	—	340	33,2	1,51	9,0
	1	487	7,81	29,9	1,60	3,6	394	33,7	1,53	7,8
	3	488	6,76	36,5	1,37	17,5	524	35,8	1,26	24,1
17 K/S .	o	469	8,12	36,0	1,72	—	367	33,9	1,54	10,5
	1	491	8,26	33,2	1,68	2,3	389	35,2	1,56	9,3
	3	480	7,17	40,6	1,49	13,4	507	37,2	1,31	23,8
18 Cr/S .	o	461	8,03	34,3	1,73	—	344	30,9	1,51	12,7
	1	482	7,85	32,4	1,63	5,8	375	33,5	1,55	10,4
	3	482	6,88	39,0	1,43	17,3	475	34,9	1,22	26,8
19 K . .	o	481	9,34	35,2	1,93	—	414	34,1	1,79	7,0
	1	497	9,66	35,8	1,94	—0,5	477	36,7	1,84	4,7
	3	495	8,48	37,2	1,71	11,4	684	36,2	1,62	16,1
20 Cr .	o	483	8,92	31,7	1,83	—	359	31,3	1,67	8,8
	1	500	9,06	31,7	1,83	0	359	35,8	1,71	6,6
	3	499	7,90	34,3	1,58	13,7	635	34,5	1,48	19,1
21 K/I .	o	477	7,94	36,9	1,64	—	411	36,2	1,44	12,2
	1	490	7,89	33,7	1,61	1,8	372	33,5	1,50	8,5
	3	487	6,80	39,0	1,40	14,6	477	33,9	1,20	26,8
22 Cr/I .	o	479	7,57	35,6	1,57	—	391	33,2	1,38	12,1
	1	494	7,45	30,3	1,51	3,8	366	34,3	1,50	4,5
	3	493	6,56	38,1	1,33	15,3	501	36,0	1,23	21,7
23 K/S .	o	476	8,12	35,2	1,69	—	382	32,6	1,45	14,2
	1	491	8,14	31,3	1,66	1,8	361	33,5	1,57	7,1
	3	488	7,16	37,8	1,47	13,0	420	33,9	1,26	25,4
24 Cr/S .	o	477	7,92	31,7	1,65	—	355	30,9	1,44	12,7
	1	493	7,77	28,0	1,58	4,2	382	33,5	1,54	6,7
	3	490	6,91	36,9	1,41	14,6	475	35,2	1,28	22,4
25 K/S .	o	469	7,73	35,4	1,65	—	456	32,4	1,33	19,4
	1	482	7,78	34,7	1,61	2,4	389	34,7	1,54	6,7
	3	482	6,63	38,1	1,38	16,4	489	35,4	1,19	27,9
26 Cr/S .	o	467	7,46	36,9	1,60	—	443	33,0	1,34	16,2
	1	480	7,59	33,7	1,58	1,2	386	33,2	1,39	13,1
	3	479	6,38	37,4	1,33	16,9	535	35,8	1,18	26,2

facher durchzuführende Schwefelfärbung genügt, ist der Einfluß der Färbeweise

   1. auf die äußere Beschaffenheit, die Farbe und den Griff der Mischtuche,

2. auf die Farbechtheit der Mischtuche,

3. auf die Tragfähigkeit der Mischtuche

in Betracht zu ziehen und auch die Veränderung dieser Eigenschaften durch die im Gebrauch auftretenden

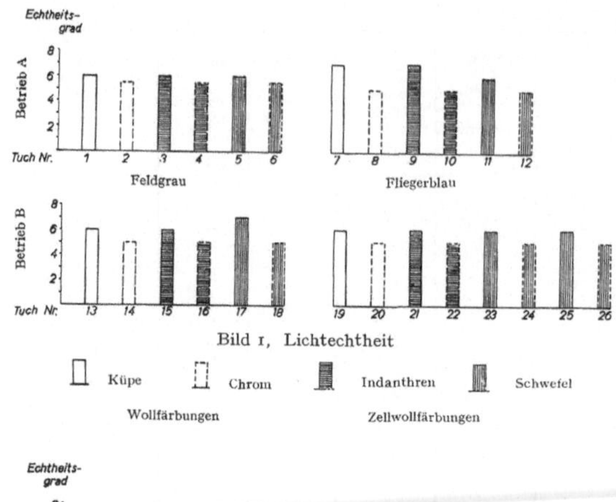

Bild 1, Lichtechtheit

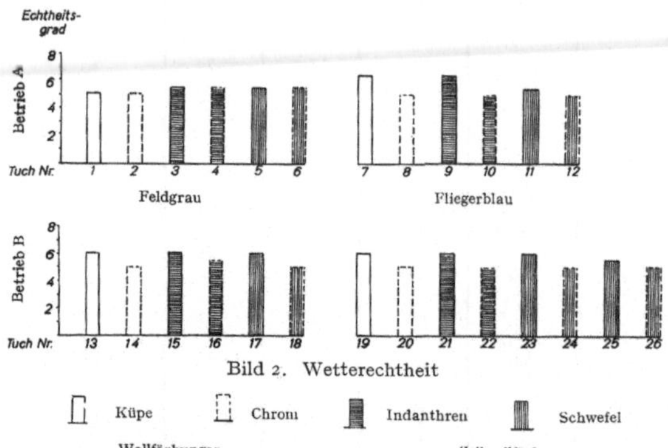

Bild 2. Wetterechtheit

Einflüsse des Lichts und der Witterung zu berücksichtigen.

Die nach diesen Gesichtspunkten durchgeführten Untersuchungen lassen in ihren Ergebnissen kurz zusammengefaßt folgendes erkennen.

Zu 1. In der äußeren Beschaffenheit der Filzdecke, in der Farbe und im Griff sind Unterschiede zwischen den indanthren- und den schwefelgefärbte Zellwolle enthaltenden Mischtuchen nicht vorhanden. Auch die unter dem Einfluß der Bewetterung eintretenden Veränderungen dieser Eigenschaften sind bei den beiden Arten von Zellwollfärbungen nicht verschieden. Ein Unterschied ergibt sich lediglich gegenüber den reinwollenen Tuchen, die gegen Bewetterung widerstandsfähiger sind. Die Art der Wollfärbung ergibt bei den Mischtuchen einen geringen Vorteil in der Farberhaltung für die Küpenfärbung und eine bessere Erhaltung der Filzdecke beim Bewettern für die Chromfärbung.

Zu 2. Die Farbechtheit gegen Reiben, Wasser, Waschen bei 40° und chemische Reinigung ist bei allen Versuchstuchen gleich gut (Echtheitsstufe V) und verändert sich auch nicht durch längeres Bewettern. Bei der an und für sich bei allen Versuchstuchen sehr guten Schweißechtheit ist nach dreimonatiger Bewetterung in einzelnen Fällen ein sehr geringfügiges Nachlassen festzustellen, das aber sowohl bei den Mischtuchen mit indanthrengefärbter als auch mit schwefelgefärbter Zellwolle vorkommt. In der Echtheit gegen Straßenschmutz wird bei allen Versuchstuchen, auch bei den reinwollenen, zwar nicht die höchste Echtheitsstufe erreicht, es bestehen jedoch auch hier keine erkennbaren Unterschiede bei den Mischtuchen nach der Art der Zellwollfärbung.

Die Lichtechtheit der Zellwolefärbung an sich ist bei den Indanthrenfärbungen um etwa eine Echtheitsstufe besser als bei den Schwefelfärbungen. Bei den Mischtuchen ergibt sich jedoch, da die Zellwolle mehr im Inneren des Gewebes liegt und die Filzdecke überwiegend von der Wolle gebildet wird, kein Einfluß der Zellwollfärbeweise auf die Lichtechtheit, die sich vielmehr als Funktion der Echtheit der Wollfärbung darstellt (Bild 1). Die gleichen Verhältnisse ergeben sich auch bei der Wetterechtheit (Bild 2).

Zu 3. Für die Zugfestigkeit sind die nachstehend angegebenen Durchschnittswerte der Reißlänge kennzeichnend:

Art der Färbung		Reißlänge km	
		Kette	Schuß
Reinwollene Tuche	Küpe	1,62	1,41
	Chrom	1,40	1,28
Mischtuche	Küpe-Indanthren	1,61	1,34
	Küpe-Schwefel .	1,60	1,40
	Chrom-Indanthren	1,55	1,39
	Chrom-Schwefel .	1,52	1,34

Danach ist praktisch ein Einfluß der Art der Zellwollfärbung auf die Festigkeit der Mischtuche im Anlieferungszustand weder bei der Küpen- noch bei der Chromfärbung des Wollanteils vorhanden. Das Ergebnis der Stabilitätsprobe läßt bei ordnungsmäßiger Durchführung der Färbung als sicher erscheinen, daß sich die Schwefelfärbung nicht nachteilig auf die Haltbarkeit auswirkt.

Aus den Ergebnissen der Berst- und Scheuerversuche, die im allgemeinen für die feldgrauen und die fliegerblauen Tuche und bei den beiden Herstellerfirmen in der Tendenz übereinstimmen, lassen sich nach der zusammenfassenden graphischen Darstellung (Bild 3) folgende Schlüsse auf die Tragfähigkeit ziehen: Die reinwollenen Tuche weisen einen etwas geringeren Festigkeitsverlust durch Bewettern und Scheuern auf als die Mischtuche. Bei den letzteren ist der Festigkeitsverlust der Tuche mit schwefelgefärbten Zell-

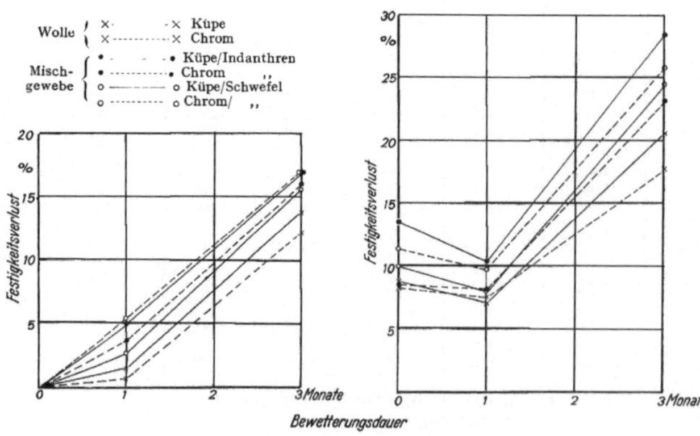

Bild 3. Festigkeitsverlust

durch Bewettern   durch Bewettern und Scheuern

wollen etwas geringer als bei solchen mit indanthrengefärbten Zellwollen, wenn die Wolle küpengefärbt ist; bei chromgefärbten Wollanteil liegen die Verhältnisse umgekehrt, so daß im Durchschnitt ein Einfluß der Art der Zellwollfärbung auf die Tragfähigkeit nicht bestehen dürfte. Zu dem gleichen Ergebnis kommt man auch bei Betrachtung der durchschnittlichen Gewichtsverluste beim Scheuerversuch, die nebenstehend wiedergegeben sind.

Die für die vorliegenden Untersuchungen gestellte Frage läßt sich mithin zusammenfassend dahin beantworten, daß ein Einfluß der Färbeweise der Zellwolle — Indanthren- oder Schwefelfärbung — auf die allgemeine Beschaffenheit, die Farbechtheit und die Gebrauchs-

tüchtigkeit von zellwollgemischten Uniformtuchen nicht vorhanden ist.

Art der Färbung		Gewichtsverlust beim Scheuern mg/100 cm²		
		Anlieferungszustand	nach einer Bewetterung von	
			1 Monat	3 Monaten
Reinwollene Tuche	{ Küpe	414	430	645
	Chrom	392	398	618
Mischtuche	Küpe-Indanthren . . .	400	395	523
	Küpe-Schwefel	402	391	526
	Chrom-Indanhren . .	363	389	541
	Chrom-Schwefel	397	405	540

GEBRAUCHSEIGENSCHAFTEN VISTRALANHALTIGER TUCHE [1]

Von H. Mendrzyk, H. Sommer und O. Viertel

Mit der Entwicklung der Zellwollindustrie und der Differenzierung der Zellwolle in Baumwoll- und Wolltypen argab sich die Aufgabe, neben den mechanischen Eigenschaften auch die färberischen denjenigen der Wolle besser anzupassen. Eine praktische Lösung fand diese Aufgabe, neben der bekannten Milchwolle (Tiolan, Lanital), nach jahrelangen Bemühungen in verschiedener Richtung durch die Einlagerung von Stickstoffverbindungen in Viskosezellwolle. In technisch verwertbarer Menge wird eine solche

gleich zu einer Merinowolle von etwa gleicher Feinheit ergab sich bei allen gebräuchlichen Farbstoffgruppen — Küpen-, Säure-, Chromierungs-, Salzfarbstoffen — ein verhältnismäßig gutes Aufziehen des Farbstoffes auf die Vistralanfaser. Der Ausfall der Vistralanfärbung entsprach in den meisten Fällen der Wollfärbung, Abweichungen im Farbton kamen nur bei Chromierungs- und bei Salzfarbstoffen vor, die auf die Vistralan stärker als auf Wolle aufzogen. Das gute Färbevermögen der Vistralan, insbesondere für Säurefarbstoffe, beruht auf den in feiner Verteilung in der

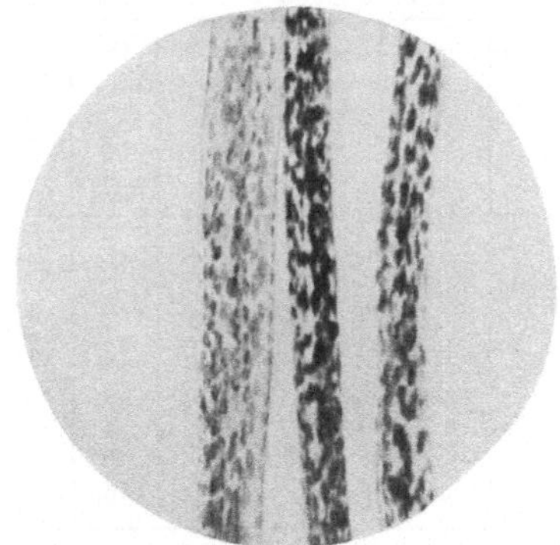

Bild 1. Vistralan. Längsansicht. 300fach. Neocarmin

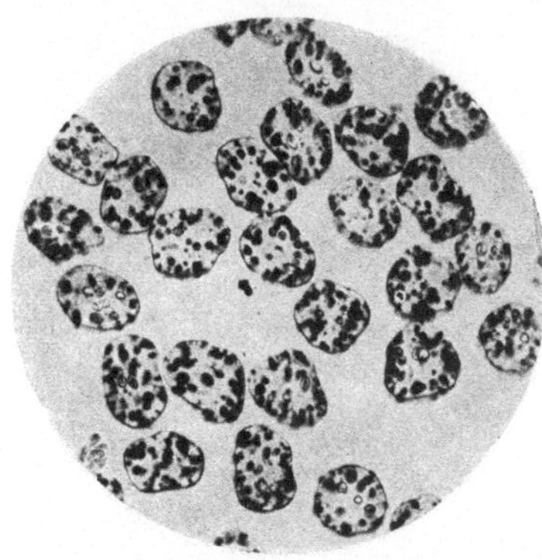

Bild 2. Vistralan. Querschnitt. 300fach. Neocarmin

animalisierte Zellwolle z. B. von der I. G.-Farbenindustrie A. G. unter der Bezeichnung „Vistralan" hergestellt.

An einem Vistralanmuster aus dem Frühjahr 1938 wurden folgende Eigenschaften festgestellt:

Titer	4 den
Reißlänge trocken	12,6 km
naß	7,6 km
Bruchdehnung trocken . . .	14,0 %
naß	18,0 %
Rel. Naßfestigkeit	60,0 %
Alkalilöslichkeit	42,6 %

Bei der Durchführung von Färbeversuchen im Ver-

Faser enthaltenen Stickstoffverbindungen, die unter dem Mikroskop in der Längsansicht (Bild 1) und im Querschnitt (Bild 2) zu erkennen sind und den Farbstoff in stärkerem Maße aufnehmen als die sie umgebende Zellulose. Wolle weist im Gegensatz dazu eine gleichmäßige Durchfärbung auf (Bild 3 und 4).

Es erschien interessant, die Auswirkung einer Vistralanbeimischung auf die Gebrauchseigenschaften von Tuchen kennenzulernen. Zwei im Frühjahr 1938, von einer großen Tuchfabrik (Betrieb A) hergestellte Versuchstuche mit 40 % Vistralanbeimischung, im Stück graublau bzw. feldgrau mit Nachchromierungsfarbstoffen gefärbt, wurden einer eingehenden Prüfung unterzogen[2]. Den im folgenden wieder-

---

[1] Ausgeführt in den Jahren 1938/39. Es handelt sich hierbei um eine Faser, die noch nicht der heutigen Qualität der Vistralanfaser entsprochen hat. Auch waren die Färbeverfahren für diese Faser zur Zeit der Herstellung dieser Tuche noch ungenügend entwickelt.

[2] Nach Angaben der I.G.-Farbenindustrie werden derartige Tuche fabrikationsmäßig nicht hergestellt, weil die Verwendung von animalisierter Zellwolle hierbei keinen Vorteil vor den üblichen W-Zellwollen bietet.

gegebenen Ergebnissen dieser Prüfung wurden die Mittelwerte von fliegerblauen und feldgrauen Versuchstuchen bei anderer Gelegenheit durchgeführter Versuchsreihen gegenübergestellt, und zwar von den Betrieben B und C:

8 Schurwolltuche   4 Tuche küpengefärbt
                    4 Tuche chromgefärbt
18 Mischtuche   4 Mischtuche, Wolle küpenge-
mit 40%   färbt, Zellwolle indanthren-
Zellwolle   gefärbt
                    5 Mischtuche, Wolle küpenge-
                        färbt, Zellwolle schwefel-
                        gefärbt
                    4 Mischtuche, Wolle chromge-
                        färbt, Zellwolle indanthren-
                        gefärbt
                    5 Mischtuche, Wolle chromge-
                        färbt, Zellwolle schwefel-
                        gefärbt

Zahlentafel 1. Zugfestigkeitseigenschaften im Anlieferungszustand

Tuche von Betrieb	Probenbezeichnung	Quadratmetergewicht g	Bruchlast[1] kg		Bruchdehnung[1] %		Reißlänge[2] km	
			Kette	Schuß	Kette	Schuß	Kette	Schuß
A	Tuch mit 40% Vistralan, graublau	484	71,5	64,3	36,0	47,0	1,64	1,48
	Tuch mit 40% Vistralan, feldgrau	489	72,9	66,6	39,0	48,9	1,66	1,51
B und C	Durchschnittswerte von 8 Schurwolltuchen	480	65,0	57,8	42,9	49,7	1,51	1,34
	Durchschnittswerte von 18 Mischtuchen mit 40% Zellwolle	477	67,5	58,0	46,2	54,7	1,57	1,37

Versuchsbedingungen: Rel. Luftfeuchtigkeit: 65%. Raumtemperatur: 20°. Versuchsgerät: Zugfestigkeitsprüfer Bauart Schopper. Meßbereich: 0—250 kg. Mittlere Zerreißdauer: etwa 1 min. Freie Einspannlänge: 300 mm. Breite der Probestreifen: 90 mm, bei der Prüfung auf halbe Breite zusammengelegte und geschlaucht ( ) gerissen.

[1] Mittel aus je 5 Einzelwerten.
[2] Berechnet aus Bruchlast und Quadratmetergewicht.

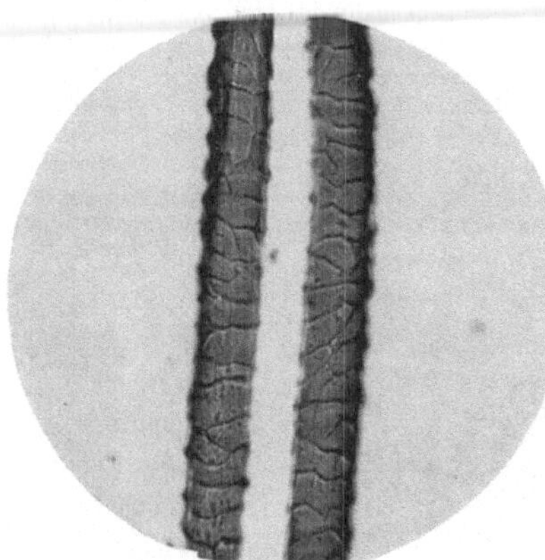

Bild 3. Wolle, Längsansicht. 300fach. Neocarmin

Zahlentafel 2. Berst- und Scheuerfestigkeit

Tuche von Betrieb	Probenbezeichnung	Zustand der Proben[1]	Stoffdehnung[2] %	Berstreißlänge[2 3] km	Gewichtsverlust[4] durch Scheuern mg/100 cm²	Festigkeitsverlust[5] durch Bewettern %	Festigkeitsverlust[5] durch Bewettern und Scheuern %
A	Tuch mit 40% Vistralan, graublau	Anlieferung	29,9	1,71	432	—	10,0
		1 Monat bewettert	31,7	1,61	421	5,8	12,8
		3 Monate bewettert	35,0	1,41	539	17,6	24,5
	Tuch mit 40% Vistralan, feldgrau	Anlieferung	30,9	1,75	439	—	12,0
		1 Monat bewettert	34,7	1,52	407	13,1	17,1
		3 Monate bewettert	37,6	1,38	586	21,1	30,2
B und C	Durchschnittswerte von 8 Schurwolltuchen	Anlieferung	32,2	1,75	404	—	8,3
		1 Monat bewettert	34,0	1,72	414	1,0	7,3
		3 Monate bewettert	35,9	1,52	631	13,0	19,2
	Durchschnittswerte von 18 Mischtuchen mit 40% Zellwolle	Anlieferung	34,7	1,64	391	—	11,7
		1 Monat bewettert	33,9	1,58	396	3,9	11,4
		3 Monate bewettert	38,9	1,38	531	16,5	25,4

[1] Die wirksame Lichtmenge betrug bei der Bewetterungsdauer von
1 Monat = 110 Normalbleichstunden
3   ,,   = 290   ,,
Die 1 Monat lang bewetterten Proben wurden ohne besondere Vorbereitung, die 3 Monate lang bewetterten Proben nach einer leichten Wäsche (5 min mit 30° warmer, 5 g/l enthaltenden Seifenlösung) zur Entfernung der photochemisch entstandenen Wollabbaustoffe der Prüfung unterzogen.
[2] Versuchsbedingungen beim Berstversuch: Rel. Luftfeuchtigkeit: 65%. Raumtemperatur: 20°. Versuchsgerät: Berstdruckprüfer Bauart Schopper. Meßbereich: 0—6 atm. Freie Prüffläche: 50 cm². Mittlere Zerplatzdauer: 20 sec.
Mittel aus je 5 Einzelwerten. Die Stoffestigkeit in kg/cm wurde aus

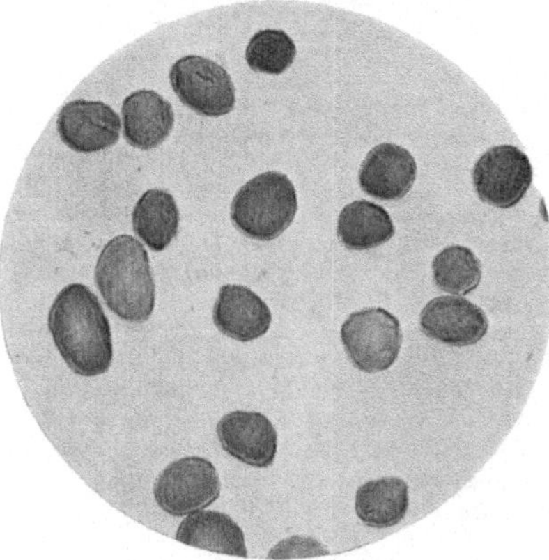

Bild 4. Wolle. Querschnitt. 300fach. Neocarmin

Berstdruck, Wölbhöhe und Radius der Prüffläche berechnet und auf die ungedehnte Probe bezogen. Die Stoffdehnung in % wurde aus der Wölbhöhe berechnet; bei den bewetterten Proben wurde der durch die Flächenschrumpfung entstandene zusätzliche Dehnungsbetrag nicht in Abzug gebracht.

[3] Berechnet aus Stoffestigkeit und Quadratmetergewicht unter Berücksichtigung der beim Bewettern eingetretenen Flächenschrumpfung.

[4] Versuchsbedingungen beim Scheuerversuch: Rel. Luftfeuchtigkeit: 65%. Raumtemperatur: 20°. Versuchsgerät: Rundscheuergerät Bauart Schopper. Vorspannung (Durchwölbung): 6 mm. Freie Prüffläche: etwa 50 cm². Scheuerfläche: Schmirgelpapier Nr. 1. Scheuerdruck: 1 kg. Zahl der Scheuerumdrehungen: 500.

Nach je 100 Umdrehungen wurde die Scheuerrichtung gewechselt. Der während des Scheuerns entstehende Scheuerstaub wurde durch ein Gebläse entfernt. Der Gewichtsverlust wurde nach kräftigem Ausklopfen und Abbürsten der gescheuerten Proben bestimmt und auf eine Stoffläche von 100 cm² berechnet. Mittel aus je 5 Einzelwerten.

[5] Berechnet aus der Differenz der Berstreißlänge im Anlieferungszustand und nach dem Bewettern bzw. Scheuern und bezogen auf die Berstreißlänge im Anlieferungszustand.

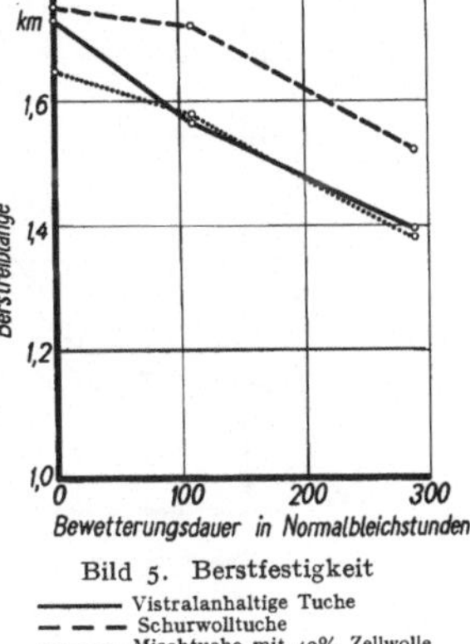

Bild 5. Berstfestigkeit
——————— Vistralanhaltige Tuche
— — — Schurwolltuche
··········· Mischtuche mit 40% Zellwolle

Zahlentafel 3. Farbechtheit

Tuche von Betrieb	Probenbezeichnung	Farbechtheit [1] gegen							
		Reiben	Wasser	Schweiß	Straßenschmutz	Waschen bei 40°	ChemischReinigen [2]	Licht	Wetter
A	Tuch mit 40% Vistralan, graublau	V	V	V	IV	V	V	IV—V	III—IV[3]
	Tuch mit 40% Vistralan, feldgrau	IV—V	V	V	IV	V	V	IV—V	III—IV[3]
B und C	Durchschnittswerte von 8 Schurwolltuchen	V	V	V	IV	V	V	VI	V—VI
	Durchschnittswerte von 18 Mischtuchen mit 40% Zellwolle	V	V	V	IV	V	V	V—VI	V—VI

[1] Geprüft nach den Vorschriften der „Echtheitskommission".
Es bedeuten

für die Licht- und Wetterechtheit	für die übrigen Echtheiten
I = gering	I = gering
III = mäßig	II = mäßig
V = gut	III = genügend
VI = sehr gut	IV = gut
VII = vorzüglich	V = sehr gut
VIII = hervorragend	

[2] Die mit weißer Wolle und Baumwolle zusammengerollte Probe wurde 15 min mit Tetrachlorkohlenstoff behandelt und nach dreimaligem Ausdrücken mit der Hand, wobei jedesmal ein Eintauchen in die Flotte stattfand, an der Luft getrocknet.

[3] Die Wetterechtheit ist besonders bei längerer Bewetterung nur als mäßig zu bezeichnen. Der anfangs einheitliche Farbton verblaßt nicht nur merklich, sondern es tritt vor allem beim graublauen Tuch ein fleckiges Aussehen dadurch ein, daß die Vistralan völlig ausgebleicht ist und sich weiß abhebt.

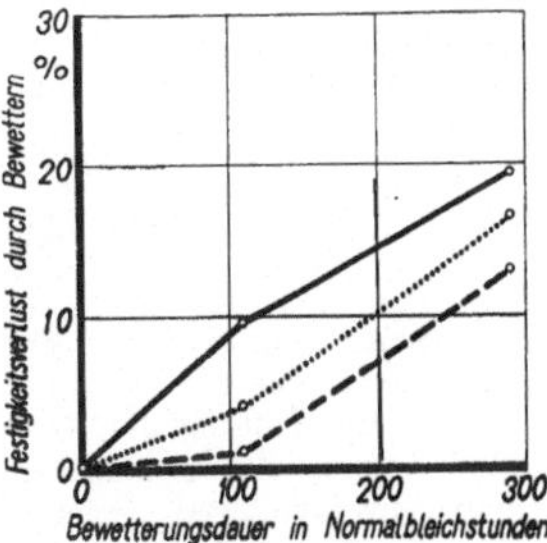

Bild 6. Festigkeitsverlust durch Bewettern und Scheuern
——————— Vistralanhaltige Tuche
— — — Schurwolltuche
··········· Mischtuche mit 40% Zellwolle

Wie der Vergleich der in den Zahlentafeln enthaltenen Ergebnisse zeigt, ist bei praktisch gleichem Stoffgewicht die nach der Reißlänge beurteilte Zugfestigkeit der vistralanhaltigen Tuche merklich besser als bei den Schurwolltuchen. Auch gegenüber den Mischtuchen mit 40% Zellwollbeimischung liegen die Reißlängenwerte der vistralanhaltigen Tuche etwas höher. Dagegen ist die Dehnbarkeit der vistralanhaltigen Tuche in der Kette merklich und im Schuß etwas geringer als bei den Vergleichstuchen.

Während beim Berstversuch die etwas geringere Dehnbarkeit der vistralanhaltigen Tuche bestätigt wird, erweist sich die an der Berstreißlänge gemessene Berstfestigkeit als ebenso groß wie die der Schurwolltuche und etwas besser als die der Mischtuche mit 40% Zellwolle. In der Wetterfestigkeit (Bild 5 und 6) wird allerdings die Widerstandsfähigkeit der Schurwolltuche von den zellwollhaltigen Mischtuchen und den vistralanhaltigen Tuchen nicht erreicht. Dabei schneiden die zellwollhaltigen Mischtuche,

wenn man den prozentualen Festigkeitsverlust durch Bewettern in Betracht zieht, noch etwas günstiger ab als die vistralanhaltigen.

Die Widerstandsfähigkeit gegen Scheuerbeanspruchung ist im Anlieferungszustand bei den vistralanhaltigen Tuchen, wie sich aus dem Gewichtsverlust beim Scheuern ergibt (Bild 7), etwas geringer als bei den Vergleichstuchen. Im Laufe der Bewetterung verhalten sich zwar die vistralanhaltigen Tuche etwas günstiger in bezug auf den Gewichtsverlust beim Scheuern als die Schurwolltuche, erreichen jedoch nicht ganz den niedrigen Gewichtsverlust der zellwollhaltigen Mischtuche. Dieser verhältnismäßig geringe Gewichtsverlust erklärt sich aus der im Vergleich zu den Schurwolltuchen schwach ausgebildeten Filzdecke der vistralan- und zellwollhaltigen Tuche, die schon im Anlieferungszustand, noch mehr aber im bewetterten Zustand erheblich stärker abgescheuert ist als bei den Schurwolltuchen. Durch den hohen Vistralan-

bzw. Zellwollgehalt ist offenbar die Filzbildung in der Walke merklich behindert.

Auch der Festigkeitsverlust durch Bewettern

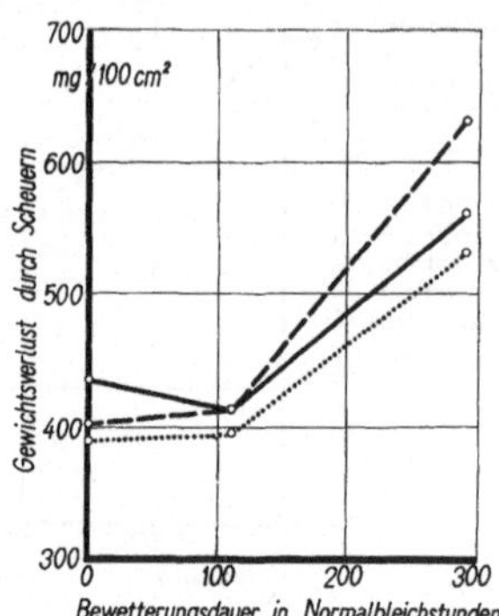

Bild 7. Gewichtsverlust durch Scheuern
—————— Vistralanhaltige Tuche
— — — Schurwolltuche
·········· Mischtuche mit 40% Zellwolle

und Scheuern ist bei den vistralan- bzw. zellwollhaltigen Tuchen, die sich etwa gleich verhalten, merklich größer als bei den Schurwolltuchen (Bild 8).

Die Farbechtheit gegen Reiben, Wasser, Schweiß, Straßenschmutz, Waschen und Chemisch-Reinigen ist recht befriedigend. Die Lichtechtheit ist dagegen, da die

verwendete Vistralanfaser anscheinend noch nicht den Höchststand ihrer Qualität erreicht hatte, und noch keine zweckentsprechende Auswahl der Farbstoffe getroffen war, merklich geringer als die normaler zellwollhaltiger und Schurwolltuche und reicht z. B. für Uniformtuche nicht aus.

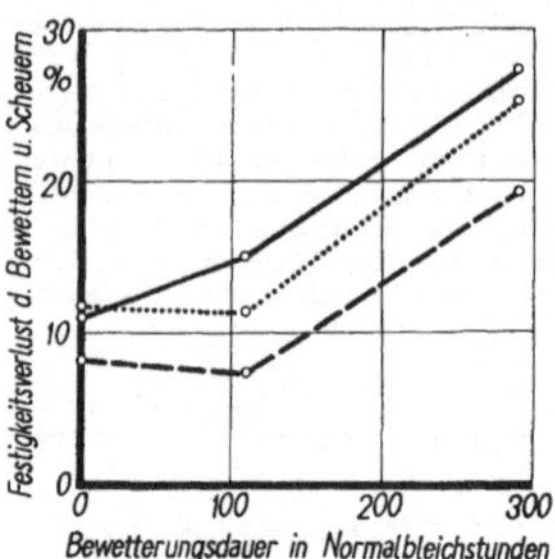

Bild 8. Festigkeitsverlust durch Bewettern und Scheuern
—————— Vistralanhaltige Tuche
— — — Schurwolltuche
·········· Mischtuche mit 40% Zellwolle

Obwohl die mechanischen Eigenschaften der vistralanhaltigen Tuche den zu stellenden Anforderungen genügen, dürfte sich doch eine Beimischung von 40% und mehr Zellwolle nicht empfehlen. Bei einem stärkeren Gehalt an animalisierter Faser entspricht die Filzdecke nicht mehr ganz der des reinwollenen Tuches, wie es übrigens auch bei allen anderen Zellwollen der Fall ist.

HYGIENISCHE EIGENSCHAFTEN VON UNIFORMTUCHEN[1]
Von H. Sommer

Unter den hygienischen Eigenschaften[2] der Kleidung verstehen wir solche Eigenschaften der Kleiderstoffe, die für die Gesunderhaltung des Körpers und die Aufrechterhaltung des damit verbundenen Behaglichkeitsgefühls die notwendigen Voraussetzungen schaffen. In erster Linie ist dies ein Schutz gegen die Einwirkungen der Witterung, und zwar vor allem zur Sicherung eines geregelten Wärmehaushaltes des Körpers. Denn für den Ablauf des normalen Lebensprozesses ist die Konstanthaltung der Körpertemperatur erste Voraussetzung, und somit hat die Kleidung hauptsächlich die Aufgabe, das Gleichgewicht zwischen der Wärmeerzeugung des Körpers und seiner Wärmeabgabe herzustellen. Gleichzeitig muß aber auch die Kleidung Eigenschaften aufweisen, die für die ungehinderte Tätigkeit der Haut wesentlich sind; sie muß vor allem die Abführung des Wasserdampfes zur Vermeidung von Schweißbildung erleichtern und die für die Hautatmung wichtige Lufterneuerung gewährleisten. Schließlich muß eine hygienische Kleidung auch ein gewisses Aufsaugevermögen für Schweiß besitzen. Wenn dies auch mehr Aufgabe der Unterkleidung ist und daher das vorliegende Thema weniger berührt, so ist doch auch für die Oberbekleidung die Fähigkeit des Aufsaugens

von Wasserdampf und Körperausdünstungen von Wichtigkeit.

Diese allgemeinen Aufgaben der Kleidung sind von besonderer Bedeutung für Uniformstoffe. Mehr als andere Kleidungsstoffe müssen sie in ausreichendem Maße den besonderen Anforderungen auch bei wechselnden Einflüssen der Umgebung (Temperatur, Luftfeuchtigkeit, Regen, Wind, Sonnenbestrahlung usw.) und beim Wechsel des physiologischen Körperzustandes (Ruhe, Bewegung, Arbeit usw.) genügen. Es ist dies eine Aufgabe, die an Vielseitigkeit nichts zu wünschen übrig läßt und dennoch bei geeigneter Beschaffenheit des Uniformtuches in verhältnismäßig befriedigender Weise gelöst werden kann, wie die praktische Erfahrung lehrt.

Für die Beurteilung der Zweckmäßigkeit und Geeignetheit eines Uniformtuches hinsichtlich der zu stellenden hygienischen Anforderungen werden im allgemeinen folgende durch Prüfung erfaßbare Eigenschaften herangezogen:

1. das Wärmehaltungsvermögen,
2. die wasserabweisenden Eigenschaften (Wasseraufnahme und -abgabe),
3. die Luftdurchlässigkeit im trockenen und nassen Zustand,
4. die Wasserdampfdurchlässigkeit.

Diese Eigenschaften sind nicht nur abhängig von den Bedingungen der Umwelt, sondern auch von der Art der Herstellung und des Rohstoffes. Von besonderem Interesse ist dabei gerade heute die Frage, inwieweit die im allgemeinen durchweg günstigen hygienischen Eigenschaften reinwollener Tuche durch die Beimischung von Reiß-

---

[1] Vortrag, gehalten auf der Mitgliederversammlung der Vertrauensstelle für Lieferungstuch- und Feintuchmacher e. V. am 10. 6. 1937. Abdruck aus „Kunstseide und Zellwolle" 20 (1938), S. 439.

[2] Eine zusammenfassende Darstellung über die Grundlagen der hygienischen Eigenschaften von Textilien, ihre Prüfung und Bewertung findet sich in der ausgezeichneten Arbeit von H. J. Henning, Mschr. Seide u. Kunsts. 1936 (41), S. 286, 313, 357, die auch ausführliche Literaturangaben enthält.

wolle und Zellwolle beeinflußt werden. Es interessiert aber auch ferner, inwieweit die zur Herabsetzung der merklich größeren Quellbarkeit, Netzbarkeit und Wasseraufnahmefähigkeit der beigemischten Rohstoffe verwendeten Imprägnierungsmittel die hygienisch wichtigen Eigenschaften verändern, und inwieweit solche Imprägnierungen den Einflüssen bei der Tuchherstellung und im Gebrauch durch Witterungseinflüsse und Reinigungsmittel widerstehen. Auf Grund der bisher vorliegenden Erfahrungen soll versucht werden, hierüber einen kurzen Überblick im Vergleich zu reinwollenen Tuchen zu geben.

1. Wärmehaltung

Die Regulierung der Wechselbeziehungen zwischen Körper und Umgebung durch die Kleidung, die gewissermaßen ein künstliches Klima darstellt, ist für den Wärmehaushalt des Körpers auch bei einem Wechsel der Umwelts- und Körperzustände wichtigste Voraussetzung. Die Nichterfüllung dieser Forderung führt unter Umständen bei zu starker Wärmeabgabe, insbesondere im nassen Zustand der Kleidung, zu Erkältungskrankheiten oder bei ungenügender Wärmeabfuhr durch Wärmestauungen zu der bekannten Erscheinung des Hitzschlages.

Entgegen einer vielfach verbreiteten Ansicht hängt die für die Wärmehaltung des Körpers wichtige Beibehaltung des Gleichgewichtszustandes zwischen Wärmeerzeugung und Wärmeabgabe nicht allein oder in der Hauptsache von der Wärmeleitfähigkeit der Grundsubstanz des Kleidungsstoffes ab. Der Vorgang der Wärmeabgabe des bekleideten Körpers ist vielmehr sehr zusammengesetzter Natur. Der Wärmeverlust erfolgt teils durch Wärmeleitung, teils durch Strahlung an der Stoffoberfläche und teils durch Konvektion. Da die Grundsubstanz des Kleidungsstoffes die Wärme besser leitet als Luft, ist der Wärmeschutz in erster Linie von der Menge der im Stoff eingeschlossenen Luft abhängig. Dabei spielt nicht nur das Porenvolumen des Gewebes eine Rolle, sondern auch die Größe der Gewebeporen, die bestimmend für die Wärmeabführung bei bewegter Luft ist, und der Abstand des Stoffes vom Körper, d. h. die Mitwirkung einer wärmeisolierenden Luftschicht.

Das für die direkte Bestimmung des Wärmehaltungsvermögens gebräuchlichste Prüfverfahren beruht auf der Messung der Abkühlungsgeschwindigkeit eines auf Körpertemperatur gebrachten Heizkörpers (Bild 1). Als Maßzahl wird die prozentuale Differenz des Wärmeverlustes je Zeit- und Flächeneinheit des mit dem zu prüfenden Stoff bekleideten Körpers im Vergleich zum unbekleideten Körper verwendet. Durch Vornahme der Prüfung bei ruhender Luft und bei Luftbewegung wird auch der Einfluß der Porengröße auf das Wärmehaltungsvermögen erfaßt.

Nach den mit diesem Prüfverfahren gemachten Erfahrungen ist für das Wärmehaltungsvermögen folgendes von Bedeutung:

1. Das Wärmehaltungsvermögen steht in keinem unmittelbaren Zusammenhang mit dem Quadratmetergewicht eines Stoffes oder einer Kombination von Stoffen. Dagegen besteht ein solcher Zusammenhang mit der Stoffdicke und dem Porositätsgrad (d. h. dem prozentualen Anteil der im Stoff eingeschlossenen Luft am Gesamtstoffvolumen — Bild 2),

Bild 1. MPA-Gerät zur Bestimmung des Wärmehaltungsvermögens von Textilien
a Versuchskörper (bekleidet); b Rührwerk; c Wasserzuleitung mit Druckausgleich; d Tischfächer zur Prüfung bei bewegter Luft; e Windstärkemesser; f Thermometer

2. Eine eindeutige gesetzmäßige Beziehung besteht zwischen der Dicke der isolierenden Luftschicht im Stoff (= Stoffdicke × Porositätsgrad) und dem Wärmeschutz: je größer die Luftschichtdicke, desto geringer ist der Wärmeverlust (Bild 2 und 3).

3. Mit zunehmendem Abstand des Stoffes vom Körper steigt der Wärmeschutz bis zu einem Optimum, das etwa bei 1 cm Körperabstand liegt (Abb. 4 und 5).

4. Die Grundsubstanz des Stoffes ist weniger wegen einer etwaigen Unterschiedlichkeit im Wärmeleitungsvermögen ausschlaggebend als hinsichtlich der für die Erzielung und Erhaltung eines möglichst großen Porenvolumens wichtigen Eigenschaften, wie z. B. der Kräuselung, Kräuselungsbeständigkeit, Widerstandsfähigkeit gegen bleibende Zusammendrückung. So konnte z. B. gezeigt werden (Bild 3), daß das Wärmehaltungsvermögen von Schlafdecken aus reiner Wolle keine Abweichung im gesetzmäßigen Verhalten zur Luftschichtdicke gegenüber Schlafdecken aufwiesen, die bis zu 80% Baumwolle enthielten.

5. Mit zunehmender Luftbewegung steigt der absolute Wärmeverlust, besonders bei engem Anliegen des Stoffes am Körper (Bild 4), zugleich aber auch der Wärmeschutz im Vergleich zum unbekleideten Körper (Bild 3).

6. **Feuchtigkeit** erhöht die Wärmeabgabe; ein nasser Stoff gibt einen stark verringerten Wärmeschutz (Bild 5).

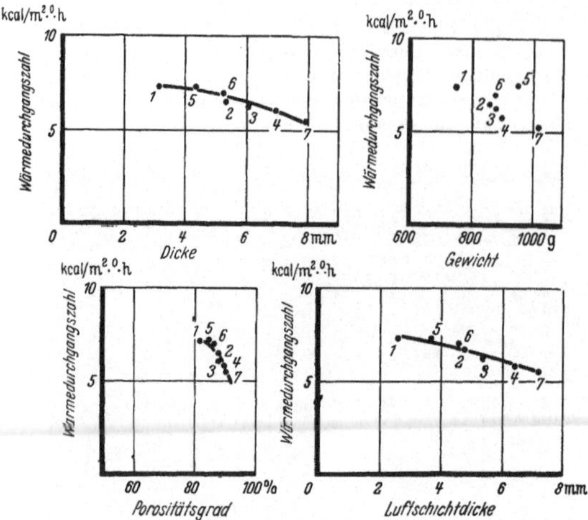

Bild 2. Abhängigkeit des Wärmeverlustes von Tuch mit kunstseid. Futterstoff

1) ohne Einlagestoff, 2) mit Watteline C, 3) mit Watteline E, 4) mit Watteline H
5) mit Filz, 6) mit Baumwollflanell, 7) mit Watte

Die Beeinflussung des Wärmeschutzes durch die Beimengung von Reißwolle ist, soweit hierüber Erfahrungen vorliegen, in dem bisher üblichen Ausmaße bei Uniformtuchen von untergeordneter Bedeutung, während durch die Beimischung von Zellwolle eine Abnahme in einzelnen Fällen um 10—15%, in anderen dagegen eine

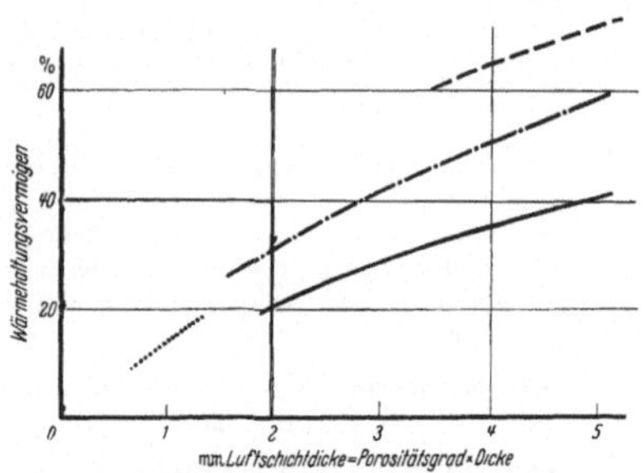

Bild 3. Abhängigkeit des Wärmehaltungsvermögens von Porositätsgrad und Dicke

— — Schlafdecken (2 m/sec Luftbewegung)
········ Zellwollhaltige Mischgewebe (1 m/sec Luftbewegung)
——— Kombination eines Mantelstoffes mit Zwischenfutter und Futterstoff (ohne Luftbewegung)
—·— Kombination eines Mantelstoffes mit Zwischenfutter und Futterstoff (4 m/sec Luftbewegung)

Zunahme in etwa dem gleichen Ausmaße ermittelt werden konnte. In allen diesen Fällen zeigte es sich, daß die Abweichungen in einem ursächlichen Zusammenhang mit dem Porenvolumen des Tuches standen, daß also bei geeigneter Wahl eines kräuselungsbeständigen Materials und entsprechender Behandlung bei der Herstellung durchaus im Wärmeschutz hochwertige zellwollgemischte Tuche hergestellt werden können. Eine wasserabweichende Imprägnierung erwies sich bei reinwollenen Tuchen als gänzlich ohne Einfluß auf den Wärmeschutz, während bei zellwoll-

gemischten Tuchen sogar noch eine geringe Verbesserung des Wärmehaltungsvermögens durch das Imprägnieren, offenbar durch eine Auflockerung des Gewebegefüges, festgestellt werden konnte.

Es muß immer wieder betont werden, daß für die Wärmehaltung in erster Linie die Dicke der wärmeisolierenden Luftschicht im Gewebe ausschlaggebend ist, und daß die Berücksichtigung dieses Umstandes zweifellos zu Rohstoff-Ersparnissen führen kann. So ist z. B., wenn man die Kombination von Oberstoff, Einlegestoff (Zwischenfutter) und Futterstoff betrachtet, eine Einsparung an Gewicht beim Oberstoff, also eines verhältnismäßig hochwertigen Materials, durch entsprechende Anordnung des Zwischenfutters aus weniger wertvollem Material, z. B. bei Mänteln, möglich (Bild 2).

2. Wasserabweisende Eigenschaften.

Da durch Regen nicht nur eine Beeinflussung des Stoffgewichts infolge Wasseraufnahme erfolgt, sondern auch der nasse Stoff in verstärktem Maße den Körper zur Wärmeabgabe (Verdunstungskälte) veranlaßt und damit die Gefahr einer Erkältung mit sich bringt, ist auch eine möglichst geringe Wasseraufnahmefähigkeit sowie geringe Benetzbarkeit, d. h. also eine gute Wasserabweisung des Stoffes als eine erwünschte, hygienisch wichtige Eigenschaft anzusehen. Die verschiedenen Faserstoffe weisen

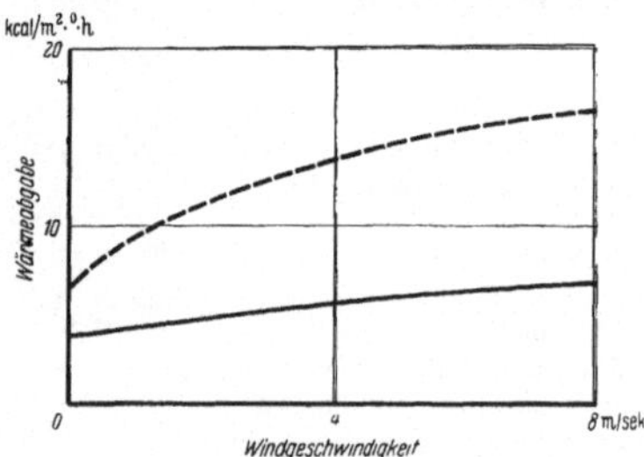

Bild 4. Abhängigkeit der Wärmeabgabe von der Luftbewegung (nach M nch)

— — Tuch am Zylinder anliegend
——— Tuch in 1 cm Abstand vom Zylinder

Bild 5. Abhängigkeit des Wärmeschutzes vom Abstand zwischen Tuch und Körper (nach Black & Matthew)

schon von Natur aus in der Wasserabweisung und Benetzbarkeit (der Grenzflächenspannung Stoff/Wasser und Stoff/Luft) merkliche Unterschiede auf. Diese Eigenschaften können zum Teil auch noch durch die Vorgänge bei der Ausrüstung und die Veränderungen im Gebrauch beeinflußt werden. Die Wasserabweisung mancher Faserstoffe ist so gering, daß ihre große Wasseraufnahmefähigkeit durch Imprägnierungsmittel herabgesetzt werden muß.

Das gilt z. B. auch für die Zellwollen, und nicht nur für diese allein, sondern auch für einen Teil der Reißwollen, die chemisch und physikalisch gegenüber gesunder Wolle merklich verändert sind. Der Wert solcher Imprägnierungsmittel ist um so größer, je beständiger sie sind. Das in der Flocke imprägnierte Spinnmaterial muß z. B. eine genügende Ausrüstungsbeständigkeit besitzen, insbesondere

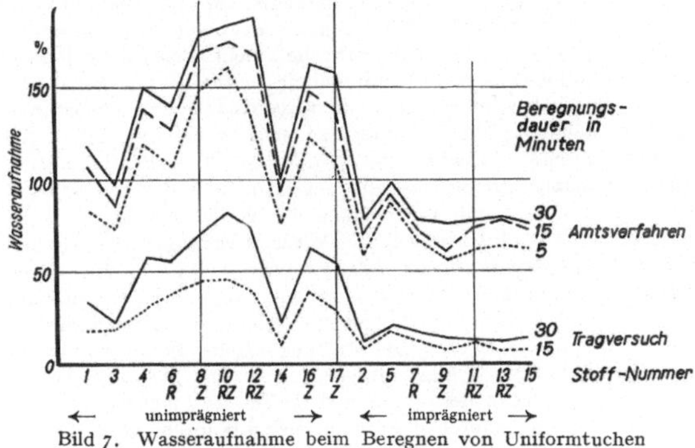

Bild 6. Apparate zur Bestimmung der wasserabweisenden Eigenschaften von Geweben

a = MPA-Gerät } für den Beregnungsversuch
b = Bundesmann-Apparat
c = Becker-Apparat für das Tauchverfahren

muß die Imprägnierung walk- und dekaturbeständig sein. Auch eine genügende Beständigkeit der Imprägnierung gegen die im Gebrauch auftretenden Witterungseinflüsse und gegen Waschen und Chemischreinigen ist von einem guten Imprägnierungsmittel zu fordern. Von solchen Imprägnierungen wird außerdem verlangt, daß sie einerseits die Luftdurchlässigkeit nicht beeinträchtigen, andererseits aber bis zu einem gewissen Grade die Quellbarkeit des Spinnmaterials unbeeinflußt lassen, damit das Spinn-

material in der Lage ist, Wasserdampf bei der Hautatmung aufzunehmen, um die Bildung tropfbar-flüssigen Schweißes zu vermindern.

Die Prüfung auf wasserabweisende Eigenschaften muß sich der Beanspruchung im Gebrauch nach Möglichkeit anpassen. Daher ist der vielfach gebräuchliche Muldenversuch, der Wasserdruck- oder Wassersäulenversuch bei Oberbekleidungsstoffen schon deshalb nicht angebracht, weil von diesen Stoffen ja nicht Wasserdichtigkeit, sondern nur Wasserabweisung unter Beibehaltung der Luftdurchgängigkeit verlangt wird. Jeder luft-

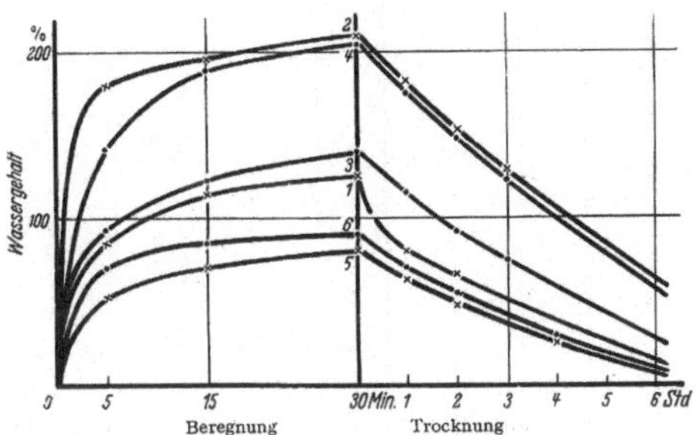

Bild 8. Wasseraufnahme und -abgabe beim Beregnungsversuch (Amtsverfahren)

1) reine Wolle, 2) Wolle + 30% Zellwolle, 3) dasselbe imprägniert F, 4) Wolle + Reißwolle, 5) Wolle + 25% Zellwolle impr. FD, 6) dasselbe 1 × gewaschen

durchlässige Stoff ist aber bei Belastung mit einer Wassersäule auch wasserdurchlässig, ohne daß er deswegen ungenügende wasserabweisende Eigenschaften haben müßte. Zur Prüfung der Wasserabweisung ist daher der Beregnungsversuch das einzig geeignete Verfahren (Bild 6). Im Prinzip handelt es sich dabei darum, die Benetzung und Wasseraufnahme des Stoffes zeitlich zu verfolgen, und zwar unter vergleichbaren Bedingungen der Tropfengröße, Tropfendichte, Tropfenfallhöhe und Tropfgeschwindigkeit bei bestimmtem Auftreffwinkel. Im Anschluß an einen solchen Beregnungsversuch kann auch die Bestimmung der Trocknungsgeschwindigkeit für die Brauchbarkeit eines Stoffes zur Bewertung herangezogen werden.

Dieses Beregnungsverfahren, das auch der praktischen Beanspruchung beim Tragen noch durch ein Bewegen des Stoffes während des Beregnens und ein Scheuern von innen her angeglichen werden kann, entspricht weitgehend der Beanspruchung beim praktischen Trageversuch und ergibt im Vergleich zu diesem eine völlige Parallelität der Ergebnisse (Bild 7).

Die Erfahrung zeigt, daß beim Beregnungsversuch ganz allgemein die Wasseraufnahme in einer gesetzmäßigen Beziehung zur Beregnungsdauer steht. Im allgemeinen ist dabei eine Sättigung der Wasseraufnahme spätestens nach 30 Minuten eingetreten. Die Wasseraufnahme beträgt normalerweise bei

reinwollenen Tuchen . . . . . 125—160%,
reißwollhaltigen Tuchen . . . 160—260%,
5—25 proz. Zellwollbeimischung,
je nach Art der Zellwolle und Bei-
mischungshöhe . . . . 160—240%.

Der Einfluß der Fertigung macht sich schon deutlich bemerkbar bei Vorhandensein eines Striches, der zu einer merklichen Herabsetzung der Wasseraufnahme führt (Loden); aber auch durch das Dekatieren kann eine mehr oder weniger geringe Herabsetzung der Wasseraufnahme erfolgen. In erheblichem Maße wirken sich Imprägniermittel verbessernd aus. Das gilt sowohl für Imprägnierungsmittel auf Paraffinbasis als auch für solche, die nach dem Fettsäureanhydridverfahren und damit verwandten Verfahren arbeiten (Bild 8).

Die Beständigkeit dieser Imprägnierungsmittel gegen Fabrikationseinflüsse wie Walken, Dekatieren sowie gegen Waschen mit Seife-Soda und Chemisch-Reinigen ist sehr verschieden und läßt noch in vielen Fällen

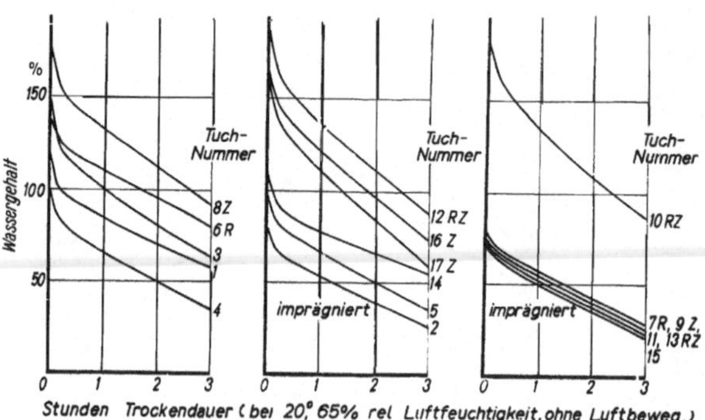

Bild 9. Verlauf der Trocknung beregneter Uniformtuche
R = Reißwolle — Beimischung   Z = Zellwolle — Beimischung

zu wünschen übrig. Die auf Paraffinbasis arbeitenden Imprägnierungsmittel verlieren dabei ihre wasserabweisende Wirkung in erheblich höherem Maße als die neueren dafür verwendeten Mittel. Insbesondere macht sich dies beim Chemisch-Reinigen bemerkbar, das die Wirksamkeit der Fettsäureanhydrid- und verwandter Imprägnierungsverfahren kaum beeinträchtigt.

Die Wasserabgabe der nassen Stoffe vollzieht sich gewissermaßen in drei Phasen der Trocknungsgeschwindigkeit und ist von der Luftfeuchtigkeit, Temperatur und Stärke der Luftbewegung abhängig. Zunächst erfolgt eine ziemlich rasche Wasserabgabe, soweit noch tropfbarflüssiges Wasser am aufgehängten Stoff sich sammeln kann (Bild 9). Dann verläuft die Trocknung proportional der Zeit mit einer Geschwindigkeit, die lediglich von der Oberflächenbeschaffenheit und der dadurch bedingten Oberflächengröße des Stoffes abhängig ist. Schließlich nimmt die Wasserabgabe beim Erreichen eines Feuchtigkeitsgehaltes, welcher der hygroskopischen Sättigung bei 100% Luftfeuchtigkeit entspricht, einen hyperbelartig verlangsamten Verlauf an, wie es der gesetzmäßig sich vollziehenden Feuchtigkeitsgabe für das hygroskopisch aufgenommene Wasser beim Übergang von einer höheren zu einer niedrigeren Luftfeuchtigkeit entspricht. Im allgemeinen ist der ausschlaggebende Teil der Wasserabgabe durch den Verlauf der Trocknung des Oberflächenwassers bestimmt, der bei den Tuchen meist mit gleicher Geschwindigkeit vor sich geht. Daher kann der Trocknungsverlauf auch als durch die Höhe der Wasseraufnahme gekennzeichnet angesehen werden, die gewissermaßen der Trocknungsdauer proportional ist. Durchschnittlich wird ein etwa 30%iger Feuchtigkeitsgehalt erreicht (Bild 9):

bei reinwollenen Tuchen . . . nach etwa   4 Stunden
,, reißwollhaltigen Tuchen   . ,,   ,,   8   ,,
,, 25%-Zellwolle-Mischtuchen   ,,   ,,   7—8   ,,
,, denselben, imprägniert . . ,,   ,,   3—5   ,,

Trocknungsdauer (bei den normalen Versuchsbedingungen von 65% rel. Luftfeuchtigkeit bei 20° Raumtemperatur und ohne merkliche Luftbewegung). Ein einmaliges Waschen und chemisches Reinigen ist dabei auf die Wasserabgabe der mit neueren Imprägnierungsmitteln, z. B. auf Fettsäureanhydrid- und ähnlicher Basis, behandelten Stoffe ohne Einfluß (Bild 8).

Interessant ist im übrigen, daß gerade bei den neueren Imprägnierungsverfahren zwar eine gute Wasserabweisung erzielt wird, die Quellbarkeit aber noch weitgehend erhalten bleibt. Das ist daran zu erkennen, daß bei derartig imprägnierten reinen Zellwollstoffen eine merkliche, wenn auch verringerte Wasseraufnahme beim Beregnen noch vorhanden ist, und zugleich auch die Naßfestigkeit dieser imprägnierten Stoffe nicht höher ist als die der gleichen nichtimprägnierten Stoffe. Ferner ist auch bei der Bestimmung des Quellungsvermögens die Wasseraufnahme verhältnismäßig wenig herabgesetzt, und zwar bei Zellwollen, die nach dem Fettsäureanhydridverfahren imprägniert sind, um etwa 20%, (bei ähnlichen neueren Verfahren bis zu 50—70%), während nach diesen Verfahren behandelte Wolle ihr ursprüngliches Quellungsvermögen beibehält. Ebenso ist auch die Aufnahme hygroskopischer Feuchtigkeit aus der Luft im Bereich von 35—85% rel. Luftfeuchtigkeit bei den imprägnierten Zellwollen in keiner Weise gegenüber den nichtimprägnierten Zellwollen verändert; auch für Wolle gilt die gleiche Beobachtung. Schließlich zeigen auch Faserbreitenmessungen, daß durch die Imprägnierung die Quellung der Zellwolle verhältnismäßig wenig zurückgeht, nämlich von 85 auf 55%.

3. Luftdurchlässigkeit

Das Porenvolumen des Tuches spielt nicht nur für das Wärmehaltungsvermögen, sondern auch für die Lufterneuerung, für die Hauttätigkeit und die Abführung von Wasserdampf eine Rolle. Die hygienisch wichtige Luftdurchlässigkeit kann durch die Veränderung des Porenvolumens, z. B. durch Quellung der Faser beim Naßwerden, stark beeinträchtigt werden, und daher sind solche Imprägnierungen von Vorteil, die die zu einem gewissen Grade erwünschte Quellbarkeit bzw. Wasserdampfaufnahmefähigkeit bei stark quellbaren Spinnstoffen zum mindesten so weit herabdrücken, daß sie dem Verhalten gesunder Wolle nahekommen. Auch die Wolle hat ja bekanntlich eine merkliche Quellbarkeit, die mit ihrer Fähigkeit zur Wasseraufnahme verbunden ist. Sie besitzt jedoch vermöge ihrer guten hygroskopischen Anpassungsfähigkeit die besonders zu schätzende Eigenschaft der raschen Wasserabgabe, so daß beim Trocknen verhältnismäßig schnell das alte Porenvolumen des reinwollenen Tuches durch Entquellung der Wolle erreicht wird.

Mit Rücksicht auf die Mitverarbeitung stark quellbarer Spinnstoffe ist neben der Prüfung der Luftdurchlässigkeit im lufttrockenen Zustand auch ihre Bestimmung nach dem Beregnen und im Verlaufe des Trocknungsvorganges wichtig. Die Prüfung erfolgt üblicherweise bei einem bestimmten Unterdruck (10 mm Wassersäule, bei dem die in der Zeiteinheit durch die Flächeneinheit bei Stoffes hindurchgehende Luftmenge bestimmt wird (Bild 10). Im allgemeinen gilt, daß auch für die Luftdurchlässigkeit im lufttrockenen Zustand, ähnlich wie für das Wärmehaltungsvermögen, mit dem sie durch das Porenvolumen ja in engster Beziehung stehen, weniger die Grundsubstanz als der technische Aufbau maßgebend ist. Trotzdem zeigt sich — vielleicht wegen der etwas ungünstigeren Kräuselung und Kräuselungsbeständigkeit der Zellwolle —, daß durch Zellwollbeimischung die Luftdurchlässigkeit der Tuche etwas geringer wird. Auch durch Imprägnierungen

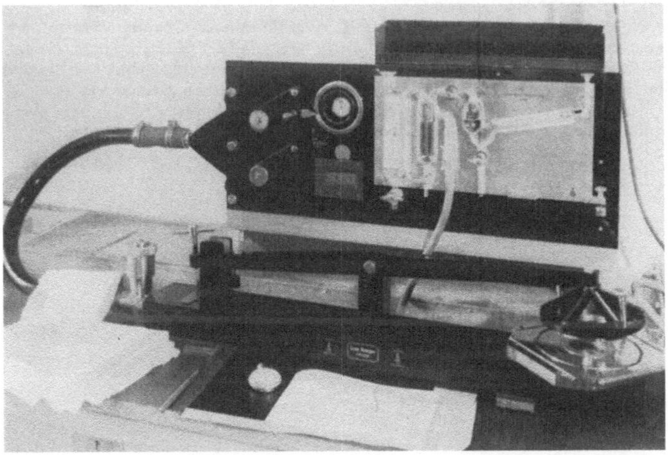

Bild 10. Apparat zur Bestimmung der Luftdurchlässigkeit (Bauart Schopper)

kann eine Verringerung in unbedeutendem Maße (10 bis 20%) eintreten. Beim Naßwerden tritt bei allen — auch den reinwollenen und imprägnierten — Tuchen mit der Zeit Quellung und Porenverschluß ein, wobei auch hier wieder beobachtet werden kann, daß beim Beregnungsversuch die Luftdurchlässigkeit vollständig verschwindet:
bei reinwollenen Tuchen nach etwa 15 Minuten,
  ,, zellwollhaltigen Tuchen, imprägniert, nach etwa 5 Minuten,
  ,, reißwollhaltigen Tuchen, imprägniert, nach etwa 15—30 Minuten,
während bei zellwollhaltigen oder reißwollhaltigen nichtimprägnierten Tuchen schon beim ersten Beginn des Beregnens die Luftdurchlässigkeit völlig verschwindet.
Beim Wiedertrocknen der nassen Tuche ist im allgemeinen bei reinwollenen und imprägnierten zellwollhaltigen Tuchen die erste Luftdurchlässigkeit erst nach

3—4 Stunden, bei nichtimprägnierten reißwollenen und zellwollhaltigen Tuchen nach über 5 Stunden erreicht.

4. Wasserdampfdurchlässigkeit

Die Wasserdampfdurchlässigkeit ist, ebenso wie die Luftdurchlässigkeit, von der Größe der Gewebeporen und ihrer Ausbildung abhängig; daneben aber spielt auch die Absorptionsfähigkeit des Rohstoffes und die Geschwindigkeit seiner Wasseraufnahme und -abgabe eine Rolle. Das für die Bestimmung angewandte Prüfverfahren (Bild 11) bedient sich einer mit dem zu prüfenden Stoff an den offenen Stirnseiten bespannten Metalltrommel, in deren Innern ein feuchter Filz für die Herstellung von 100% rel. Luftfeuchtigkeit sorgt, während sich die Trommel selbst in einem Raum von konstanter Temperatur und rel. Luftfeuchtigkeit von etwa 35% bewegt. Festgestellt wird dabei gewichtsmäßig die Wasserdampfmenge, die durch die Flächeneinheit in der Zeiteinheit hindurchgeht.

Auch für die Wasserdampfdurchlässigkeit ergibt sich im allgemeinen eine Abhängigkeit vom Porenvolumen, ähnlich wie für die Luftdurchlässigkeit, d. h., mit abnehmendem Porenvolumen oder zunehmendem scheinbaren spezifischen Gewicht sinkt die Durchlässigkeit für Wasserdampf etwas (Bild 12). Für Tuche liegen die Erfahrungswerte für die Wasserdampfdurchlässigkeit bei etwa 0,26 bis 0,38 g/100 cm² h, wobei Imprägnierungen und Zellwollgehalt keinen irgendwie gerichteten Einfluß ausüben.

Zusammenfassung

Die Erfahrungen der letzten Zeit lassen deutlich erkennen, daß die günstigen hygienischen Eigenschaften der reinwollenen Tuche in vollem Umfang von reißwollhaltigen und zellwollhaltigen Tuchen erreicht werden können, wenn die Voraussetzungen für die Erzielung bestimmter physikalischer Eigenschaften bei der Herstellung der Tuche eingehalten werden.

Diese Voraussetzungen sind im Grunde genommen zweierlei Art:
1. Erzielung eines möglichst großen Porenvolumens des Tuches durch Verwendung kräuselungsbeständigen Materials und Vermeidung jeder zu übermäßiger

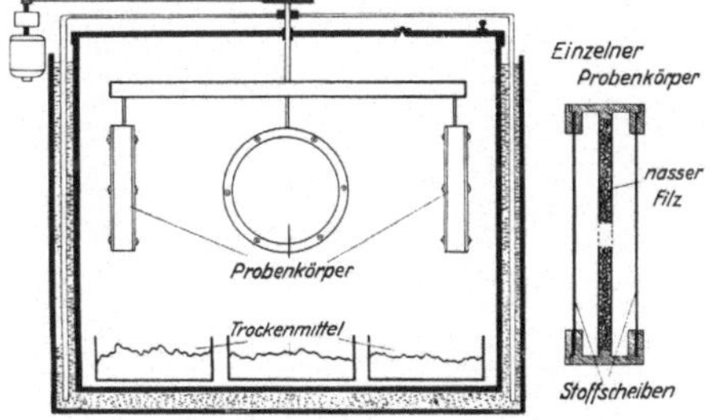

Bild 11. Querschnitt durch den Harvey-Apparat

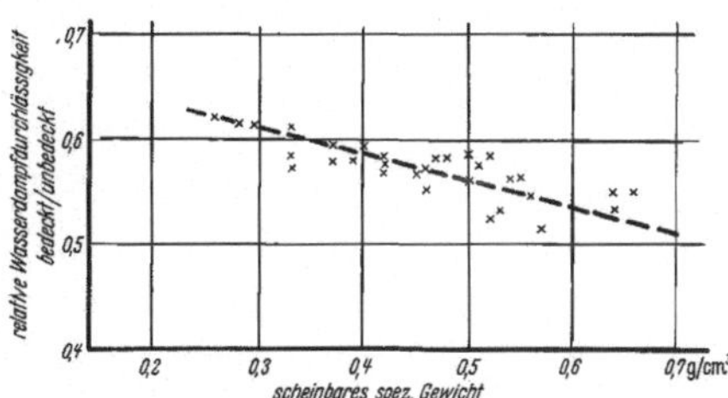

Bild 12. Beziehung zwischen Wasserdampfdurchlässigkeit und scheinbarem spez. Gewicht (nach Black & Matthew)

bleibender Zusammendrückung führenden Behandlung (Pressen). Damit werden die Anforderungen für ein gutes Wärmehaltungsvermögen bei gleichzeitig guter Luft- und Wasserdampfdurchlässigkeit erreicht.

2. Herabsetzung der Benetzbarkeit der stark quellbaren Reißwolle und Zellwolle durch geeignete Imprägnierungen, die sowohl ausrüstungs- als auch reinigungsbeständig sind. Die Herabsetzung der Quellfähigkeit soll jedoch nicht soweit gehen, daß die Aufnahme hygroskopischer Feuchtigkeit beeinträchtigt wird. Durch diese Forderung wird die sowohl für das Wärmehaltungsvermögen als auch die Erhaltung der Luftdurchlässigkeit im nassen Zustand wichtige Herabsetzung der Wasseraufnahme und der Quellfähigkeit erreicht.

Diese Voraussetzungen für die Erfüllung der Anforderungen an die hygienischen Eigenschaften von Uniformtuchen können durch die heute zur Verfügung stehenden Zellwollen und Imprägnierungsmittel bei sorgfältigstem Arbeiten bereits erreicht werden. Doch dürften weitere Verbesserungen auf dem Gebiet der Kräuselungsbeständigkeit und der Hydrophobierung der Zellwolle unbedingt notwendig sein, um ohne Schwierigkeiten in der Tuchfabrikation die notwendigen hygienischen Eigenschaften im gleichen Maße wie bei reinwollenen Tuchen zu gewährleisten.

Hier bietet sich der Forschung in Zusammenarbeit mit der Industrie noch ein reiches Feld der Betätigung, die um so sicherer zum Erfolg führen wird, je schneller sich die Erkenntnis vom Nutzen einer solchen Gemeinschaftsarbeit und der Notwendigkeit der Unterstützung einer weitschauend vorausarbeitenden Forschung durchsetzt.